经济管理虚拟仿真实验系列教材

大学数学建模与实验基础

（第二版）

Daxue Shuxue Jianmo yu Shiyan Jichu

李霄民　陈义安　柳　扬　主　编
张天永　袁德美　陈修素　雷　澜　何希平　副主编

西南财经大学出版社
Southwestern University of Finance & Economics Press

中国·成都

图书在版编目(CIP)数据

大学数学建模与实验基础/李霄民,陈义安,柳扬主编.—2 版.
—成都:西南财经大学出版社,2018.8

ISBN 978 - 7 - 5504 - 3590 - 2

Ⅰ.①大… Ⅱ.①李…②陈…③柳… Ⅲ.①数学模型—建立
模型—高等学校—教学参考资料 Ⅳ.①O22

中国版本图书馆 CIP 数据核字(2018)第 155769 号

大学数学建模与实验基础(第二版)

李霄民 陈义安 柳扬 主编

责任编辑:冯雪
助理编辑:陈何真璐
封面设计:杨红鹰 张姗姗
责任印制:朱曼丽

出版发行	西南财经大学出版社(四川省成都市光华村街55号)
网　　址	http://www.bookcj.com
电子邮件	bookcj@foxmail.com
邮政编码	610074
电　　话	028 - 87353785　87352368
照　　排	四川胜翔数码印务设计有限公司
印　　刷	郫县犀浦印刷厂
成品尺寸	185mm×260mm
印　　张	17
字　　数	380 千字
版　　次	2018 年 8 月第 2 版
印　　次	2018 年 8 月第 1 次印刷
印　　数	1— 2000 册
书　　号	ISBN 978 - 7 - 5504 - 3590 - 2
定　　价	39.80 元

经济管理虚拟仿真实验系列教材
编 委 会

总 序

　　高等教育的任务是培养具有实践能力和创新创业精神的高素质人才。实践出真知。实践是检验真理的唯一标准。大学生的知识、能力、素养不仅来源于书本理论与老师的言传身教，更来源于实践感悟与经历体验。

　　我国高等教育从精英教育向大众化教育转变，客观上要求高校更加重视培育学生的实践能力和创新创业精神。以往，各高校主要通过让学生到企事业单位和政府机关实习的方式来训练学生的实践能力。但随着高校不断扩招，传统的实践教学模式受到学生人数多、岗位少、成本高等多重因素的影响，越来越无法满足实践教学的需要，学生的实践能力的培育越来越得不到保障。鉴于此，各高校开始探索通过实验教学和校内实训的方式来缓解上述矛盾，而实验教学也逐步成为人才培养中不可替代的途径和手段。目前，大多数高校已经认识到实验教学的重要性，认为理论教学和实验教学是培养学生能力和素质的两种同等重要的手段，二者相辅相成、相得益彰。

　　相对于理工类实验教学而言，经济管理类实验教学起步较晚，发展相对滞后。在实验课程体系、教学内容（实验项目）、教学方法、教学手段、实验教材等诸多方面，经济管理实验教学都尚在探索之中。要充分发挥实验教学在经济管理类专业人才培养中的作用，需要进一步深化实验教学的改革、创新、研究与实践。

　　重庆工商大学作为具有鲜明财经特色的高水平多科性大学，高度重视并积极探索经济管理实验教学建设与改革的路径。学校经济管理实验教学中心于 2006 年被评为"重庆市市级实验教学示范中心"，2007 年被确定为"国家级实验教学示范中心建设单位"，2012 年 11 月顺利通过验收成为"国家级实验教学示范中心"。经过多年的努力，我校经济管理实验教学改革取得了一系列成果，按照能力导向构建了包括学科基础实验课程、专业基础实验课程、专业综合实验课程、学科综合实验（实训）课程和创新创业类课程五大层次的实验课程体系，真正体现了"实验教学与理论教学并重、实验教学相对独立"的实验教学理念，并且建立了形式多样，以过程为重心、以学生为中心、以能力为本位的实验教学方法体系和考核评价体系。

　　2013 年以来，学校积极落实教育部及重庆市教委建设国家级虚拟仿真实验教学中心的相关文件精神，按照"虚实结合、相互补充、能实不虚"的原则，坚持以能力为导向的人才培养方案制定思路，以"培养学生分析力、创造力和领导力等创新创业能力"为目标，以"推动信息化条件下自主学习、探究学习、协作学习、创新学习、创业学习等实验教学方法改革"为方向，创造性地构建了"'123456'经济管理虚拟仿真实验教学资源体系"，即："一个目标"（培养具有分析力、创造力和领导力，适应经济社会发展需要的经济管理实践与创新创业人才）、"两个课堂"（实体实验课堂和虚拟仿真实验课堂）、"三种类型"（基础型、综合型、创新创业型实验项目）、"四大载体"（学科专业开放实验平台、跨学科综合实训及竞赛平台、创业实战综合经营平台和实验教学研发平台）、"五类资源"（课程、项目、软件、案例、数据）、"六个结合"（虚拟资源与实体资源结合、资源与平台结合、专业资源与创业资源结合、实验教学与科学研究结合、模拟与实战结合、自主研发与合作共建结合）。

为进一步加强实验教学建设，在原有基础上继续展示我校实验教学改革成果，由学校经济管理虚拟仿真实验教学指导委员会统筹部署和安排，计划推进"经济管理虚拟仿真实验系列教材"的撰写和出版工作。本系列教材将在继续体现系统性、综合性、实用性等特点的基础上，积极展示虚拟仿真实验教学的新探索，其所包含的实验项目设计将综合采用虚拟现实、软件模拟、流程仿真、角色扮演、O2O操练等多种手段，为培养具有分析力、创造力和领导力，适应经济社会发展需要的经济管理实践与创新创业人才提供更加"接地气"的丰富资源和"生于斯、长于斯"的充足养料。

本系列教材的编写团队具有丰富的实验教学经验和专业实践经历，一些作者还是来自相关行业和企业的实务专家。他们勤勉耕耘的治学精神和扎实深厚的执业功底必将为读者带来智慧的火花和思想的启迪。希望读者能够从中受益。在此对编者们付出的辛勤劳动表示衷心感谢。

毋庸讳言，编写经济管理类虚拟仿真实验教材是一种具有挑战性的开拓与尝试，加之虚拟仿真实验教学和实践本身还在不断地丰富与发展，因此，本系列实验教材必然存在一些不足甚至错误，恳请同行和读者批评指正。我们希望本系列教材能够推动我国经济管理虚拟仿真实验教学的创新发展，能为培养具有实践能力和创新创业精神的高素质人才尽绵薄之力！

重庆工商大学校长、教授

2017 年 12 月 25 日

内容简介

　　本书介绍了数学建模和数学实验的基本概念及基本方法。主要内容为大学数学(微积分、线性代数及概率统计)的基本实验及基本模型,同时介绍了数学实验和数学建模的相关方法和工具,并附有优秀的数学建模论文。

　　本书通俗易懂,读者只需具备大学数学的基本知识,便可读懂本书。通过对本书的学习,读者可对数学建模和数学实验快速入门,掌握数学建模和数学实验的基本方法,具备数学建模和数学实验的基本能力。本书既可作为数学建模和数学实验的启蒙书及相关的培训教材,也可作为数学建模和数学实验工作者的参考书。

修订版前言

应广大读者要求,本书在第一版的基础上作了修订。在本次修订中,编者修订了原稿中的文字及版式上的错漏,并考虑到本书多个层次的读者国内参赛面的扩大,增加了专科部分的数学建模论文。本次修订中,李霄民负责总体设计;陆军工程大学通信士官学校的柳扬负责全书文字的校对工作,并提供了专科部分的数学建模优秀论文;何希平对第五章部分作了详细的修改;张天永、陈修素及李霄民提供了美国数学建模竞赛的优秀论文(限于篇幅,英文论文在随书资料中呈现,读者可联系出版社获取),并提供了宝贵的修改意见。本次修订工作得到重庆工商大学和西南财经大学出版社的大力支持,在此一并致谢!

编者

2018 年 5 月

第一版前言

当需要从定量的角度分析和研究一个实际问题时,人们就要在深入调查研究、了解对象信息,作出简化假设,分析内在规律等工作的基础上,用数学的符号和语言,构建出数学模型,然后用通过计算得到的模型结果来解释实际问题,并接受实际的检验。这个建立数学模型的过程就被称为数学建模。在 20 世纪 70 年代,欧美一些国家的大学开设了数学建模课程,1985 年美国首次开展大学生数学建模竞赛,形成了今天仍在遵循的竞赛模式。1992 年,中国工业与应用数学学会数学模型专业委员会组织举办了我国 10 个城市的大学生数学模型联赛。此举得到了我国教育部的重视,教育部决定从 1994 年起由教育部高教司和中国工业与应用数学学会共同主办全国大学生数学建模竞赛,每年进行一次。自此,数学建模在我国蓬勃发展,我国出版的有关数学建模的书籍有 60 种以上。许多院校把数学建模课程作为各专业的必修课,用以培养学生的综合素质、创新意识和实践能力等。

计算机技术和数学软件引入课堂后,便产生了数学实验。数学实验的目的是提高学生学习数学的积极性,提高学生对数学的应用意识并培养学生用所学的数学知识和计算机技术去认识问题和解决问题的能力。不同于传统的数学学习方式,数学实验强调以学生动手为主的数学学习方式。在数学实验中,计算机的引入和数学软件包的应用为数学的思想与方法注入了更多、更广泛的内容,使学生摆脱了繁重而乏味的数学演算和数值计算,促进了数学同其他学科之间的结合,从而使学生有时间去做更多的创造性工作。如今,专门的数学实验教材也种类繁多。

编者从多年的数学建模和数学实验教学过程中,感觉到现行的有关数学建模和数学实验的教材内容虽十分丰富,但起点过高,许多数学底子比较差的学生难以适应,特别是针对经管类学生的教材不多。本书试图从数学建模及数学实验的入门知识着手,一开始尽量避开较多、较深的数学知识,引导学生循序渐进地学习数学建模和数学实验的课程。

本教材的主要特点有:

(1)在教材内容安排上,与现行大学数学内容紧密相连,由易到难,尽量做到循序渐进。

(2)增强本教材的适用性和可读性,力求用语准确,简洁流畅,通俗易懂,解析详细。对所用到的数学知识都作简要的介绍,帮助读者回顾所学的相关的数学知识。

(3)书后附有优秀的数学建模论文,供读者借鉴。

本书由李霄民、陈义安担任主编。具体分工如下:张天永编写第一章的数学实验部分;袁德美编写第一章的数学建模部分及第五章的概率论模型;李霄民编写第二章及内容简介、前言、附录部分;陈义安编写第三章;陈修素编写第四章线性方程组和矩阵模型部分;雷澜编写第四章矩阵特征值模型部分;何希平编写第五章回归分析模型部分。全书由李霄民、陈义安统稿。丁宣浩教授认真仔细地审阅了全书,提出了重要的修改意见。谨致以衷心的感谢!

在本书的编写过程中,我们得到了大量国内外同类教材的启发,受益匪浅,在此向有关作者表示诚挚谢意!同时衷心感谢对本书编写给予热情关心、支持、指导的各位领导和同仁以及出版社的大力支持!本书由编委会委员叶勇副教授主审并给予了许多宝贵的意见,在此表示诚挚的感谢!

限于编者水平,书中难免存在缺陷和不妥之处,恳请专家、读者指正。

编者

2011 年 11 月

目 录

第一章　数学实验与数学建模概论

第一节　什么是数学实验

通过计算观察结果就是数学实验。简单来说，从经济数学习题中选出一个函数，用计算机模拟出它的图像并进行观察，就完成了一个数学实验。而用计算机去模拟金融市场却是一项非常复杂和庞大的数学实验。可见，数学实验既是一种有用的学习手段，也是一种有效的研究方法。

数学实验是用来验证旧知识、探求未知知识和获取新知识的一种必不可少的手段。

在计算机未出现前，数学实验都只能用人工方式计算，既烦琐、费时，还易出错。计算机尤其是数学软件的出现，给数学实验提供了高效、准确、功能强大的实现方式。

数学实验的基本目的，是使学生能够掌握数学的基本思想和方法，即不把数学看成先验的逻辑体系，而是把它视为一门"实验科学"。从问题出发，借助计算机和数学软件，学生通过亲自设计和动手，体验解决问题的过程，从实验中去学习、探索和发现数学规律。

数学实验的环境是计算机和数学软件，常用的数学软件有：MATLAB、Mathematica、Maple、LINGO 等。

目前，数学软件能够解决：

●数学概念、思想、方法直观的几何解释问题；
●复杂、烦琐的符号演算与数学计算问题；
●科学数值计算问题；
●计算机模拟问题。

第二节　数学实验软件 MATLAB 简介

MATLAB 是美国 MathWorks 公司出品的商业数学软件，它集数学计算、可视化和编程等功能于一体，它与 Maple、Mathematica 被并称为三大数学软件，在数值计算功能方面功能强大。MATLAB 是矩阵实验室（Matrix Laboratory）的简称，是一个交互式的系统，它的基本运算单元是不需指定维数的矩阵，按照 IEEE 的数值计算标准[能正确处理无穷数 Inf(Infinity)、无定义数 NaN(not-a-number)及其运算]进行计算。MATLAB 系统提供了大量的矩阵及其他运算函数，可以方便地进行一些很复杂的计算，而且运算效率高。

MATLAB 命令和数学中的符号、公式接近,可读性强,容易掌握,还可利用它所提供的编程语言进行编程完成特定的工作。

MATLAB 能够实现:

● MATLAB 科学计算;

● 数据分析与勘测;

● 内建数学算法;

● 建模与仿真;

● 可视化与图像处理;

● 编程与应用发布。

MATLAB 目前主要的应用领域有:

● 数值分析;

● 数值和符号计算;

● 工程与科学绘图;

● 控制系统的设计与仿真;

● 数字图像处理技术;

● 数字信号处理技术;

● 通信系统设计与仿真;

● 财务与金融工程。

MATLAB 简洁的工作环境和易学的编程语言,给我们提供了一个方便的数值计算平台。这里以 MATLAB2010 为平台,简要介绍 MATLAB 的应用。

一、启动 MATLAB

双击系统桌面的 MATLAB 图标或者在开始菜单的程序选项中选 MATLAB2010 快捷方式,就进入了 MATLAB 的桌面平台。如图 1.1 所示:

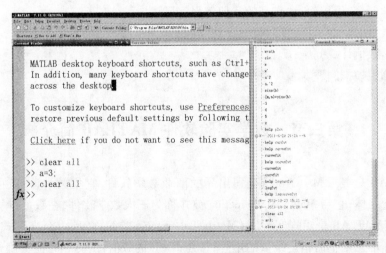

图 1.1　MATLAB 主窗口

默认情况下的桌面平台包括以下几个主要窗口，分别是 MATLAB 主窗口、命令窗口（command window）、历史窗口（command history）、当前目录窗口（current directory）、工作空间管理窗口（workspace）、交互界面分类目录窗口（launch pad）等。现在我们就可以在命令窗口提示符后键入各种命令或函数，也可以通过上下箭头调出以前打入的命令。如果对命令或函数的用法有疑问的话，可以用 Help 菜单中的相应选项查询有关信息，也可以在命令窗口直接输入 help 命令查询。常用命令如表 1.1 所示。

表 1.1　　　　　　　　　　　　MATLAB 常用命令表

命令	含义
help	显示 MATLAB 命令和 M 文件的在线帮助
exit	退出 MATLAB
which	显示文件位置
who	列出内存变量
whos	列出内存变量，同时显示变量维数
workspace	显示工作空间窗口
what	列出当前目录下所有的 M、Mat、Mex 文件
clc	清空命令窗口
clear all	删除内存中的变量与函数
function	函数头
global	定义全局变量
disp	显示文本或数组内容
load	重新载入变量
pause	暂停
edit	编辑文件
format	设置输出显示格式
save	保存变量到文件
length	数组长度（最长维数）
input	交互输入
xlsread	读 Excel 文件
xlswrite	写 Excel 文件
syms	定义符号变量

下面我们先从输入矩阵开始了解 MATLAB 的功能。

二、输入矩阵

输入矩阵的方法是矩阵用方括号括起，元素之间用逗号或空格分隔，矩阵行与行之间用分号分开。

例如在命令窗口提示符后键入：A＝[3 5;7 4;8 1]✓（"✓"表示回车）

屏幕显示：

A ＝

3 5

7 4

8 1

表示建立矩阵 A。

如果用户没有指定输出参数时，系统将自动创建变量"ans"作为输出参数。

例如在命令窗口提示符后键入：[3 5;7 4;8 1]✓

ans ＝

3 5

7 4

8 1

矩阵太大可以用分行输入，用回车键（Enter）代替分号。

例如在命令窗口提示符后键入：

A＝[5 6 3 0 9 7

2 0 1 6 8 5

6 2 8 4 3 0]✓

三、MATLAB 运算符

MATLAB 运算符主要为算术运算符、关系运算符和逻辑运算符，还包括一些特殊运算符。

(一)算术运算符

MATLAB 算术运算符分为两类：矩阵运算和数组运算。矩阵运算是按线性代数的规则进行运算，而数运算是数组对应元素间的运算。算术运算符及相关运算方式、说明见表1.2：

表 1.2   算术运算符表

运算符	说明	运算符	说明
＋,－	矩阵加、减	＋,－	数组加、减
＊,/	矩阵乘、除	.＊	数组乘
\	矩阵左除,左边为除数	./	数组左除
^	矩阵乘方	.\	数组右除
'	矩阵转置	.^	数组乘方
:	矩阵索引,用于增量操作	.'	数组转置

MATLAB 数组的算术运算,是两个同维数组对应元素之间的运算。一个标量与数组的运算,是标量与数组每个元素之间的运算。

(二)关系运算符

关系运算用于比较两个同维数组或同维向量的对应元素,结果为一个同维的逻辑数组。关系运算符及说明见表 1.3:

表 1.3　　　　　　　　　　　　　　关系运算符表

运算符	说明	运算符	说明
<	小于	> =	大于等于
< =	小于等于	= =	等于
>	大于	~ =	不等于

(三)逻辑运算符

MATLAB 提供的逻辑运算符如表 1.4:

表 1.4　　　　　　　　　　　　　　逻辑运算符表

运算符	说明	运算符	说明
&(and)	逻辑与	~ (not)	逻辑非
|(or)	逻辑或	xor	逻辑异或

(四)特殊运算符

除了以上运算符,MATLAB 还经常使用一些特殊的运算符,见表 1.5:

表 1.5　　　　　　　　　　　　　　特殊运算符表

运算符	说明	运算符	说明
[ ]	生成向量和矩阵	...	续行符
||	给单元数组赋值	,	分隔矩阵下标和函数参数
( )	运算符中最高优先级; 封装函数参数; 封装向量或矩阵下表	;	在括号内结束行; 表达式不显示结果; 隔开声明
=	用于赋值语句	:	创建矢量、数组下标;循环迭代
'	'间的字符为字符串	%	注释
.	域访问	@	函数句柄

四、MATLAB 常用数学函数

(一)三角函数(见表1.6)

表1.6　　　　　　　　　　　三角函数表

名称	含义	名称	含义
sin	正弦	asin	反正弦
cos	余弦	acos	反余弦
tan	正切	atan	反正切
cot	余切	acot	反余切

(二)指数函数(见表1.7)

表1.7　　　　　　　　　　　指数函数表

名称	含义	名称	含义
exp	E 为底的指数	log10	10 为底的对数
log	自然对数	log2	2 为底的对数
pow2	2 的幂	sqrt	平方根

(三)取整函数和求余函数(见表1.8)

表1.8　　　　　　　　　取整函数和求余函数表

名称	含义	名称	含义
ceil	向 $+\infty$ 取整	rem	求余数
fix	向 0 取整	round	向靠近整数取整
floor	向 $-\infty$ 取整	sign	符号函数
mod	模除求余		

(四)矩阵变换函数(见表1.9)

表1.9　　　　　　　　　　矩阵变换函数表

名称	含义	名称	含义
fiplr	矩阵左右翻转	diag	产生或提取对角阵
fipud	矩阵上下翻转	tril	产生下三角
fipdim	矩阵特定维翻转	triu	产生上三角
Rot90	矩阵反时针 90 度翻转		

（五）其他函数（见表1.10）

表1.10　　　　　　　　其他函数表

名称	含义	名称	含义
min	最小值	max	最大值
mean	平均值	median	中位数
std	标准差	diff	相邻元素的差
sort	排序	length	个数
abs	绝对值	sum	总和
prod	总乘积	dot	内积

五、MATLAB 编程

（一）M 文件

用 MATLAB 语言编写的程序,称为 M 文件。M 文件可以根据调用方式的不同分为两类:命令文件和函数文件。

【例1.1】分别建立命令文件和函数文件,将华氏温度转换为摄氏温度。

程序1:首先建立命令文件 f1. m 并存盘。

clear all;　　　　　% 清除变量

f = input('输入华氏温度:');

c = 5 * (f − 32)/9

命令窗口中将显示:

输入华氏温度:80

c =

26.6667

程序2:

首先建立函数文件 f2. m。

function c = f2(f)

c = 5 * (f − 32)/9;

然后在 MATLAB 的命令窗口中调用该函数文件。

clear all;

y = input('输入华氏温度:');

x = f2(y)

输出情况为:

输入华氏温度:80

x =

26.6667

（二）M 文件的打开与编辑

M 文件是一个文本文件,它可以用任何编辑程序来建立和编辑,而一般常用且最为方便的是使用 MATLAB 提供的文本编辑器。

1. 建立新的 M 文件

单击 MATLAB 主窗口工具栏上的 New M - File 命令按钮,启动 MATLAB 文本编辑器后,输入 M 文件的内容并存盘。

2. 打开已有的 M 文件

单击 MATLAB 主窗口工具栏上的 Open File 命令按钮,再从弹出的对话框中选择所需打开的 M 文件。

六、程序控制结构

（一）顺序结构

1. 数据的输入

从键盘输入数据,则可以使用 input 函数来进行。

x = input('你的姓名? ',' s ');

2. 数据的输出

命令窗口输出函数主要用 disp 函数。

【例 1.2】输入 x、y 的值,并将它们的值互换后输出。

程序如下:

x = input('请输入 x:');

y = input('请输入 y:');

z = x;

x = y;

y = z;

disp(x);

disp(y);

（二）选择结构

1. if 语句

在 MATLAB 中,if 语句有 3 种格式。

(1)单分支 if 语句:

if　条件

语句组

end

当条件成立时,则执行语句组,执行完之后继续执行 if 语句的后继语句,若条件不成立,则直接执行 if 语句的后继语句。

（2）双分支 if 语句：

if 条件

　　语句组 1

else

语句组 2

end

当条件成立时,执行语句组 1,否则执行语句组 2,语句组 1 或语句组 2 执行后,再执行 if 语句的后继语句。

【例 1.3】计算分段函数的值。

程序如下：

$x = input('请输入 x 的值:');$

if $x < = 0$

$y = (x + sqrt(pi))/exp(2);$

else

$y = log(x + sqrt(1 + x * x))/2;$

end

y

（3）多分支 if 语句：

if 条件 1

语句组 1

elseif 条件 2

语句组 2

……

elseif 条件 m

语句组 m

else

语句组 n

end

【例 1.4】输入一个字符,若为大写字母,则输出其对应的小写字母;若为小写字母,则输出其对应的大写字母;若为数字字符则输出其对应的数值,若为其他字符则原样输出。

$c = input('请输入一个字符', 's');$

if $c > = 'A' \& c < = 'Z'$

　　　disp(setstr(abs(c) + abs('a') - abs('A')));

elseif $c > = 'a' \& c < = 'z'$

　　　　　disp(setstr(abs(c) - abs('a') + abs('A')));

elseif $c > = '0' \& c < = '9'$

　　　　　disp(abs(c) - abs('0'));

```
    else
                disp(c);
    end
```

2. switch 语句

switch 语句根据表达式的取值不同,分别执行不同的语句,其语句格式为:

```
switch  表达式
    case  表达式 1
        语句组 1
    case  表达式 2
        语句组 2
        ……
    case  表达式 m
        语句组 m
    otherwise
        语句组 n
end
```

当表达式的值等于表达式 1 的值时,执行语句组 1,当表达式的值等于表达式 2 的值时,执行语句组 2……当表达式的值等于表达式 m 的值时,执行语句组 m,当表达式的值不等于 case 所列的表达式的值时,执行语句组 n。当任意一个分支的语句执行完后,直接执行 switch 语句的下一句。

【例 1.5】某商场对顾客所购买的商品实行打折销售,标准如下(商品价格用 price 来表示):

price < 200	没有折扣
200 ≤ price < 500	5% 折扣
500 ≤ price < 1000	10% 折扣
1000 ≤ price < 2500	15% 折扣
2500 ≤ price < 5000	20% 折扣
5000 ≤ price	25% 折扣

输入所售商品的价格,求其实际销售价格。

程序如下:

```
price = input('请输入商品价格');
switch fix(price/100)
case {0,1}                 % 价格小于 200
    rate = 0;
case {2,3,4}               % 价格大于等于 200 但小于 500
    rate = 5/100;
case num2cell(5:9)         % 价格大于等于 500 但小于 1000
```

```
    rate = 10/100;
case num2cell(10:24)          % 价格大于等于 1000 但小于 2500
    rate = 15/100;
case num2cell(25:49)          % 价格大于等于 2500 但小于 5000
    rate = 20/100;
otherwise                     % 价格大于等于 5000
    rate = 25/100;
end
price = price * (1 - rate)    % 输出商品实际销售价格
```

(三)循环结构

1. for 语句

for 语句的格式为:

for 循环变量 = 表达式 1:表达式 2:表达式 3

　　循环体语句

end

其中表达式 1 的值为循环变量的初值,表达式 2 的值为步长,表达式 3 的值为循环变量的终值。步长为 1 时,表达式 2 可以省略。

【例 1.6】一个三位整数各位数字的立方和等于该数本身则称该数为水仙花数。输出全部水仙花数。

程序如下:

```
for m = 100:999
m1 = fix(m/100);              % 求 m 的百位数字
m2 = rem(fix(m/10),10);       % 求 m 的十位数字
m3 = rem(m,10);               % 求 m 的个位数字
if  m = = m1 * m1 * m1 + m2 * m2 * m2 + m3 * m3 * m3
        disp(m)
    end
end
```

2. while 语句

while 语句的格式为:

while (条件)

　　循环体语句

end

其执行过程为:若条件成立,则执行循环体语句,执行后再判断条件是否成立;如果不成立则跳出循环。

【例 1.7】从键盘输入若干个数,当输入 0 时结束输入,求这些数的平均值和它们之和。

程序如下：

```
sum = 0;
cnt = 0;
val = input('Enter a number (end in 0):');
while (val ~ = 0)
    sum = sum + val;
    cnt = cnt + 1;
    val = input('Enter a number (end in 0):');
end
if (cnt > 0)
    mean = sum/cnt;
end
```

3. break 语句和 continue 语句

与循环结构相关的语句还有 break 语句和 continue 语句。它们一般与 if 语句配合使用。break 语句用于终止循环的执行，当在循环体内执行到该语句时，程序将跳出循环，继续执行循环语句的下一语句。continue 语句控制跳过循环体中的某些语句，当在循环体内执行到该语句时，程序将跳过循环体中所有剩下的语句，继续下一次循环。

【例1.8】求[2,100]之间第一个能被7整除的整数。

程序如下：

```
for n = 2:100
    if rem(n,7) ~ = 0
        continue
    end
    break
end
```

七、函数文件

函数文件由 function 语句引导，其基本结构为：

function 输出形参表 = 函数名（输入形参表）

函数体语句

其中以 function 开头的一行为函数头，表示该 M 文件是一个函数文件。输入形参为函数的输入参数，输出形参为函数的输出参数。当输出形参多于一个时，用方括号括起来。

【例1.9】编写函数文件求半径为 r 的圆的面积和周长。

函数文件如下：

```
function [s,p] = fcircle(r)
% CIRCLE    calculate the area and perimeter of a circle of radius r
```

%r　　　　　圆半径

%s　　　　　圆面积

%p　　　　　圆周长

s = pi * r * r;

p = 2 * pi * r;

调用方式:在命令窗口输入:fcircle(5)。

第三节　数学实验实例

一、微积分实例

【例1.10】计算下列极限:

(1) $\lim\limits_{n\to\infty}\dfrac{6n^2-n+1}{n^3+n^2+1}$;　　(2) $\lim\limits_{x\to a}\dfrac{x^{\frac{1}{m}}-a^{\frac{1}{m}}}{x-a}$;

＞＞ syms x y n a m;　　%定义 x、n、a、m 为符号变量

＞＞ y1 = (6 * n^2 - n + 1)/(n^3 - n^2 + 2);　%定义符号表达式

＞＞ Lim＿y1 = limit(f,n,inf) %求 $\lim\limits_{n\to\infty}\dfrac{6n^2-n+1}{n^3+n^2+1}$ 极限

结果为:

Lim＿y1 = 0

＞＞ Lim＿y2 = limit((x^(1/m) - a^(1/m))/(x - a),x,a)

%求 $\dfrac{x^{\frac{1}{m}}-a^{\frac{1}{m}}}{x-a}$ 极限

结果为:

Lim＿y2 = a^(1/m)/a/m

【例1.11】讨论下列函数在指定点的连续性:

函数 $f(x)=\begin{cases}\dfrac{x^2-5x-6}{x+1} & x\neq-1 \\ -7 & x=-1\end{cases}$ 在 $x=-1$ 处的连续性;

函数 $g(x)=\begin{cases}1-x^2-5x, & x\geqslant0 \\ \dfrac{\sin x}{x} & x<0\end{cases}$ 在 $x=0$ 处的连续性;

在 MATLAB 命令窗口,输入命令:

＞＞ syms x;　　　　　　　%定义 x 为符号变量

＞＞ f = (x^2 - 5 * x - 6)/(x + 1);　%定义符号表达式

＞＞Lim＿f = limit (f, x, -1);　%求极限

结果为:

Lim __ f = -7

显然极限值等于函数值,故 f(x) 在 x = -1 处的连续。

> > left __ lim __ g = limit(sin(x)/x, x, 0,' left ')

结果为:

left __ lim __ g = 1

> > right __ lim __ g = limit(1 - x^2 - 5 * x,x, 0, ' right ')

结果为:

right __ lim __ g = 1

左、右极限存在并相等,而且等于函数值, 故连续。

【例 1. 12】求 $\dfrac{\mathrm{d}\sin x^2}{\mathrm{d}x}$ 导数。

打开 MATLAB 指令窗,输入指令:

> >x = sym(' x ');   % 定义 x 为符号变量

> >diff(sin(x^2))   % 求 $\dfrac{\mathrm{d}\sin x^2}{\mathrm{d}x}$ 导数

得结果:

ans = 2 * cos(x^2) * x

利用 MATLAB 命令 diff 一次可以求出若干个函数的导数。

【例 1. 13】求下列由参数方程确定的函数的一阶导数和二阶导数:

$$\begin{cases} x = t(1 - \sin t) \\ y = t\cos t \end{cases}$$

输入指令:

> >syms t

> >x = t * (1 - sin(t));

> >y = t * cos(t);

> >df1 = diff(y,t)/diff(x,t)

得结果:

df1 = (cos(t) - t * sin(t))/(1 - sin(t) - t * cos(t))

> >df2 = diff(df1,t)/diff(x,t)

得结果:

df2 =

((- 2 * sin(t) - t * cos(t))/(1 - sin(t) - t * cos(t)) - (cos(t) - t * sin(t))/

(1 - sin(t) - t * cos(t))^2 * (- 2 * cos(t) + t * sin(t))/(1 - sin(t) - t * cos(t))

【例 1. 14】求不定积分: $\displaystyle\int \sqrt{x^3 + x^4}\,\mathrm{d}x$ 。

命令如下:

> >x = sym(' x ');

```
>>f = sqrt(x^3 + x^4);
>>int(f);                          %求不定积分
>>g = simple(ans)                  %调用 simple 函数对结果化简
```

运行得结果：

g =

$1/3 * x^(5/2) * (x+1)^(1/2) + 1/12 * x^(3/2) * (x+1)^(1/2) - 1/8 * x^(1/2) * (x+1)^(1/2) + 1/16 * \log(1/2 + x + (x^2 + x)^(1/2))$

【例 1.15】求定积分及广义积分。

$(1) \int_1^2 |1 - x| \mathrm{d}x$；　　$(2) \int_t^{\cos t} (3tx^2 + 2) \mathrm{d}x$；　　$(3) \int_{-\infty}^{+\infty} \frac{1}{1 + x^2} \mathrm{d}x$。

命令如下：

```
>> x = sym('x');
>>y = int(abs(1 - x),1,2)          %求定积分(1)
```

运行得结果：

y = 1/2

$(2) \int_t^{\cos t} (3tx^2 + 2) dx$，命令如下：

```
>> syms x t;
>>int(3 * t * x^2,x,t,cos(t))      %求定积分(2)
```

运行得结果：

ans =

t * (cos(t)^3 - t^3)

$(3) \int_{-\infty}^{+\infty} \frac{1}{1 + x^2} \mathrm{d}x$，命令如下：

```
>> syms x;
>>y = int(1/(1 + x^2),x, - inf,inf)      %求广义积分(3)
```

运行得结果：

y = pi

二、线性代数实例

【例 1.16】求矩阵 $A = \begin{bmatrix} 2 & 1 & 1 & 2 \\ 1 & 2 & 2 & 1 \\ 1 & 2 & 1 & 2 \\ 2 & 2 & 1 & 1 \end{bmatrix}$ 的秩。

解：
```
>>clear;
>>A = [2 1 1 2;1 2 2 1;1 2 1 2;2 2 1 1];
>>rank(A)
```

ans =

【例 1.17】求解方程组的通解：

$$\begin{cases} x_1 + 2x_2 + 2x_3 + x_4 = 0 \\ 2x_1 + x_2 - 2x_3 - 2x_4 = 0 \\ x_1 - x_2 - 4x_3 - 3x_4 = 0 \end{cases}$$

解：>>A = [1 2 2 1;2 1 -2 -2;1 -1 -4 -3];

>>format rat   %指定有理式格式输出

>>B = null(A,'r')   %求解空间的有理基

运行后显示结果如下：

B =

2   5/3

-2   -4/3

1   0

0   1

写出通解：

>>syms k1 k2

>>X = k1 * B(:,1) + k2 * B(:,2)   %写出方程组的通解

运行后结果如下：

X =

[2 * k1 + 5/3 * k2]

[-2 * k1 - 4/3 * k2]

[k1]

[k2]

【例 1.18】求矩阵 $A = \begin{bmatrix} 1 & 0 & 2 & 1 \\ -1 & 2 & 2 & 3 \\ 2 & 3 & 3 & 1 \\ 0 & 1 & 2 & 1 \end{bmatrix}$ 的行列式的值。

解：>> clear

>> A = [1 0 2 1; -1 2 2 3; 2 3 3 1;0 1 2 1];

>> det (A)

ans =

14

三、概率统计实例

【例 1.19】计算正态分布 $N(0,1)$ 的随机变量 X 在点 0.6578 的密度函数值。

解：>> y = pdf('norm',0.6578,0,1)

$y = 0.3213$

【例1.20】求自由度为8的卡方分布,在点2.18处的密度函数值。

解: > > pdf('chi2',2.18,8)

ans =

0.0363

【例1.21】求标准正态分布随机变量X落在区间$(-\infty, 0.4)$内的概率(该值就是概率统计教材中的附表:标准正态数值表)。

解:

> > y = cdf('norm',0.4,0,1)

$y = 0.6554$

附:实验练习

一、微积分练习

练习1　计算下列极限

(1) $\lim\limits_{x \to 1}(\dfrac{1}{x\ln^2 x} - \dfrac{1}{(x-1)^2})$;　(2) $\lim\limits_{x \to a^+}\dfrac{\sqrt{x} - \sqrt{a} - \sqrt{x-a}}{\sqrt{x^2-a^2}}$。

练习2　求不定积分:(1) $\int \sqrt{x^3 + x^4}\,dx$;(2) $\int e^x\cos 2x\,dx$。

练习3　求定积分及广义积分:(1) $\int_1^2 |1-x|\,dx$;　(2) $\int_t^{\cos t}(3tx^2 + 2)\,dx$;

(3) $\int_{-\infty}^{+\infty} \dfrac{1}{1+x^2}\,dx$。

二、线性代数练习

练习4　求解线性方程组$\begin{cases} 2x_1 - 5x_2 + 7x_3 + 3x_4 = 6 \\ x_1 + 9x_2 - 13x_3 - 17x_4 = 8 \\ 4x_1 + 6x_2 + 31x_3 + 23x_4 = 13 \end{cases}$　的通解。

练习5　求矩阵$A = \begin{bmatrix} 3 & 5 & 9 \\ 2 & 0 & 1 \\ 7 & 8 & 4 \end{bmatrix}$的特征值和特征向量。

三、概率统计练习

练习6　在一级品率为0.2的大批产品中,随机地抽取20个产品,求其中有2个一级品的概率。

练习7　乘客到车站候车时间$\xi \sim U[0,6]$,计算$P(1 < \xi < 3)$。

第四节　数学模型的概念和分类

一、原型和模型

原型(原始参照物,prototype)是指人们在现实世界里关心、研究或者从事生产、管理的实际对象,也就是系统科学中所说的实际系统或过程。如电力系统、通信系统、机械系统、生态系统、生命系统、经济系统、管理系统、钢铁冶炼过程、导弹飞行过程、化学反应过程、污染扩散过程、生产销售过程、计划决策过程等。

模型(model)是指人们为了某个特定目的,将原型所具有本质属性的某一部分信息进行适当的简化、提炼而构造的一种原型替代物。如建筑物模型、飞机模型、水坝模型、人造卫星模型、大型水电站模型,这些模型都是实物模型;也有用文字、符号、图表、公式、框图等描述客观事物的某些特征和内在联系的抽象模型,如模拟模型、数学模型等。

模型不是原型原封不动的复制品。原型有各个方面和各种层次的特征,而模型只要求反映与某种目的有关的那些方面和层次的特征。

例如,一个城市的交通图是该城市(原型)的模型,看模型比看原型清楚得多,此时,城市的人口、道路、车辆、建筑物的形状等都不重要。但是,城市的街道、交通线路和各单位的位置等信息都一目了然。

对同一个原型,出于不同的目的,可以建立多种不同的模型。

比如,作为玩具的飞机模型,在外形上与飞机相似,但不会飞;而参加航模竞赛的模型飞机就必须能够飞行,对外观则不必苛求;对于供飞机设计、研制用的飞机数学模型,则主要是在数量规律上要反映飞机的飞行动态特征,而不涉及飞机的实体。

又如,为了制订某大型企业的生产管理计划,模型就必须反映产品的产量、销售量和库存原料量等变化情况,不必反映各生产装置的动态特性;相反,为了实现各生产装置的最佳运行,模型就必须详细地描述各装置内部状态变化的生产过程动态特性。

模型可以分为实物模型和抽象模型。抽象模型又可以分为模拟模型和数学模型。对我们来说,最感兴趣的是数学模型。模型的分类如表 1.11 所示。

表 1.11　　　　　　　　　　模型的分类

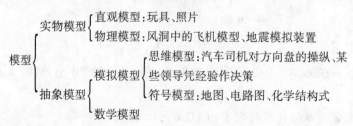

二、数学模型的概念

广义地说,数学本身就是刻画现实世界的模型。数学的研究既不像物理学、化学、生物学那样以自然界的具体运动形态为对象,也不像经济学、社会学、政治学那样以社会的具体运动形态为对象。数学研究的是形式化、数量化的思想材料。思想只能来源于现实世界,但不是原原本本复制现实世界(原型),需要经过一定的加工、抽象。也就是说,在现实世界中大量的数学问题往往并不是自然地以现成数学问题的形式出现。首先,我们需要对要解决的实际问题进行分析研究,经过简化、提炼、归结为一个能够求解的数学问题,即建立该问题的数学模型(mathematical model)。这是运用数学的理论与方法解决问题关键的第一步,然后,才能应用数学理论、方法进行分析和求解,进而为解决现实问题提供数量支持与指导。由此可见数学建模的重要性。

现实世界的问题往往比较复杂,在从实际中抽象出数学问题的过程中,我们必须抓住主要因素,忽略一些次要因素,作出必要的简化,使抽象所得的数学问题能用适当的方法进行求解。

例如火箭在作短程飞行时,要研究其运动轨迹,可以不考虑地球自转的影响,但若火箭作洲际飞行,就要考虑地球自转的影响了。又比如同是一次火箭飞行实验,在研究其射程时可不考虑某些段空气阻力的影响,但在研究其命中精度时就必须考虑这些因素。

以解决某个现实问题为目的,经过分析简化,从中抽象、归纳出来的数学问题就是该问题的数学模型,这个过程称为数学建模(mathematical modelling)。

一般地说,数学模型可以这样来描述:对于现实世界的一个特定对象,为了一个特定目的,根据特有的内在规律,做出一些必要的简化假设,运用适当的数学工具,得到的一个数学结构,这个数学结构就是数学模型。

这里的特定对象是指我们所要研究解决的某个具体问题。这里的特定目的是指当研究一个特定对象时所要达到的特定目的,如分析、预测、控制、决策等。这里的数学工具是指数学各分支的理论和方法及数学的某些软件系统。这里的数学结构包括各种数学方程、表格、图形等等。

数学建模对于我们来说并不陌生。如古埃及丈量土地时发明了三角,这就是数学建模;而我们今天熟悉的微积分基本上可以视为 17 世纪对力学问题、天文学问题的数学建模。

三、数学模型的分类

(1)按照建立模型所用的数学方法的不同,分类如表 1.12 所示。

表 1.12　　　　　　　　　　　　按所用数学方法分类的模型

$$
\text{数学模型}\begin{cases}
\text{初等模型} \\
\text{几何模型} \\
\text{运筹学模型} \\
\text{微分方程模型} \\
\text{概率统计模型} \\
\text{统计回归模型} \\
\text{数学规划模型}
\end{cases}
$$

（2）按照数学模型的应用领域的不同，分类如表 1.13 所示。

表 1.13　　　　　　　　　按应用领域分类的数学模型

$$
数学模型
\begin{cases}
人口模型 \\
交通模型 \\
环境模型 \\
污染模型 \\
生态模型 \\
金融模型 \\
水资源模型 \\
企业管理模型 \\
经济预测模型 \\
城镇规划模型 \\
再生资源利用模型
\end{cases}
$$

（3）按照模型的表现特征不同，分类如表 1.14 所示。

表 1.14　　　　　　　　　按表现特征分类的数学模型

$$
数学模型
\begin{cases}
确定性模型 \\
随机模型
\end{cases}
\qquad
数学模型
\begin{cases}
静态模型 \\
动态模型
\end{cases}
$$
$$
\text{(a)} \qquad\qquad\qquad \text{(b)}
$$

$$
数学模型
\begin{cases}
线性模型 \\
非线性模型
\end{cases}
\qquad
数学模型
\begin{cases}
离散模型 \\
连续模型
\end{cases}
$$
$$
\text{(c)} \qquad\qquad\qquad \text{(d)}
$$

（4）按照建模目的的不同，分类如表 1.15 所示。

表 1.15　　　　　　　　　按建模目的分类的数学模型

$$
数学模型
\begin{cases}
描述模型 \\
预报模型 \\
优化模型 \\
决策模型 \\
控制模型
\end{cases}
$$

（5）按照对模型结构的了解程度的不同，分类如表 1.16 所示。

表 1.16　　　　　　　　按对模型结构的了解程度分类的数学模型

$$
数学模型
\begin{cases}
白箱模型：如力学、热学、电学 \\
灰箱模型：如生态气象、经济交通 \\
黑箱模型：如生命科学、社会科学
\end{cases}
$$

四、数学模型与数学的区别

数学模型与数学是不完全相同的，主要体现在三个方面。

1. 研究内容不同

数学主要是研究对象的共性和一般规律,而数学模型主要是研究对象的个性(针对性)和特殊规律。

2. 研究方法不同

数学的主要研究方法是归纳加演绎,而数学模型是将现实对象的信息加以翻译、归纳,经过求解、演绎,得到数学上的解答,再经过翻译回到现实对象,给出分析、预报、决策、控制的结果。

3. 研究结果不同

数学的研究结果被证明了就一定是正确的,而数学模型的研究结果被证明了未必一定正确——这与模型的简化和模型的假设有关,因此,对数学模型的研究结果必须接受实际的检验。

鉴于数学模型与数学的关系和区别,我们评价一个数学模型优劣的标准是:模型是否有一定的实际背景、假设是否合理、推理是否正确、方法是否简单、论述是否深刻,等等。

五、对数学模型的一般要求

(1)要有足够的精确度,就是要把本质的性质和关系反映进去,把非本质的东西去掉,而又不影响反映现实的本质的真实程度。

(2)模型既要精确,又要尽可能简单。因为太复杂的模型难以求解,而且如果一个简单的模型已经可以使某些实际问题得到满意的解决,那我们就没有必要再建立一个复杂的模型。因为构造一个复杂的模型并求解它,往往要付出较高的代价。

(3)要尽量借鉴已有的标准形式的模型。

(4)构造模型的依据要充分,就是说要依据科学规律、经济规律来建立有关的公式和图表,并要注意使用这些规律的条件。

第五节　数学建模的方法和一般步骤

一、数学建模的方法

(一)机理分析法

机理分析法就是根据人们对现实对象的了解和已有的知识经验等,分析研究对象中各变量(因素)之间的因果关系,找出反映其内部机理的规律的一类方法。使用这种方法的前提是我们对研究对象的机理应有一定的了解。

(二)测试分析法

当我们对研究对象的机理不清楚的时候,可以把研究对象视为一个"黑箱"系统,对系统的输入输出进行观测,并以这些实测数据为基础进行统计分析来建立模型,这样的一类方法称为测试分析法。

（三）综合分析法

对于某些实际问题,人们常常将上述两种建模方法结合起来使用,例如用机理分析法确定模型结构,再用测试分析法确定其中的参数,这类方法为综合分析法。

二、数学建模的一般步骤

数学建模是一种创造性的过程,它需要相当高的观察力、想象力和灵感。数学建模的过程是有一定阶段性的,要解决的问题都是来自现实世界之中。数学建模的过程就是对问题进行分析、提炼,用数学语言做出描述,用数学方法分析、研究、解决,最后回到实际中去应用于解决和解释实际问题,乃至更进一步作为一般模型来解决更广泛的问题。

对我们来说,数学建模的过程可以概括为:

问题分析→模型假设→模型建立→模型求解→解的分析与检验→论文写作→应用实际。

（一）问题的分析

数学建模的问题,通常都是来自各个领域的实际问题,没有固定的方法和标准的答案,因而既不可能明确给出该用什么方法,也不会给出恰到好处的条件,有些时候所给出的问题本身就是含糊不清的。因此,数学建模的第一步就应该是对问题所给的条件和数据进行分析,明确要解决的问题。通过对问题的分析,明确问题中所给出的信息、要完成的任务和所要做的工作、可能用到的知识和方法、问题的特点和限制条件、重点和难点、开展工作的程序和步骤等。同时,还要明确题目所给条件和数据在解决问题中的意义和作用,是本质的还是非本质的,是必要的还是非必要的等。从而,可以在建模的过程中,适当地对已有的条件和数据进行必要的简化或修改,也可以适当地补充一些必要的条件和数据。

（二）模型的假设

实际中,根据问题的实际意义,在明确建模目的的基础上,对所研究的问题进行必要的、合理的简化,用准确简练的语言给出表述,即模型的假设,这是数学建模的重要一步。合理假设在数学建模中除了起着简化问题的作用外,还对模型的求解方法和使用范围起着限定作用。模型假设的合理性与否问题是评价一个模型优劣的重要条件之一,也是模型的建立成败的关键所在。假设做得过于简单,或过于详细,都可能会使得模型建立不成功。为此,实际中要做出合适的假设,需要一定的经验和探索,有时候需要在建模的过程中对已做的假设进行不断的补充和修改。

（三）模型的建立

在建立模型之前,首先要明确建模的目的,因为对于同一个实际问题,出于不同的目的所建立的数学模型可能会有所不同。在通常情况下,建模的目的可以是描述或解释现实世界的现象;也可以是预报一个事件是否会发生,或未来的发展趋势;也可以是为了优化管理、决策或控制等。

如果是为了描述或解释现实世界,则一般可采用机理分析的方法去研究事物的内在规律;如果是为了预测预报,则常常可以采用概率统计、优化理论或模拟计算等有关的建模方法;如果是为了优化管理、决策或控制等,则除了有效地利用上述方法之外,还需要合理地引入一些量化的评价指标以及评价方法。对于实际中的一个复杂的问题,往往是要综合运用多种不同方法和不同学科的知识来建立数学模型,才能够很好地解决这一个问题。

在明确建模目的的基础上,在合理的假设之下,就可以完成建立模型的任务,这是我们数学建模工作中最重要的一个环节。根据所给的条件和数据,建立起问题中相关变量或因素之间的数学规律,可以是数学表达式、图形和表格,或者是一个算法等,都是数学模型的表示形式,这些形式有时可以相互转换。

(四)模型求解

不同的数学模型的求解方法一般是不同的,通常涉及不同数学分支的专门知识和方法,这就要求我们除了熟练地掌握一些数学知识和方法外,还应具备在必要时针对实际问题学习新知识的能力。同时,还应具备熟练的计算机操作能力,熟练掌握一门编程语言和一两个数学工具软件包的使用。不同的数学模型求解的难易程度是不同的。一般情况下,对较简单的问题,应力求普遍性;对较复杂的问题,可从特殊到一般的求解思路来完成。

(五)解的分析与检验

对于所求出的解,必须要对解的实际意义进行分析,即模型的解在实际问题中说明了什么、效果怎样、模型的适用范围如何,等等。同时,还要进行必要的误差分析和灵敏度分析等工作。由于数学模型是在一定的假设下建立的,而且利用计算机近似求解,其结果产生一定的误差是必然的。通常意义下的误差主要来自由模型的假设引起的误差、近似求解方法产生的误差、计算机产生的舍入误差和问题的数据本身误差。实际中,对这些误差很难准确地给出定量估计,往往是针对某些主要的参数做相应的灵敏度分析,即当一个参数有很小的扰动时,对结果的影响是否也很小,由此可以确定相应变量和参数的误差允许范围。

(六)论文写作

因为数学建模工作的目的是解决实际问题,所以工作完成以后要写出一篇论文,即等于一篇研究报告。论文要力求通俗易懂,能让人明白你用什么方法解决了什么问题、结果如何、有什么特点。为此,应尽可能使论文的表述清晰、主题明确、论证严密、层次分明、重点突出、符合科技论文的写作规范。同时,要注意论文的写作工作是贯穿始终的,在建模的每个阶段都应该把你的主要思想和工作写下来,这是论文写作时的第一手材料。

(七)应用实际

对于所建立的数学模型以及求解结果,只有拿到实际中去应用检验后,才被证明是正确的。否则,就需要修正模型的假设或条件,重新建立模型,直到通过实际的检验为止,方可应用于实际。

第六节　数学建模举例

问题的提出：

现代使用的航天火箭几乎都分成几级。在使用时，总是让第一级火箭先燃烧，当燃尽了全部推进剂以后，就被丢弃并点燃第二级火箭……

采用运载火箭把人造卫星发射到高空轨道上运行，为什么不能用一级火箭而必须用多级火箭系统？为什么一般都采用三级火箭系统？

一、为什么不能用一级火箭发射人造卫星

1. 卫星进入600km高空轨道时，火箭的最低速度

模型假设：

（1）卫星轨道是以地球中心为圆心的某个平面上的圆周，卫星在此轨道上以地球引力作为向心力绕地球作平面匀速圆周运动；

（2）地球是固定于空间中的一个均匀球体，其质量集中于球心；

（3）其他星球对卫星的引力忽略不计。

建模与求解：

设地球半径为R，中心为O，质量为M，曲线C表示地球表面，C'表示卫星轨道，C'的半径为r，卫星质量为m，如图1.2所示。

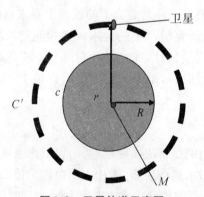

图1.2　卫星轨道示意图

根据假设（2）和（3），卫星只受到地球的引力，由牛顿万有引力定律可知其引力大小为：

$$F = G\frac{Mm}{r^2} \tag{1.1}$$

其中G为引力常数。

为消去常数G，把卫星放在地球表面，则由（1.1）式得：

$$mg = G\frac{Mm}{R^2} \text{ 或 } GM = R^2 g$$

再代入(1.1)式,得:

$$F = mg\left(\frac{R}{r}\right)^2 \tag{1.2}$$

其中 $g = 9.81 \, \mathrm{m/s^2}$ 为重力加速度。

根据假设(1),若卫星围绕地球作匀速圆周运动的速度为 v,则其向心力为 $\frac{mv^2}{r}$。因为卫星所受的地球引力就是它作匀速圆周运动的向心力,故有:

$$mg\left(\frac{R}{r}\right)^2 = \frac{mv^2}{r}$$

由此便推得卫星距地面为 $(r - R)\mathrm{km}$,最低速度必须是:

$$v = R\sqrt{\frac{g}{r}} \tag{1.3}$$

取 $R = 6400 \, \mathrm{km}, r - R = 600 \, \mathrm{km}$,代入(1.3)式,得:

$$v = 7.6 \, \mathrm{km/s}$$

即要把卫星送入离地面 600km 高的轨道,火箭的末速度最低应为 7.6 km/s。

2. 火箭推进力及升空速度

模型假设:

(1)火箭在喷气推动下作直线运动,火箭所受的重力和空气阻力忽略不计;

(2)在 t 时刻火箭质量为 $m(t)$,速度为 $v(t)$,且均为时间 t 的连续可微函数;

(3)从火箭末端喷出气体的速度(相对火箭本身)为常数 u。

建模与分析:

火箭在运动过程中不断喷出气体,使质量不断减少,在 $(t, t + \Delta t)$ 内的减少量为 $m(t) - m(t + \Delta t)$。因为喷出的气体相对于地球的速度为 $v(t) - u$,由动量守恒定律,有:

$$m(t)v(t) = m(t + \Delta t)v(t + \Delta t) + [m(t) - m(t + \Delta t)](v)(t) - u$$

$$\Rightarrow \frac{\mathrm{d}[m(t)v(t)]}{\mathrm{d}t} = \frac{\mathrm{d}m(t)}{\mathrm{d}t}[v(t) - u]$$

解此微分方程得火箭推进力的数学模型为:

$$m\frac{\mathrm{d}v}{\mathrm{d}t} = -u\frac{\mathrm{d}m}{\mathrm{d}t} \tag{1.4}$$

令 $t = 0$ 时,$v(0) = v_0, m(0) = m_0$,求解(1.4)式,得火箭升空速度的数学模型为:

$$v(t) = v_0 + u\ln\frac{m_0}{m(t)} \tag{1.5}$$

(1.4)式表明火箭所受推力等于燃料消耗速度与喷气速度(相对火箭)u 的乘积。(1.5)式表明,在 v_0、m_0 一定的条件下,升空速度 $v(t)$ 由喷气速度(相对火箭)u 及质量比 $\frac{m_0}{m(t)}$ 决定。这为提高火箭速度找到了正确途径:从燃料上设法提高 u 值;从结构上设法减少 $m(t)$。

3. 一级火箭末速度上限

火箭系统的质量可分为三部分:m_p(有效负载,如卫星)、m_F(燃料质量)、m_s(结构质量,如外壳、燃料容器及推进器)。一级火箭末速度上限主要是受目前技术条件的限制。

模型假设:

(1)目前技术条件为:相对火箭的喷气速度 $u = 3\mathrm{km/s}$ 及 $\dfrac{m_s}{m_F + m_s} \geqslant \dfrac{1}{9}$;

(2)初速度 v_0 忽略不计,即 $v_0 = 0$。

建模与求解:

因为升空火箭的最终(燃料耗尽)质量为 $m_p + m_s$,由(1.5)式及假设(2)得到末速度为:

$$v = u\ln \frac{m_0}{m_p + m_s} \tag{1.6}$$

令 $m_s = \lambda(m_F + m_s) = \lambda(m_0 - m_p)$,代入(1.6)式,得:

$$v = u\ln \frac{m_0}{\lambda m_0 + (1-\lambda)m_p} \tag{1.7}$$

于是,当卫星脱离火箭,即 $m_p = 0$,便得火箭末速度上限的数学模型为:

$$v^0 = u\ln \frac{1}{\lambda} \tag{1.8}$$

由假设(1),取 $u = 3\mathrm{km/s}$,$\lambda = \dfrac{1}{9}$,便得火箭末速度上限:

$$v^0 = 3\ln 9 \approx 6.6 \ \mathrm{km/s}。$$

因此,用一级火箭发射卫星,在目前技术条件下无法达到在相应高度所需的速度。

二、理想火箭模型

从前面对问题的假设和分析可以看出:火箭推进力自始至终在加速着整个火箭,然而随着燃料的不断消耗,所出现的无用结构质量也在随之不断加速,作了无效功,故效益低,浪费大。

所谓理想火箭,就是能够随着燃料的不断燃烧不断抛弃火箭的无用结构。下面建立它的数学模型。

模型假设:

在 $(t, t+\Delta t)$ 时段丢弃的结构质量与烧掉质量以 α 与 $1-\alpha$ 的比例同时进行。

建模与分析:

由动量守恒定律,有:

$$m(t)v(t) = m(t+\Delta t)v(t+\Delta t) + \alpha[m(t) - m(t+\Delta t)]v(t) + (1-\alpha)[m(t) - m(t+\Delta t)][v(t) - u]$$

$$\Rightarrow \frac{\mathrm{d}[m(t)v(t)]}{\mathrm{d}t} = \alpha \frac{\mathrm{d}m(t)}{\mathrm{d}t}v(t) + (1-\alpha)\frac{\mathrm{d}m(t)}{\mathrm{d}t}[v(t) - u]$$

$$\Rightarrow m(t)\frac{\mathrm{d}v(t)}{\mathrm{d}t} = -(1-\alpha)u\frac{\mathrm{d}m(t)}{\mathrm{d}t} \tag{1.9}$$

由 $v(0) = 0, m(0) = m_0$ 及(1.9)式,便得理想火箭升空速度的数学模型为:

$$v(t) = (1-\alpha)u\ln\frac{m_0}{m(t)} \tag{1.10}$$

由(1.10)式知,当燃料耗尽,结构质量抛弃完时,便只剩下卫星质量 m_p,从而最终速度的数学模型为:

$$v(t) = (1-\alpha)u\ln\frac{m_0}{m_p} \tag{1.11}$$

(1.11)式表明:当 m_0 足够大时,便可使卫星达到我们所希望它具有的任意速度。例如,考虑到空气阻力和重力等因素,估计要使 $v = 10.5\text{km/s}$ 才行,如果取 $u = 3\text{km/s}$,$\alpha = 0.1$,则可推出 $\dfrac{m_0}{m_p} = 50$,即发射1吨重的卫星大约需50吨重的理想火箭。

三、多级火箭卫星系统

理想火箭是设想把无用的结构质量连续抛弃以达到最佳的上升速度,虽然这在目前的技术条件下办不到,但它的确为发展火箭技术指明了奋斗目标。目前已商业化的多级火箭卫星系统便是朝着这种目标迈出的第一步。多级火箭是从末级开始,逐级燃烧,当第 i 级燃烧尽时,第 $i+1$ 级火箭立即自动点火,并抛弃已经无用的第 i 级(这里用 m_i 表示第 i 级火箭质量,m_p 表示有效负载)。

模型假设:

(1)设各级火箭具有相同的 β,βm_i 表示第 i 级的结构质量,$(1-\beta)m_i$ 表示第 i 级的燃料质量;

(2)喷气相对火箭的速度 u 相同,燃烧级的初始质量与其负载之比保持不变,记该比值为 K。

先考虑二级火箭。由(1.10)式,当第一级火箭燃烧完时,其速度为:

$$v_1 = u \cdot \ln\frac{m_1 + m_2 + m_p}{\beta m_1 + m_2 + m_p} \tag{1.12}$$

当第二级火箭燃烧完时,其速度为:

$$v_2 = v_1 + u \cdot \ln\frac{m_2 + m_p}{\beta m_2 + m_p} \tag{1.13}$$

将 v_1 代入(1.13)式,得

$$v_2 = u \cdot \ln\left(\frac{m_1 + m_2 + m_p}{\beta m_1 + m_2 + m_p} \cdot \frac{m_2 + m_p}{\beta m_2 + m_p}\right)。 \tag{1.14}$$

据假设(2),$m_2 = Km_p$,$m_1 = K(m_2 + m_p)$,代入(1.14)式,仍取 $u = 3\text{km/s}$,近似取 $\beta = 0.1$,可得

$$v_2 \approx 6\ln\frac{K+1}{0.1K+1} \tag{1.15}$$

欲使 $v_2 = 10.5\text{km/s}$,由(1.15)式,$K \approx 11.2$,从而:

$$\frac{m_1 + m_2 + m_p}{m_p} \approx 149$$

同理,可推算得三级火箭的末速度为:

$$v_3 = u \cdot \ln \left(\frac{m_1 + m_2 + m_3 + m_p}{\beta m_1 + m_2 + m_3 + m_p} \cdot \frac{m_2 + m_3 + m_p}{\beta m_2 + m_3 + m_p} \cdot \frac{m_3 + m_p}{\beta m_3 + m_p} \right) \tag{1.16}$$

及

$$v_3 \approx 9 \ln \frac{k+1}{0.1k+1}$$

欲使 $v_3 = 10.5 \mathrm{km/s}$,应该 $K \approx 3.25$,从而:

$$\frac{m_1 + m_2 + m_3 + m_p}{m_p} \approx 77$$

与二级火箭相比,在达到相同效果的情况下,三级火箭的质量几乎节省了一半。

现记 n 级火箭的总质量(包括有效负载 m_p)为 m_0,在相同假设下($u = 3 \mathrm{km/s}$,$v_{\text{末}} = 10.5 \mathrm{km/s}$,$\beta = 0.1$),可以算出相应 m_0/m_p 的值,现将计算结果列于表 1.17 中:

表 1.17

n(级数)	1	2	3	4	5	⋯	∞(理想)
m_0/m_p	×	149	77	65	60	⋯	50

实际上,由于受技术条件的限制,采用四级或四级以上的火箭,经济效益是不合算的,因此采用三级火箭是最好的方案。

第二章 微积分模型与实验

第一节 函数模型与实验

一、基本概念

函数是数学中重要的基本概念之一,是实际生活中量与量之间的依存关系在数学中的反映,也是微积分的主要研究对象。

定义 2.1 设 D 为一个非空的实数集,如果存在一个对应规则 f,使得任意 $x \in D$,按照某一对应规则 f,由 f 唯一地确定一个实数 y 与之对应,则称对应规则 f 为定义在实数集合 D 上的一个函数。

在研究实际问题时,人们经常遇到的变量不止一个,而是多个变量,而且这些变量之间不是孤立地存在而是有相互关联的,并且各变量在某一变化过程中存在某种确定的关系,函数关系是一种常见的关系。

函数主要有常见的三种表示法:解析法、图示法与表格法。有一种特殊的函数:分段函数(由两个或两个以上式子表达一个函数),其定义域为各分段表示式的定义域的并集。

函数的基本特性有单调性、奇偶性、有界性、周期性。常见的函数为基本初等函数和初等函数。

幂函数、指数函数、对数函数、三角函数、反三角函数统称为基本初等函数;由基本初等函数经过有限次四则运算和有限次复合,并在定义域内由一个式子表示的函数,称为初等函数。

二、模型与实验

【例 2.1】交通路口的红绿灯模型。

问题:在一个由红绿灯管理下的十字路口,如果绿灯亮 15 秒钟,问最多可以有多少汽车通过这个交叉路口。

分析:这个问题提得笼统含混,因为交通灯对十字路口的控制方式很复杂,特别是车辆左、右转弯的规则,不同的国家都不一样。通过路口的车辆的多少还依赖于路面上汽车的数量以及它们的行驶的速度和方向。这里我们在一定的假设之下把这个问题简化。

假设:

（1）十字路口的车辆穿行秩序良好,不会发生阻塞。

（2）所有车辆都是直行穿过路口,不拐弯行驶,并且仅考虑马路一侧或单行线上的车辆。

（3）所有的车辆长度相同,为 L 米,并且都是从静止状态匀加速启动。

（4）红灯下等待的每相邻两辆车之间的距离相等,为 D 米。

（5）前一辆车启动后,下一辆车启动的延迟时间相等,为 T 秒。

对于我们的问题,可以认为在红灯下等待的车队足够长,以致排在队尾的司机看见绿灯又转为红灯时仍不能通过路口。

我们用 X 轴表示车辆行驶的道路。原点 O 表示交通灯的位置,X 轴的正向是汽车行驶的方向。以绿灯开始亮为起始时刻。

于是在红灯前等待的第 1 辆汽车刚启动时应该按照匀加速的规律运动。我们可以用公式 $S_1(t) = at^2/2$ 来描述它,其中 $S_1(t)$ 为 t 时刻汽车在 X 轴上的位置,a 是汽车启动时的加速度。对于红绿灯前的第 n 辆车,则有公式 $S_n(t) = S_n(0) + a(t - t_0)^2/2$,其中 $S_n(0)$ 是启动前汽车的位置,t_0 是该车启动的时刻。由假设（3）~（5）可知,$S_n(0) = -(n-1)(L+D)$,$t_0 = (n-1)T$。在城市道路上行驶的汽车都有一个最高时速的限制,为 v_* 米/秒。并假设绿灯亮后汽车将一直加速到可能的最高速度,并以这个速度向前行驶,则显然汽车加速的时间是 $t_{n*} = v_*/a + t_n$。

由上面的分析可以得到绿灯亮后汽车行驶的规律:

$$S_n(t) = \begin{cases} S_n(0), & 0 \leq t < t_n \\ S_n(0) + a(t - t_0)^2/2, & t_n \leq t < t_{n*} \\ S_n(0) + v_*^2/2a + v_*(t - t_0), & t_{n*} \leq t \end{cases}$$

对于模型的参数值,我们取 $L = 5$ 米,$D = 2$ 米,$T = 1$ 秒。在城市的十字路口汽车的最高速度一般是 40 千米/时,它折合 $v_* = 11.1$ 米/秒。进一步需要估计加速度,经调查大部分司机声称:10 秒钟内车子可以由静止加速到大约 26 米/秒的速度。这时可以算出加速度应为 2.6 米/秒^2,保守一些取汽车的加速度为 $a =$ 米/秒^2,$v_*/a = 5.5$ 秒。

根据这些参数,我们可以计算出绿灯亮至 15 秒时每辆汽车的位置如表 2.1 所示:

表2.1   **绿灯亮至 15 时秒汽车的位置**

车号	1	2	3	4	5	6	7	8	9
最终位置(米)	135.7	117.6	99.5	81.4	63.3	45.2	27.1	9	-9.1

从表2.1可见,当绿灯亮至 15 秒时,第八辆汽车已经驶过红绿灯 9 米,而第九辆车还距离交通灯 9.1 米不能通过。

【例2.2】市话费是降了还是升了?

2001 年 1 月 1 日起,我国的电信资费进行了一次结构性的调整,其中某地区固定电话的市话费由原来的每三分钟(不足三分钟以三分钟计)0.18 元调整为前三分钟 0.22 元,以后每一分钟(不足一分钟以一分钟计)0.11 元。那么,与调整前相比,市话费是降了还是升了? 升、降的幅度是多少?

若以 $y(t)$、$Y(t)$ 分别表示调整前后市话费与通话时间 t 之间的函数关系,则有:

$$y(t) = \begin{cases} 0.18 & 0 < t \le 3 \\ 0.18 \times \dfrac{t}{3} & t > 3 \text{ 且 } \dfrac{t}{3} \text{ 是整数} \\ 0.18([\dfrac{t}{3}] + 1) & t > 3 \text{ 且 } \dfrac{t}{3} \text{ 不是整数} \end{cases}$$

$$Y(t) = \begin{cases} 0.22 & 0 < t \le 3 \\ 0.22 + 0.11(t - 3) & t > 3 \text{ 且 } t \text{ 是整数} \\ 0.22 + 0.11([t - 3] + 1) & t > 3 \text{ 且 } t \text{ 不是整数} \end{cases}$$

为便于两者进行比较,我们可以按具体的时段计算上述两个函数对应的函数值及相应的调价幅度,并列出表 2.2:

表 2.2   对照表

t	$(0,3]$	$(3,4]$	$(4,5]$	$(5,6]$	$(6,7]$	$(7,8]$	$(8,9]$	$\cdots$	$(59,60]$	$\cdots$
$y(t)$	0.18	0.36	0.36	0.36	0.54	0.54	0.54	$\cdots$	3.60	$\cdots$
$Y(t)$	0.22	0.33	0.44	0.55	0.66	0.77	0.88	$\cdots$	6.49	$\cdots$
升降幅度	22%	-8%	22%	53%	22%	43%	63%	$\cdots$	80%	$\cdots$

不难看出,只有当通话时间 $t \in (3,4]$ 时,调整后的市话费才稍微有所降低,其余的时段均比调整前有较大幅度的提高。

第二节　极限连续模型与实验

一、基本概念

(一) 函数的极限

极限是微积分学的基本概念之一,是微积分学各种概念和计算方法能够建立和应用的基础,是区别高等数学和初等数学的显著标志。

定义 2.2 　给定函数 $f(x)$ 的自变量 x 的某个运动过程(自变量的变化过程有 6 种 $x \to \infty$，$x \to -\infty$，$x \to +\infty$，$x \to x_0$，$x \to x_0^-$，$x \to x_0^+$)，存在一个常数 A，若函数 $f(x)$ 在自变量的此变化过程中,能与 A 无限接近,则称 A 为函数 $f(x)$ 在自变量的此变化过程中的极限,记为 $\lim f(x) = A$。

函数极限具有如下性质:

● 唯一性　若极限 $\lim f(x)$ 存在,则极限值唯一。

● 有界性　若极限 $\lim f(x)$ 存在,则 $f(x)$ 在该过程中有界。

● 保号性　(1) 若 $\lim f(x) = A$，且 $A > 0$(或 $A < 0$)，则在该过程中 $f(x) > 0$[或 $f(x) < 0$];

(2)若$\lim f(x)=A$,且在该过程中$f(x)\geqslant 0[$或$f(x)\leqslant 0]$,则$A\geqslant 0($或$A\leqslant 0)$。

函数极限运算有如下法则:

设$\lim f(x)=A,\lim g(x)=B$则有:

(1)$\lim[f(x)\pm g(x)]=\lim f(x)\pm\lim g(x)=A\pm B$

(2)$\lim[f(x)g(x)]=[\lim f(x)][\lim g(x)]=AB$

(3)$\lim\dfrac{f(x)}{g(x)}=\dfrac{\lim f(x)}{\lim g(x)}=\dfrac{A}{B}$ $(B\neq 0)$

两个重要极限:

(1)$\lim\limits_{x\to 0}\dfrac{\sin x}{x}=1$

无论函数的自变量变化如何,一般含有三角函数的极限出现$\dfrac{0}{0}$型时,用重要极限

$\lim\limits_{x\to 0}\dfrac{\sin x}{x}=1$结论来求其极限值。所以,第一个重要极限可以记为$\lim\limits_{x\to 0}\dfrac{\sin f(x)}{f(x)}\overset{\frac{0}{0}}{=}1$。

(2)$\lim\limits_{x\to\infty}\left(1+\dfrac{1}{x}\right)^{x}=e$

一般,求幂指函数$[f(x)]^{g(x)}$极限时,无论自变量变化如何,当其函数极限出现

$(1+0)^{\infty}$形式,通常先将函数变形,然后利用重要极限$\lim\limits_{x\to\infty}\left(1+\dfrac{1}{x}\right)^{x}=e$求其函数极限。

所以,第二个重要极限也可以记为 $\lim\limits_{x\to\infty}\left(1+\dfrac{g(x)}{f(x)}\right)^{\frac{f(x)}{g(x)}(1+0)^{\infty}}=e$。

(二)函数的连续性

函数的连续性是函数的一个重要性质。

定义2.3　如果函数$y=f(x)$在点x_0满足:

(1)函数$y=f(x)$在点x_0有定义;

(2)$\lim\limits_{x\to x_0}f(x)$存在;

(3)$\lim\limits_{x\to x_0}f(x)=f(x_0)$。

则函数$y=f(x)$在点x_0连续。

如果上述三条之一不满足,则x_0为函数$y=f(x)$的间断点。

初等函数的连续性:

(1)基本初等函数在其定义域内连续;

(2)一切初等函数在其定义区间内连续。

闭区间上连续函数的性质:

●最值性　闭区间上的连续函数在该区间上一定取得最大值与最小值至少一次。

●有界性　闭区间上的连续函数一定有界。

●介值性　闭区间上的连续函数,对介于最大、小值值之间的任意常数,在该区间内

至少有一点,使其函数值等于该常数。

● 零值定理 $f(x)$ 在闭区间 $[a,b]$ 上连续,且 $f(a)f(b)<0$,则至少存在一点 $\xi\in(a,b)$,使得 $f(\xi)=0$。

零值定理常用于证明方程实根的存在性。

二、模型与实验

【例 2.3】银行复利的计算。

一个人为了积累养老金,每个月按时到银行存 100 元,银行的年利率为 4%,且可以任意分段按复利计算,试问此人在 5 年后共积累了多少养老金? 如果存款和复利按日计算,则他又有多少养老金? 如果复利和存款连续计算呢?

解:按月存款和计算时,每月的利息为 $\frac{1}{12}\times\frac{4}{100}=\frac{1}{300}$,记 x_k 为第 k 月末时的养老金数,则由题意得

$$x_1=100 \qquad\qquad x_2=100+100\left(1+\frac{1}{300}\right)$$

$$x_3=100+100\left(1+\frac{1}{300}\right)+100\left(1+\frac{1}{300}\right)^2$$

$$\cdots$$

$$x_n=100+100\left(1+\frac{1}{300}\right)+\cdots+100\left(1+\frac{1}{300}\right)^{n-1}$$

5 年末养老金为

$$x_{60}=100\times\frac{1-\left(1+\frac{1}{300}\right)^{60}}{1-\left(1+\frac{1}{300}\right)}=30\,000\left[\left(1+\frac{1}{300}\right)^{60}-1\right](\text{元})$$

当复利和存款按日计算时,记 y_k 为第 k 天的养老金数,则每天的存款额为 $a=\frac{1200}{365}$,每天的利率为 $r=\frac{4}{36\,500}$。第 $k+1$ 天的养老金数量与第 k 天养老金数量的关系为:

$$y_{k+1}=\frac{1200}{365}+y_k\left(1+\frac{4}{36\,500}\right)$$

从第 1 天开始递推为:

$$y_1=\frac{1200}{365} \qquad\qquad y_2=\frac{1200}{365}+\frac{1200}{365}\left(1+\frac{4}{36\,500}\right)$$

$$y_3=\frac{1200}{365}+\frac{1200}{365}\left(1+\frac{4}{36\,500}\right)+\frac{1200}{365}\left(1+\frac{4}{36\,500}\right)^2$$

$$\cdots$$

$$y_n=\frac{1200}{365}+\frac{1200}{365}\left(1+\frac{4}{36\,500}\right)+\cdots+\frac{1200}{365}\left(1+\frac{4}{36\,500}\right)^{n-1}$$

在 5 年年末时的养老金数为:

$$y_{1825} = \frac{1200}{365} \frac{1 - \left(1 + \frac{4}{36\ 500}\right)^{1825}}{1 - \left(1 + \frac{4}{36\ 500}\right)} = 30\ 000\left[\left(1 + \frac{4}{36\ 500}\right)^{1825} - 1\right](元)$$

当存款和复利连续计算时,我们先将 1 年分为 m 个相等的时间区间,则每个时间区间中存款为 $\frac{1200}{m}$,每个区间的利息为 $\frac{4}{100m}$。记第 k 个区间养老金的数目为 z_k,类似于前面的分析得 5 年后的养老金为:

$$z_{5m} = \frac{1200}{m} \frac{1 - \left(1 + \frac{4}{100m}\right)^{5m}}{1 - \left(1 + \frac{4}{100m}\right)} = 30\ 000\left[\left(1 + \frac{4}{100m}\right)^{5m} - 1\right](元) \tag{2.1}$$

再让 $m \to +\infty$ 即得连续存款和计息时 5 年后的养老金数为:

$$z = \lim_{m \to +\infty} 30\ 000\left[\left(1 + \frac{4}{100m}\right)^{5m} - 1\right] = 30\ 000(e^{1/5} - 1)(元)$$

观察这三种不同情况下复利的计算问题,我们可以看出将 1 年分为 m 等份得出的计算公式(2.1)具有一般性,当 m 分别取 12 和 365 时就是前面两种情况下的计算公式。另外,由于 $\left(1 + \frac{1}{25m}\right)^{5m}$ 是 m 的单调增函数,所以计息间隔越小,5 年后的养老金数就越多,但不会超过连续存款和计息时的极限值。在这三种情况下的具体计算结果分别是:

$$x_{60} \approx 6629.9, y_{1825} = 6641.68, z = 6642.08$$

由于存款和计息的间隔越小时,收益越大,且不需要一次到银行存入较多现金,而是分批逐渐存入,对投资者的资金周转有利。所以在银行按复利计息时,我们建议存款者尽量采用小间隔的策略。

【例 2.4】椅子能在不平的地面上放稳吗?

把椅子往不平的地面上一放,通常只有三只脚着地,放不稳,然而只要稍挪动几次,就可以四脚着地,放稳了。下面用数学语言证明。

模型假设(对椅子和地面都要做一些必要的假设):

(1)椅子四条腿一样长,椅脚与地面接触可视为一个点,四脚的连线呈正方形。

(2)地面高度是连续变化的,沿任何方向都不会出现间断(没有像台阶那样的情况),即地面可视为数学上的连续曲面。

(3)对于椅脚的间距和椅脚的长度而言,地面是相对平坦的,使椅子在任何位置至少有三只脚同时着地。

模型建立:

中心问题是数学语言表示四只脚同时着地的条件、结论。

首先用变量表示椅子的位置,由于椅脚的连线呈正方形,以中心为对称点,正方形绕中心的旋转正好代表了椅子的位置的改变(见图 2.1),于是可以用旋转角度 θ 这一变量来表示椅子的位置。

其次要把椅脚着地用数学符号表示出来,如果用某个变量表示椅脚与地面的竖直距离,当这个距离为 0 时,表示椅脚着地了。椅子要挪动位置说明这个距离是位置变量的

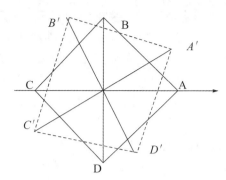

图 2.1　椅子四脚旋转示意图

函数。

由于正方形的中心对称性，只要设两个距离函数就行了，记 A、C 两脚与地面距离之和为 $f(\theta)$，B、D 两脚与地面距离之和为 $g(\theta)$，显然 $f(\theta)$、$g(\theta) \geqslant 0$，由假设（2）知 f、g 都是连续函数，再由假设（3）知 $f(\theta)$、$g(\theta)$ 至少有一个为 0。当 $\theta = 0$ 时，不妨设 $g(\theta) = 0$，$f(\theta) > 0$，这样改变椅子的位置使四只脚同时着地，就归结为如下命题：

命题　已知 $f(\theta)$、$g(\theta)$ 是 θ 的连续函数，对任意 θ，$f(\theta) \cdot g(\theta) = 0$，且 $g(0) = 0$，$f(0) > 0$，则存在 θ_0，使 $g(\theta_0) = f(\theta_0) = 0$。

模型求解：

将椅子旋转 90°，对角线 AC 和 BD 互换，由 $g(0) = 0$，$f(0) > 0$ 可知 $g(\pi/2) > 0$，$f(\pi/2) = 0$。令 $h(\theta) = g(\theta) - f(\theta)$，则 $h(0) > 0$，$h(\pi/2) < 0$，由 $f(\theta)$、$g(\theta)$ 的连续性知 h 也是连续函数，由零点定理，必存在 $\theta_0 (0 < \theta_0 < \pi/2)$ 使 $h(\theta_0) = 0$，$g(\theta_0) = f(\theta_0)$，由 $g(\theta_0) \cdot f(\theta_0) = 0$，所以 $g(\theta_0) = f(\theta_0) = 0$。

评注：

模型的巧妙之处在于用变量 θ 表示椅子的位置，用 θ 的两个函数表示椅子四脚与地面的距离。利用正方形的中心对称性及旋转 90° 并不是本质的，同学们可以考虑四脚呈长方形的情形。

第三节　导数与微分模型

导数与微分在自然科学和社会科学领域中有着广泛的应用，它们是微积分的重要组成部分。

一、导数与微分概述

（一）导数与微分的概念

函数的导数反映函数相对于自变量的（瞬时）变化率，这是一种极限的概念。应用极限的运算法则可以得到求导法则和常用函数的求导公式，从而可求出一切可导的初等函数(包括分段函数、幂指函数和隐函数)的导数。关于求函数的高阶导数,则是继续运用各种求导方法与公式逐次对函数求一阶、二阶……直到 n 阶导数。这里特别指出的是,欲求一个函数的 n 阶导数的一般表达式,需要运用归纳法才能把一些常用函数的 n 阶导数表示出来。

函数的微分一方面反映了函数的增量随自变量增量变化的近似值,另一方面又揭示了它和函数导数的等价关系,这就解决了两个问题:一是利用微分可作为函数增量的近似计算;二是由函数的求导法则和基本初等函数的导数公式可以得到微分的求导法则和微分的基本公式。这里特别指出的是,微分形式的不变性是求函数微分的简便方法,它本质上和复合函数求导法则相同。

函数的导数是一个变化率的问题,在经济学中又称为边际函数,由此概念出发对很多经济问题进行分析就称为边际分析。再引入函数相对变化率的概念就得到了函数弹性的概念。由边际与弹性的定义就可求出函数的边际与弹性。

(二)函数的求导方法

(1)按求导法则分为用导数定义求导、用求导法则和基本初等函数的导数公式求导。

(2)从单一性和综合性分为单一性求导和综合性求导。

①单一性的求导,例如:函数和的导数、函数积的导数、函数商的导数、复合函数求导等。

②综合性的求导,即一个函数的导数需要用多种求导法则才能求出其导数。

(3)从函数的类型分为直接函数求导、反函数求导、复合函数求导、对数求导法与隐函数求导。

(三)导数与微分的简单应用

1. 导数的应用

(1)几何上:函数 $y=f(x)$ 在点 x_0 处的导数是曲线 $y=f(x)$ 在点 $[x_0,f(x_0)]$ 处切线的斜率。

(2)物理上:路程函数 $s=f(t)$ 对时间 t 的一阶导数是物体运动的速度,对时间 t 的二阶导数是物体运动的加速度。

(3)经济上:函数 $y=f(x)$ 对 x 的导数称为边际函数, $\dfrac{Ey}{Ex}=\dfrac{dy}{dx}\cdot\dfrac{x}{y}$ 称为弹性函数。

2. 运用导数求函数的单调区间和极值点

(1)单调性: $f'(x)>0 \Rightarrow f(x)$ 单调递增; $f'(x)<0 \Rightarrow f(x)$ 单调递减。

(2)极值:

方法 1:前提: $f'(x_0)=0$ 或不存在

结论:①若 $f'(x)$ 在 x_0 两侧左正右负,则 $f(x_0)$ 为极大值;

②若 $f'(x)$ 在 x_0 两侧左负右正,则 $f(x_0)$ 为极小值;

③若 $f'(x)$ 在 x_0 两侧同号,则 $f(x_0)$ 不是极值。

方法 2:前提: $f'(x_0)=0$

结论: $f''(x_0)>0 \Rightarrow f(x_0)$ 为极小值; $f''(x_0)<0 \Rightarrow f(x_0)$ 为极大值。

3. 运用导数求函数的最值及解决一些实际应用问题

（1）有限闭区间上：最值为所有驻点、导数不存在及端点中函数值中最大（小）值。

（2）开区间内：若函数只有一个驻点或不可导点，则该点一定为极值点，同时也是相应的最值点。

（3）最值、极值、驻点关系：可导极值点→驻点　闭区间上最值　极值　开区间内最值　极值。

4. 运用导数求函数曲线的凹凸区间和拐点

5. 微分的应用

（1）近似计算：由微分定义可知，微分近似表示函数的增量，即 $\mathrm{d}y \approx \Delta y$。

当 $|x|$ 很小时，$\sqrt[n]{1+x} \approx 1 + \dfrac{1}{n}x, \sin x \approx x, \tan x \approx x, e^x \approx 1 + x, \ln(1+x) \approx x$。

（2）误差估计。

二、模型与实验

【例 2.5】机械与人工的调配问题。

某工程公司采用机械和人力联合作业的形式在各个工地进行施工。经长期统计分析知，每周完成的工程量 W 与投入施工的机械台数 x 和工人人数 y 之间有如下的关系：

$$W = 8x^2 y^{\frac{3}{2}}$$

一个时期以来，A 工地一直是 9 台机械和 16 名工人在施工。如果这个时候需要从 A 工地抽调一台机械支援 B 工地，则应补充多少名工人才能使 A 工地的工程进度不受影响呢？

由于 A 工地现在每周的工程量为：

$$W \Big|_{\substack{x=9 \\ y=16}} = 8 \times 9^2 \times 16^{\frac{3}{2}} = 41\ 472$$

因此，上述问题即转化为在工程量 41 472 保持不变的情况下，如何根据关系式 $8x^2 y^{\frac{3}{2}} = 41\ 472$，即 $x^2 y^{\frac{3}{2}} = 5184$，求出工人人数 y 相对于机械台数 x 的变化率。利用隐函数求导法，等式两边同时对 x 求导，得：

$$2xy^{\frac{3}{2}} + \frac{3}{2}x^2 y^{\frac{1}{2}} \cdot y' = 0$$

从而当 $x > 0, y > 0$ 时，有：

$$y' = -\frac{2xy^{\frac{3}{2}}}{\frac{3}{2}x^2 y^{\frac{1}{2}}} = -\frac{4y}{3x}$$

于是

$$y' \Big|_{\substack{x=9 \\ y=16}} = -\frac{64}{27} \approx -2.37 \approx -3$$

这里的负号表示人数与机械台数变化的方向正好相反，即这时减少一台机械，大约需要增加 3 名工人才能使工程进度不受影响。

【例 2.6】海底能处理放射性废物吗?

有一段时间,美国原子能委员会(现为核管理委员会)是这样处理浓缩性放射性废物的:他们将这些废物装入密封性能很好的圆桶中,然后扔到水深 91.4m 的海里。他们一再保证,圆桶非常坚固,决不会破漏,保证安全,然而许多工程师表示怀疑,认为圆桶在和海底碰撞时有可能发生破裂。

实验证明,圆桶速度达到 12.2m/s 时,碰撞下会发生破裂,圆桶装满放射性废物时重量约为 $W=239kg$,在海水中受的浮力为 $B=213.2kg$,圆桶所受海水阻力 D 与圆桶速度 v 成正比,比例系数 $C=0.119$。

设 y 为圆桶在某一时刻 t 的深度,那么有:

$$m\frac{d^2y}{dt^2}=W-B-C\frac{dy}{dt} \tag{2.2}$$

或

$$\frac{dv}{dt}+\frac{C}{m}v=g-\frac{B}{m}$$

这个方程满足初始条件 $v(0)=0$ 的解为

$$v(t)=\frac{W-B}{C}\left[1-\exp\left(-\frac{C}{m}T\right)\right]$$

当 $t\to\infty$ 时,可求出圆桶的极限速度为 $\frac{W-B}{C}=217m/s$,这个速度是相当大的。

为了求出圆桶与海底碰撞的速度,我们将速度 v 表示为下沉速度 y 的函数,有:

$$\frac{dv}{dt}=\frac{dv}{dy}\frac{dy}{dt}=v\frac{dv}{dy}$$

(2.2)式成为 $mv\frac{dv}{dy}=W-B-Cv$,当 $y=0,v=0$,解此方程得:

$$y=-\frac{W}{gC}v-\frac{W(W-B)}{gC^2}\ln\frac{W-B-Cv}{W-b}$$

由此可求出当 $y=91.4m$ 时,v 约为 13.7m/s。

同时,容易知道 v 是 y 的增加函数,当 $v=12.2m/s$,$y=72.5m$。因此,当 $y=91.4m$ 时,$v>12.2m/s(g=9.8m/s^2)$。

现在美国原子能委员会已经禁止将放射性废物抛入海中。

【例 2.7】这批酒什么时候出售最好?

某酒厂有一批新酿的好酒,如果现在($t=0$)就售出,总收入为 R_0 元;如果窖藏 t 年后按陈酒价格出售,则总收入为 $R=R_0\cdot e^{\frac{2}{5}\sqrt{t}}$ 元。假定银行的年利率为 r,并以连续复利计息,那么,这批酒窖藏多少年售出才能使总收入的现值最大呢?

要解决这个问题,首先应该搞清楚什么是"总收入的现值"。我们知道,资金的时间价值体现在计算公式

$$A=A_0\cdot e^{rt} \tag{2.3}$$

之中,其中 A_0 为资金的现值,A 为按年利率 r 以连续复利计息的 t 年未来值。我们由

(2.3)式又可以得到

$$A_0 = A \cdot e^{-rt} \tag{2.4}$$

公式(2.4)称为"贴现"公式,根据这个公式就可以把按年利率 r 以连续复利计息的 t 年未来值折合成现值。

现在我们重新回到原来的问题之中。如果记 t 年年末总收入 R 的现值为 $\bar{R}$,则

$$\bar{R} = R \cdot e^{-rt} = (R_0 \cdot e^{\frac{2}{5}\sqrt{t}}) \cdot e^{-rt} = R_0 \cdot e^{\frac{2}{5}\sqrt{t} - rt}$$

令 $\bar{R}' = R_0 \cdot e^{\frac{2}{5}\sqrt{t} - rt}(\dfrac{1}{5\sqrt{t}} - r) = 0$,得唯一驻点 $t = \dfrac{1}{25r^2}$;由于 $t < \dfrac{1}{25r^2}$ 时 $\bar{R}' > 0$,$t > \dfrac{1}{25r^2}$ 时

$\bar{R}' < 0$,故 $t = \dfrac{1}{25r^2}$ 是极大也是最大值点,即这批酒窖藏 $\dfrac{1}{25r^2}$ 年售出可使总收入的现值最大。

至于这批酒是现在出售还是窖藏起来待来日出售,取决于按上述方法计算出来的现值是否大于现在出售的总收入与窖藏成本之和,实际操作时根据具体情况是不难做出决策的。

【例2.8】供货商的优惠条件

东风化工厂每年生产所需的 12 000 吨化工原料一直都是由胜利集团以每吨 500 元的价格分批提供的,每次去进货都要支付 400 元的手续费,而且原料进厂以后还要按每吨每月 5 元的价格支付库存费。最近供货方的胜利集团为了进一步开拓市场,提出了"一次性订货 600 吨或以上者,价格可以优惠 5%"的条件,那么,东风化工厂该不该接受这个条件呢?

这里所涉及的实际上是如下的两个问题:①东风化工厂原来使总费用最低的进货批量是多少? ②在新的优惠条件下,原来已经达到最低的总费用能不能继续降低?

为简单计,不妨假设东风化工厂全年的生产过程是均匀的,于是第一个问题就可以转化为"最优经济批量问题"求解:

设化工厂每批购进原料 x 吨,则全年需采购 $\dfrac{12\ 000}{x}$ 次,从而支付的手续费为:

$$400 \times \frac{12\ 000}{x} = \frac{4\ 800\ 000}{x} \text{(元)}$$

同时,由于化工厂全年的生产过程是均匀的,根据一致性存贮模型知"日平均库存量恰为批量的一半",即 $\dfrac{x}{2}$ 吨,故全年的库存费为 $5 \times \dfrac{x}{2} \times 12 = 30x$ (元)。于是可得该化工厂全年花在原料上的总费用(原料费、库存费与手续费之和)为:

$$C(x) = 500 \times 12\ 000 + 30x + \frac{4\ 800\ 000}{x} \text{(元)}$$

令 $C'(x) = 30 - \dfrac{4\ 800\ 000}{x^2} = 0$,可得唯一驻点 $x = 400$。

再由 $x < 400$ 时 $C'(x) < 0$ 及 $x > 400$ 时 $C'(x) > 0$ 即知,$x = 400$ 是极大值点也是最大值点,即当化工厂每批购进原料 400 吨时可使全年花在原料上的总费用最低。此时不难算得最低总费用为 602.4 万元,全年的采购次数为 30。

现在,假如接受供货方的优惠条件,那就意味着批量要由原来的 400 吨至少提高到

600 吨。如果就以 600 吨计算,则全年的采购次数变成了 20,平均库存量也变成了 300 吨,这样一来,原料费、库存费、手续费都会发生相应的变化。于是,全年的总费用变为:

$$C = 500 \times 12\ 000 \times 0.95 + 5 \times 300 \times 12 + 400 \times 20 = 572.6(万元)$$

通过比较即知,只要库房容量允许,将每批的进货量由 400 吨提高到 600 吨,全年就可以节约资金 602.4 - 572.6 = 29.8(万元)。因此供货商的优惠条件是应该接受的。

注意:由 $x > 400$ 时 $C'(x) > 0$ 知总费用函数 $C(x)$ 当批量 $x > 400$ 时是单调增加的,既然已经算得 600 吨是优惠条件限制之下的最优批量,因此当批量超过 600 吨时我们是不予考虑的。

第四节　积分模型

一、基本概念

由求运动速度、曲线的切线和极值等问题产生了导数和微分,构成了微积分学的微分学部分;同时由已知速度求路程、已知切线求曲线以及上述求面积与体积等问题,产生了不定积分和定积分,构成了微积分学的积分学部分。17 世纪的数学家们在研究工作中,尤其是英国数学家牛顿和德国数学家莱布尼茨在研究中发现了不定积分和定积分的关系,以牛顿 - 莱布尼茨公式将两者连成一个整体,从而使微积分成为一个完整的数学体系。

定义 2.4　设 $F(x)$ 是 $f(x)$ 的一个原函数,则 $f(x)$ 的全体原函数 $F(x) + c$ 称为 $f(x)$ 的不定积分,记作 $\int f(x)\mathrm{d}x$,即 $\int f(x)\mathrm{d}x = F(x) + C$。

定义 2.5　设 $f(x)$ 在区间 $[a,b]$ 上有定义,在区间 $[a,b]$ 内任意插入若干点,不妨令 $a = x_0 < x_1 < x_2 < \cdots < x_{n-1} < x_n = b$,并记 $\Delta x_i = x_i - x_{i-1}, i = 1,2,\cdots,n$。任取 ξ_i 满足 $x_{i=1} \le \xi_i \le x_i, i = 1,2,\cdots,n$。记 $\lambda = \max\{\Delta x_i\}$,若极限 $\lim\limits_{\lambda \to 0} \sum\limits_{i=1}^{n} f(\xi_i)\Delta x_i$ 存在,则称此极限为 $f(x)$ 在区间 $[a,b]$ 上的定积分,记为 $\int_a^b f(x)\mathrm{d}x$。

(一) 不定积分的计算方法

1. 换元法

该方法又分为第一换元法(或凑微分法) 和第二换元法。

(1) 在熟练掌握基本公式的前提下,用第一换元法求不定积分 $\int g(x)\mathrm{d}x$ 要同时考虑两个问题:

① 将 $g(x)$ 改写成 $f[\varphi(x)]\varphi'(x)$(即拼凑一个中间变量);

② $f(u)$ 可用基本积分公式找出原函数,即 $\int f(u)\mathrm{d}u = F(u) + c$。

于是 $\int g(x)\mathrm{d}x = \int f[\varphi(x)]\varphi'(x)\mathrm{d}x, \underline{u = \varphi(x)} \int f(u)\mathrm{d}u = F(u) + C = F[\varphi(x)] + C$。

(2) 对第二换元法,我们重点介绍两种常见代换法,一是三角函数代换法,二是最简无理函数代换法。其实质在于将无理函数的积分化成有理函数的积分。

当被积函数含有二次根式时,为了消去根号,通常用三角函数换元。若被积函数中含有以下二次根式时,其换元法是:

$\sqrt{a^2 - x^2}$:令 $x = a\sin t$ ($|t| < \dfrac{\pi}{2}$)

$\sqrt{x^2 + a^2}$:令 $x = a\tan t$ ($|t| < \dfrac{\pi}{2}$)

$\sqrt{x^2 - a^2}$:令 $x = a\sec t$ ($0 < |t| < \dfrac{\pi}{2}$)

对于上述三种变换,可分别利用相应的三个直角三角形进行还原。

当根式内为一次函数或一次有理式时,我们直接令其为 t,再从中解出 x 为 t 的有理函数,从而把无理函数的积分化成了有理函数的积分。

2. 分部积分法

分部积分法的实质在于将一个不易计算的积分转化为另一个较易计算的积分。设函数 $u = u(x)$ 与 $v = v(x)$ 有连续的导数,则有:

$\int u\mathrm{d}v = uv - \int v\mathrm{d}u$

$\int uv'\mathrm{d}x = uv - \int u'v\mathrm{d}x$

分部积分法的关键是适当地选择 u、v。通常也有一些典型的积分类型需要这一方法计算。

3. 有理函数的积分

首先,我们可以用待定系数法将有理函数化为整式与真分式的和;任何一个真分式都可以分解为若干个最简分式之和,从而有理函数的积分就转化为四种最简分式的积分:

(1) $\displaystyle\int \frac{A}{x - a}\mathrm{d}x = \int \frac{A}{x - a}\mathrm{d}(x - a) = A\ln|x - a| + c$;

(2) $\displaystyle\int \frac{A}{(x - a)^n}\mathrm{d}x = \int \frac{A}{(x - a)^n}\mathrm{d}(x - a) = \frac{A}{1 - n}(x - a)^{1-n} + c$ ($n \geqslant 2$);

(3) $\displaystyle\int \frac{Mx + N}{x^2 + px + q}\mathrm{d}x$,此类积分通常视具体情况凑微分计算;

(4) $\displaystyle\int \frac{Mx + N}{(x^2 + px + q)^n}\mathrm{d}x$,可用递推法计算。

(二) 定积分的计算方法

1. 牛顿 - 莱布尼茨公式

若 $F(x)$ 是连续函数 $f(x)$ 在区间 $[a,b]$ 上的一个原函数,则

$$\int_a^b f(x)\,dx = F(b) - F(a)$$

2. 换元积分法

设函数 $f(x)$ 在区间 $[a,b]$ 上连续,函数 $x = \varphi(t)$ 满足条件:

(1) $\varphi(\alpha) = a, \varphi(\beta) = b, a \leqslant \varphi(t) \leqslant b$;

(2) $\varphi(t)$ 在 $[\alpha,\beta]$ 上具有连续导数,则有

$$\int_a^b f(x)\,dx = \int_\alpha^\beta f(\varphi(t))\varphi'(t)\,dt$$

3. 分部积分法

设 $u = u(x), v = v(x)$ 在区间 $[a,b]$ 上具有连续导数,则有定积分的分部积分公式

$$\int_a^b u\,dv = (uv)\Big|_a^b - \int_a^b v\,du$$

(三) 定积分的应用

1. 几何上的应用

平面图形的面积 $A = \int_a^b |f(x)|\,dx$,旋转体的体积 $V_x = \pi\int_a^b [f(x)]^2\,dx$,

$V_y = \int_c^d [\varphi(y)]^2\,dy$。

2. 经济上的应用

已知边际函数求总函数:

总成本 $C(x) - C(0) = \int_0^x C'(t)\,dt$

总收益 $R(x) = \int_0^x R'(t)\,dt$

总利润 $L(x) - L(0) = \int_0^x L'(t)\,dt$

二、模型与实验

【例 2.9】洛伦兹曲线与基尼系数。

洛伦兹曲线是用来衡量社会收入分配程度的曲线。

如果把社会上的人口按收入由低到高划分为若干个阶层,并以 p 表示他们占总人口的比例,以 r 表示相应人口在国民收入中所占份额的大小,则动点 (p,r) 的轨迹就是所谓的洛伦兹曲线,记为 $r = f(p)$。

如果社会收入的分配是完全平等的,即 20% 的人口拥有国民收入的 20%,40% 的人口拥有国民收入的 40%……则洛伦兹曲线就是图 2.2 中的直线 OY,并称之为"绝对平等线";而反映实际收入的洛伦兹曲线则是直线 OY 下方的一条上凹的曲线,该曲线与直线越接近,表明收入分配越平等;与直线 OY 越远,表明收入分配越不平等。

通常,我们把洛伦兹曲线与直线 OY 之间的面积 A(图 2.2 中的阴影部分)所占 $\triangle OPY$ 面积的比例作为衡量社会收入不平等程度的一个指标,称为基尼系数,记为 G。显然,$0 \leqslant G \leqslant 1$,且 G 值越小,收入的分配就越平均。

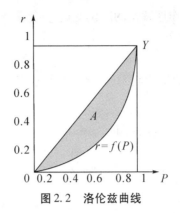

图 2.2　洛伦兹曲线

根据基尼系数的定义,可知

$$G = \frac{A}{\frac{1}{2}} = 2A = 2\int_0^1 [p - f(p)]\,\mathrm{d}p = 1 - 2\int_0^1 f(p)\,\mathrm{d}p$$

这就是计算基尼系数的公式,其中 $f(0) = 0, f(1) = 1$。

注意到幂函数曲线 $r = p^\alpha (\alpha > 0)$ 与洛伦兹曲线 $r = f(p)$ 最接近,同时也最简单,因此,我们用 $r = p^\alpha$ 代替 $r = f(p)$,就得到了计算基尼系数的近似公式:

$$G \approx 1 - 2\int_0^1 p^\alpha\,\mathrm{d}p = 1 - \frac{2}{\alpha + 1}$$

例如,美国的基尼系数大约是 0.33,因而 $\alpha \approx 2$,从而它的洛伦兹曲线就可以近似地用

$$r = p^2 \qquad (0 \leqslant p \leqslant 1)$$

来代替,据此可以计算出 $r\big|_{p=0.5} = 0.25$,即美国收入较低的 50% 的人口只拥有国民总收入的 25%。

【例 2.10】商人的推销计划。

某商人为推销某种产品,欲以广告招徕顾客。假定该商人掌握了一些潜在买主的名单,广告将优先分发给他们。问怎么样根据商品的进价与售价决定最优的广告费用和进货量?

问题分析:

只有对产品感兴趣的人,才可能真正掏钱购买,称为潜在的买主。潜在的买主随着产品宣传的扩大而增多,因此,潜在的购买量应该是广告费用的非降函数,且在一定的市场范围内应有一个上界。实际的需求量可视为一个随机变量,它应与潜在的购买量有关。

模型假设:

(1) 设商品购进单价为 a,售出单价为 b,购进量为 u,广告费用为 c,贮存费用可忽略。

(2) 设潜在购买量为 c 的函数,记为 $s(c)$,$s(c)$ 非降,$s(0) = 0$,$\lim\limits_{c \to +\infty} s(c) = S$。

(3) 广告费用中固定费用为 C_0,且设 $s(C_0) = 0$,广告将优先邮寄给 S_0 个确定的潜在买主,每份广告的印制和邮寄费用为 k。

（4）商品的需求量 r 可看作连续型的随机变量，其概率密度记为 $p(r)$。进一步，假定 r 在 $[s(0),s(c)]$ 内服从均匀分布。

模型的建立与求解：

以 $J(u)$ 记购进量是 u 时的平均利润，由于利润等于售货收入减去进货支出及广告支出，故：

$$J(u) = b\left[\int_0^a rp(r)\mathrm{d}r + \int_0^{+\infty} up(r)\mathrm{d}r\right] - au - c$$

令 $\dfrac{\mathrm{d}J(u)}{\mathrm{d}u} = 0$，易知 $J(u)$ 的最优解 u^* 应满足下式：

$$\int_0^{u^*} p(r)\mathrm{d}r = \frac{b-a}{b}$$

由假设（4）知：

$$p(r) = \frac{1}{s(c)}\,|_{0 \leqslant r < s(c)}$$

故由上式可得：

$$u^*(c) = \frac{b-a}{b}s(c)$$

即最优购进量正比于潜在购买量，比例系数 $\dfrac{b-a}{b}$ 正比于进出差价 $b-a$，反比于售出价。由 u^* 易得最大平均利润为：

$$J^* = \frac{(b-a)^2}{2b}s(c) - c$$

可见 J^* 是 c 的函数，为求 J^* 的最大值，必须知道 $s(c)$ 的具体形式，以下构造 $s(c)$ 的合理形式。

当 $0 \leqslant c \leqslant C_0$ 时，显然 $s(c) = 0$。又由于每份广告的印制费和邮寄费是固定的 k，所以对于 $C_0 < c < C_1$，$s(c)$ 线性增加，又由于 $s(C_1) = S_0$，故知 $s(c) = \dfrac{c-C_0}{k}$（当 $C_0 \leqslant c \leqslant C_1$ 时），且 $S_0 = \dfrac{C_1-C_0}{k}$。对于 $c > C_1$，应有 $\lim\limits_{c \to +\infty} s(c) = S$，$\lim\limits_{c \to +\infty} s'(c) = 0$。易知常见的函数中满足上述条件的有双曲线函数，其形式为：

$$s(c) = S \cdot \frac{c+\alpha}{c+\beta}$$

式中 α、β 可由 $s(c)$ 在 C_1 处的函数和导数的连续性确定。

综上所述，可得 $s(c)$ 的一个合理的形式为：

$$s(c) = \begin{cases} 0 & 0 \leqslant c \leqslant C_0 \\[2mm] \dfrac{c-C_0}{k} & C_0 < c \leqslant C_1 \\[2mm] \dfrac{S(c-C_1) + S_0 k(S-S_0)}{c-C_1 + k(S-S_0)} & c > C_1 \end{cases}$$

式中 $S^0 = \dfrac{C_1 - C_0}{k}$。将上式代入 J^* 的表达式中得:

$$J^* = \begin{cases} -c & 0 \leqslant c \leqslant C_0 \\[2mm] (\dfrac{\lambda}{k} - 1)c - \dfrac{\lambda}{k}C_0 & C_0 < c \leqslant C_1 \\[2mm] \lambda\,\dfrac{S(c - C_1) + S_0 k(S - S_0)}{c - C_1 + k(S - S_0)} & c > C_1 \end{cases}$$

式中, $\lambda = \dfrac{(b - a)^2}{2b}$。显然,一个明智的商人应保证当他的 S_0 个潜在买主都得到广告后,他的最大平均利润为正,即 $J^*(C_1) > 0$,故得 $(\dfrac{\lambda}{k} - 1)C_1 > \dfrac{\lambda}{k}C_0$,从而 $k < \lambda - \dfrac{C_0}{C_1}\lambda$。

同时,由 $S_0 = \dfrac{C_1 - C_0}{k}$,得 $J^*(C_1) = \dfrac{\lambda}{k}(C_1 - C_0) - C_1 = \lambda S_0 - C_1$,由 $J^*(C_1) > 0$ 知 $\lambda > \dfrac{C_1}{S_0}$,于是由 $k < \lambda - \dfrac{C_0}{C_1}\lambda$,得 $k < \lambda - \dfrac{C_0}{C_1}\dfrac{C_1}{S_0} = \lambda - \dfrac{C_0}{S_0}$。在此条件下,用微分法不难算得最优广告费用为:

$$C^* = C_1 + k(S - S_0)\left(\sqrt{\dfrac{\lambda}{k}} - 1\right)$$

最优购进量为:

$$u^* = \dfrac{b - a}{b}\left[S - \sqrt{\dfrac{\lambda}{k}}(S - S_0)\right]$$

此时的潜在购买量为:

$$s(C^*) = S - \sqrt{\dfrac{\lambda}{k}}(S - S_0)$$

第五节　多元函数微分模型与实验

一、多元函数微分

多元函数微积分学是一元函数微积分学的推广和发展,在处理问题的思路和方法上两者基本相同,但由于自变量的增多,多元的情形要复杂一些,内容也更加丰富多彩。多元函数的微分学主要包括多元函数的极限和连续、偏导数与全微分、多元函数的极值与最值等。

设二元函数 $z = f(x, y)$,如果固定自变量 y,则函数 $z = f(x, y)$ 可以看作自变量 x 的一元函数,如果 $z = f(x, y)$ 关于自变量 x 的一元函数是可导的,我们把此时对自变量 x 的导数称为二元函数 $z = f(x, y)$ 对自变量 x 的偏导数,记为 $f'(x)$ 或 $\dfrac{\partial f}{\partial x}, z'_x, \dfrac{\partial z}{\partial x}, f'_1$,同理可定义二元函数 $z = f(x, y)$ 对自变量 y 的偏导数,记号类似。

偏导数的经济意义：

设有甲、乙两种商品，它们的价格分别为 p_1 和 p_2，需求量分别为 Q_1 和 Q_2。记需求函数为 $Q_1 = Q_1(p_1, p_2)$，$Q_2 = Q_2(p_1, p_2)$，则 $\dfrac{\partial Q_1}{\partial p_1}$ 是 Q_1 关于自身价格 p_1 的边际需求，$\dfrac{\partial Q_1}{\partial p_2}$ 是 Q_1 关于价格 p_2 的边际需求，对 $\dfrac{\partial Q_2}{\partial p_1}$ 和 $\dfrac{\partial Q_2}{\partial p_2}$ 可做类似的解释。

类似可定义偏弹性：

当价格 p_2 不变而价格 p_1 发生变化时，可定义偏弹性 $E_{11} = \dfrac{p_1}{Q_1} \dfrac{\partial Q_1}{\partial p_1} = \dfrac{\partial \ln Q_1}{\partial \ln p_1}$ 和 $E_{21} = \dfrac{p_1}{Q_2} \dfrac{\partial Q_2}{\partial p_1} = \dfrac{\partial \ln Q_2}{\partial \ln p_1}$。类似地，当价格 p_1 不变而价格 p_2 发生变化时，可定义偏弹性 $E_{12} = \dfrac{p_2}{Q_1} \dfrac{\partial Q_1}{\partial p_2} = \dfrac{\partial \ln Q_1}{\partial \ln p_2}$ 和 $E_{22} = \dfrac{p_2}{Q_2} \dfrac{\partial Q_2}{\partial p_2} = \dfrac{\partial \ln Q_2}{\partial \ln p_2}$。

E_{11} 称为甲商品需求量 Q_1 对自身价格 p_1 的直接价格偏弹性；E_{12} 称为甲商品需求量 Q_1 对相关价格 p_2 的交叉价格偏弹性，对 E_{21} 和 E_{22} 可做类似的解释。

如果二元函数 $z = f(x, y)$ 的两个偏导数 $\dfrac{\partial z}{\partial x}$ 和 $\dfrac{\partial z}{\partial y}$ 连续，则 $z = f(x, y)$ 有全微分，且它的全微分 $dz = \dfrac{\partial z}{\partial x} \mathrm{d}x + \dfrac{\partial z}{\partial y} \mathrm{d}y$，此时也称 $z = f(x, y)$ 可微。

利用函数的偏导数可求函数的极值。

定理 2.1（极值存在的必要条件）　设函数 $z = f(x, y)$ 在点 (x_0, y_0) 处有一阶偏导数，且 (x_0, y_0) 为函数的极值点，则必有 $f'_x(x_0, y_0) = 0, f'_y(x_0, y_0) = 0$。

定理 2.2（判定极值的充分条件）　设函数 $z = f(x, y)$ 在点 (x_0, y_0) 某邻域内连续，存在二阶连续的偏导数，且 $f'_x(x_0, y_0) = 0, f'_y(x_0, y_0) = 0$，记 $A = f''_{xx}(x_0, y_0)$，$B = f''_{xy}(x_0, y_0)$，$C = f''_{yy}(x_0, y_0)$，则有：

（1）若 $B^2 - AC < 0$ 且 $A > 0$（或 $C > 0$），则 $f(x_0, y_0)$ 为极小值；若 $B^2 - AC < 0$ 且 $A < 0$（或 $C < 0$），则 $f(x_0, y_0)$ 为极大值；

（2）若 $B^2 - AC > 0$，则 $f(x_0, y_0)$ 不是极值；

（3）若 $B^2 - AC = 0$，则 $f(x_0, y_0)$ 是否为极值，需要进一步讨论才能确定。

条件极值求法：

考虑函数 $z = f(x, y)$ 在满足约束条件 $\varphi(x, y) = 0$ 时的条件极值问题。下面用常用的拉格朗日乘数法来求此条件极值问题。

（1）构造辅助函数——拉格朗日函数：

$$F = F(x, y, \lambda) = f(x, y) + \lambda \varphi(x, y)$$

其中 λ 为待定常数，称为拉格朗日乘数。将原条件极值的问题化为求三元函数 $F(x, y, \lambda)$ 的无条件极值问题。

（2）由无条件极值问题的极值必要条件，有：

$$f'_x = f'_x + \lambda \varphi'_x = 0, f'_y = f'_y + \lambda \varphi'_y = 0, f'_\lambda = \varphi(x, y) = 0$$

求解这三个方程,解出可能的极值点(x,y)和λ。

（3）判别求出的(x,y)是否为极值点。通常由实际问题的实际意义判定。

上述拉格朗日乘数法可推广到求解含有n个自由变量和m个约束条件的条件极值问题$(m < n)$:

求n元函数$u = f(x_1, x_2, \cdots, x_n)$在约束条件$\varphi_j(x_1, x_2, \cdots, x_n) = 0, j = 1, 2, \cdots, m$下的条件极值,设拉格朗日函数为:

$$F = F(x_1, x_2, \cdots, x_n, \lambda_1, \lambda_2, \cdots, \lambda_m) = f(x_1, x_2, \cdots, x_n) + \sum_{j=1}^{m} \lambda_j \varphi_j(x_1, x_2, \cdots, x_n)$$

其中$\lambda_1, \lambda_2, \cdots, \lambda_m$为$m$个拉格朗日乘数,则该问题化为求函数$F$的无条件极值问题。由极值必要条件有:

$$\frac{\partial F}{\partial x_i} = f_i'(x_1, x_2, \cdots, x_n) + \sum \lambda_j \varphi_{ji}'(x_1, x_2, \cdots, x_n) = 0, i = 1, 2, \cdots, n$$

$$\frac{\partial F}{\partial \lambda_j} = \varphi_j(x_1, x_2, \cdots, x_n) = 0, j = 1, 2, \cdots, m$$

其中$f_i' = \dfrac{\partial f}{\partial x_i}, \varphi_{ji}' = \dfrac{\partial \varphi_j}{\partial x_i}, i = 1, 2, \cdots, n$。

由这$n + m$个方程可解出函数$u = f(x_1, x_2, \cdots, x_n)$可能的极值点$(x_1, x_2, \cdots, x_n)$及乘数$\lambda_1, \lambda_2, \cdots, \lambda_m$。

二、模型与实验

【例2.11】相互关联商品的需求分析。

当市场上的某种商品由于价格波动而使需求发生变化时,如果另一种商品的需求也随之发生变化,我们就说这两种商品是相互关联的。

在相互关联的商品中,如果一种商品由于提价（或降价）造成需求的减少（或增加）,而另一种商品的需求却随之增加（或减少）,则这两种商品就属于相互"竞争型"的。譬如肉鸡与猪肉,如果肉鸡价格不变而猪肉价格上涨,那么原来买猪肉的消费者就会转向买肉鸡,从而导致猪肉销量减少而肉鸡销量增加。市场上很多品牌各异但性能相同的商品都属于这种类型。

还有一类相互关联的商品与上面谈到的情形恰好相反:两种商品中任何一种需求的增加（或减少）,都会导致另一种商品需求的同步增加（或减少）。例如,影碟机与碟片、移动电话与锂电池、照相机与胶卷等都属于这一类,两种商品是"互补型"的。

判断两种相互关联的商品究竟是"竞争型"的还是"互补型"的,以及由于价格波动导致需求变化的定量分析,都可以通过研究它们需求函数的偏边际、交叉边际、偏弹性、交叉弹性的方法来进行。下面,我们就以具体的实例说明这种方法的应用。

设市场上有两种商品 A 和 B,价格分别为P_A和P_B,如果它们互相关联,则商品 A 的需求量Q_A就不但受自身价格P_A的影响,而且受相关价格P_B的影响,即Q_A是P_A与P_B的二元函数;同理,Q_B也是P_A与P_B的二元函数。为简单起见,不妨把Q_A与Q_B都设为P_A与P_B的线性函数:

$$Q_A = 90 - 2P_A + 3P_B \qquad\qquad Q_B = 70 + 4P_A - P_B$$

对商品 A,我们有

偏边际: $\dfrac{\partial Q_A}{\partial P_A} = -2$ \qquad 交叉边际: $\dfrac{\partial Q_A}{\partial P_B} = 3 > 0$

其中的偏边际表示当相关价格 P_B 保持不变时,自身价格 P_A 增加一个单位,需求量减少 2 个单位;而交叉边际则表示当自身价格 P_A 保持不变时,相关价格 P_B 增加一个单位,需求量增加 3 个单位。

类似地,对商品 B,也有

偏边际: $\dfrac{\partial Q_B}{\partial P_B} = -1$ \qquad 交叉边际: $\dfrac{\partial Q_B}{\partial P_A} = 4 > 0$

这里的偏边际表示当相关价格 P_A 保持不变时,自身价格 P_B 增加一个单位,需求量减少 1 个单位;而交叉边际则表示当自身价格 P_B 保持不变时,相关价格 P_A 增加一个单位,需求量增加 4 个单位。

由于交叉边际反映的是"对方"价格上升时(此时对方需求减少)"本方"需求的变化情况,因此当交叉边际都大于 0 时,表明无论从哪一方来看,都是对方需求减少而本方需求增加,故它们是竞争型的;而当交叉边际都小于 0 时,则表明无论从哪一方来看,都是对方由于提价而使需求减少时,本方的需求也跟着减少,故它们是互补型的。从本例中对商品 A 和商品 B 各自交叉边际的计算结果来看,显然是竞争型的。

下面,我们再从弹性的角度对这个问题作进一步的分析。

为确定起见,我们不妨假设 $P_A = 10$,$P_B = 10$,并通过计算在点 $(10,10)$ 处两个需求函数各自的直接价格偏弹性与交叉价格偏弹性,以比较两种商品的需求分别对自身价格与相关价格波动的敏感程度。

对商品 A,我们有

偏弹性: $E_{AA} = \dfrac{P_A}{Q_A} \cdot \dfrac{\partial Q_A}{\partial P_A} = \dfrac{-2P_A}{90 - 2P_A + 3P_B}$,$E_{AA}(10,10) = -0.2$

交叉弹性: $E_{AB} = \dfrac{P_B}{Q_A} \cdot \dfrac{\partial Q_A}{\partial P_B} = \dfrac{3P_B}{90 - 2P_A + 3P_B}$,$E_{AB}(10,10) = 0.3$

其中的偏弹性 $E_{AA}(10,10) = -0.2$ 表示当相关价格 $P_B = 10$ 保持不变时,自身价格在 $P_A = 10$ 的基础上上调(或下浮)1%,将引起 A 商品的需求减少(或增加)0.2%;而交叉弹性 $E_{AB}(10,10) = 0.3$ 则表示当自身价格 $P_A = 10$ 保持不变时,相关价格在 $P_B = 10$ 的基础上上调(或下浮)1%,将引起 A 商品的需求增加(或减少)0.3%。

类似地,对商品 B,也有

偏弹性: $E_{BB} = \dfrac{P_B}{Q_B} \cdot \dfrac{\partial Q_B}{\partial P_B} = \dfrac{-P_B}{70 + 4P_A - P_B}$,$E_{BB}(10,10) = -0.1$

交叉弹性: $E_{BA} = \dfrac{P_A}{Q_B} \cdot \dfrac{\partial Q_B}{\partial P_A} = \dfrac{4P_A}{70 + 4P_A - P_B}$,$E_{BA}(10,10) = 0.4$

这里的偏弹性 $E_{BB}(10,10) = -0.1$ 表示当相关价格 $P_A = 10$ 保持不变时,自身价格在 $P_B = 10$ 的基础上上调(或下浮)1%,将引起 B 商品的需求减少(或增加)0.1%;而交

叉弹性 $E_{BA}(10,10) = 0.4$ 则表示当自身价格 $P_B = 10$ 保持不变时,相关价格在 $P_A = 10$ 的基础上上调(或下浮)1%,将引起 B 商品的需求增加(或减少)0.4%。

从以上的分析过程和计算结果可以看出,边际分析反映的是价格波动引起的需求变动绝对量的大小,而弹性分析反映的是价格波动引起的需求变动的幅度。显然后者更能反映问题的本质。此外,从交叉弹性的计算公式我们还不难得出下面的结论:对相互关联的两种商品来说,当它们的交叉弹性都大于 0 时,表明它们是竞争型的;而当交叉弹性都小于 0 时,则表明它们是互补型的。从以上交叉弹性的计算结果可以看出,商品 A 和商品 B 是属于竞争型的,这与边际分析得出的结果完全吻合。

【例 2.12】衣物怎样漂洗最干净?

洗衣服,无论是机洗还是手洗,漂洗是一个必不可少的过程,而且要重复进行多次。那么,在漂洗的次数与水量一定的情况下,如何控制每次漂洗的用水量,才能使衣物洗得最干净?

为确定起见,我们首先做出下面的合理假设:

(1)经过洗涤,衣物上的污物已经全部溶解(或混合)在水中;

(2)不论是洗涤还是漂洗,脱水后衣物中仍残存一个单位的少量污水;

(3)漂洗前衣物残存的污水中污物含量为 a;

(4)漂洗共进行 n 次,每次漂洗的用水量为 $x_i(i = 1,2,\cdots,n)$;

(5)漂洗的总水量为 A。

由于每次漂洗后残存的污水均为一个单位,因此其污物的浓度即为污物的含量,于是,我们可以计算出:

第一次漂洗后,残存污水中的污物含量为

$$a \cdot \frac{1}{1 + x_1} = \frac{a}{1 + x_1}$$

第二次漂洗后,残存污水中的污物含量为

$$\frac{a}{1 + x_1} \cdot \frac{1}{1 + x_2} = \frac{a}{(1 + x_1)(1 + x_2)}$$

......

第 n 次漂洗后,残存污水中的污物含量为

$$\frac{a}{(1 + x_1)(1 + x_2)\cdots(1 + x_n)}$$

显然,只要 n 次漂洗后残存污水中的污物含量达到最低,就能使衣物洗得最干净。于是,问题转化为在条件

$$x_1 + x_2 + \cdots + x_n = A$$

的约束之下,求函数

$$F(x_1,x_2,\cdots,x_n) = \frac{a}{(1 + x_1)(1 + x_2)\cdots(1 + x_n)}$$

的最小值,亦即求函数

$$f(x_1,x_2,\cdots,x_n) = (1 + x_1)(1 + x_2)\cdots(1 + x_n)$$

的最大值问题。为此，设拉格朗日函数

$$L(x_1, x_2, \cdots, x_n) = (1 + x_1)(1 + x_2) \cdots (1 + x_n) + \lambda(x_1 + x_2 + \cdots + x_n - A)$$

令 $\begin{cases} L'_{x_1}(x_1, x_2, \cdots, x_n) = (1 + x_2)(1 + x_3) \cdots (1 + x_n) + \lambda = 0 \\ L'_{x_2}(x_1, x_2, \cdots, x_n) = (1 + x_1)(1 + x_3) \cdots (1 + x_n) + \lambda = 0 \\ \cdots \\ L'_{x_n}(x_1, x_2, \cdots, x_n) = (1 + x_1)(1 + x_2) \cdots (1 + x_{n-1}) + \lambda = 0 \\ x_1 + x_2 + \cdots + x_n = A \end{cases}$

可得 $\quad x_1 = x_2 = \cdots = x_n = \dfrac{A}{n}$

由问题的实际意义可知，函数 $F(x_1, x_2, \cdots, x_n)$ 的最小值是存在的，故

$$x_1 = x_2 = \cdots = x_n = \frac{A}{n}$$

即为所求之最值点。

一般说来，漂洗的轮次可以根据总水量的多少来确定，但在水量一定的条件下，不论漂洗多少次，平均分配每个轮次的用水量永远是最佳的选择。

第六节　无穷级数模型

一、基本概念

无穷级数是微积分学的一个重要组成部分，它是表示函数、研究函数性质和进行数值计算的有力工具。无穷级数包括常数项级数和函数项级数，常数项级数是函数项级数的基础。

对于无穷数列 $u_n, n = 1, 2, \cdots$，称 $u_1 + u_2 + u_3 + \cdots + u_n + \cdots$ 为常数项无穷级数，简称级数，记为 $\displaystyle\sum_{n=1}^{\infty} u_n$

称数列 $S_n = u_1 + u_2 + \cdots + u_n, n = 1, 2, \cdots$ 为级数的部分和数列。若数列 $\{S_n\}$ 收敛，即 $\displaystyle\lim_{n \to \infty} S_n = S$，则称级数收敛，并称极限值 S 为级数 $\displaystyle\sum_{n=1}^{\infty} u_n$ 的和，记 $\displaystyle\lim_{n \to \infty} S_n = S = \sum_{n=1}^{\infty} u_n$，否则称级数发散。特别当 $\displaystyle\sum_{n=1}^{\infty} |u_n|$ 收敛时，称级数 $\displaystyle\sum_{n=1}^{\infty} u_n$ 绝对收敛，绝对收敛的级数一定收敛；当 $\displaystyle\sum_{n=1}^{\infty} u_n$ 收敛而 $\displaystyle\sum_{n=1}^{\infty} |u_n|$ 发散时，称级数 $\displaystyle\sum_{n=1}^{\infty} u_n$ 条件收敛。

常见级数及其敛散性：

(1) 几何级数。对于级数 $\displaystyle\sum_{n=0}^{\infty} aq^n (a \neq 0, q \neq 0)$，当 $|q| < 1$ 时，级数收敛，且 $\displaystyle\sum_{n=0}^{\infty} aq^n = \frac{a}{1-q}$；当 $|q| > 1$ 时，级数发散。

（2）p - 级数。对于级数 $\sum_{n=1}^{\infty} \dfrac{1}{n^p}$，当 $p > 1$ 时收敛，当 $p \leqslant 1$ 发散，特别当 $p = 1$ 时，该级数称为调和级数。

（3）莱布尼茨级数。若级数 $\sum_{n=1}^{\infty}(-1)^{n-1} u_n(u_n \geqslant 0)$ 满足 $\{u_n\}$ 单调递减且收敛于 0，则级数收敛且和不超过 u_1。

设 $u_n(x)(n = 0,1,2,\cdots)$ 为定义在某实数集合 D 上的函数序列，则称

$$\sum_{n=0}^{\infty} u_n(x) = u_0(x) + u_1(x) + \cdots + u_n(x) + \cdots$$

为定义在集合 D 上的函数项级数。如果给定 $x_0 \in D$，常数项级数 $\sum_{n=0}^{\infty} u_n(x^0)$ 收敛，则称 x_0 为收敛点，所有收敛点的集合称为函数项级数 $\sum_{n=0}^{\infty} u_n(x)$ 的收敛域。在收敛域中的每一个 x，函数项级数 $\sum_{n=0}^{\infty} u_n(x)$ 都存在唯一确定的和 $S(x)$ 与之对应，这样 $S(x)$ 为定义在函数项级数 $\sum_{n=0}^{\infty} u_n(x)$ 收敛域上的一个函数，称为 $\sum_{n=0}^{\infty} u_n(x)$ 的和函数，记作 $S(x) = \sum_{n=0}^{\infty} u_n(x)$。

常见的函数项级数为幂级数。

形如 $\sum_{n=0}^{\infty} a_n(x - x_0)^n$ 的函数项级数称为幂级数，幂级数的常见形式为 $x_0 = 0$ 的情形。

与已知函数级数 $\sum_{n=0}^{\infty} u_n(x)$［特别当为 $\sum_{n=0}^{\infty} a_n(x - x_0)^n$ 时］求其和函数相反的一个问题是给定一个函数 $f(x)$ 求其的级数展形式。对此问题有如下结果：

设函数 $f(x)$ 在 $x = x_0$ 的某邻域内有任意阶的导数，在一定条件下，函数 $f(x)$ 在 $x = x_0$ 可唯一展开为称为泰勒级数的幂级数：

$$f(x) = \sum_{n=0}^{\infty} \frac{f^{(n)}(x_0)}{n!}(x - x_0)^n$$

常见的几个函数的泰勒展开式：

$$\frac{1}{1 - x} = \sum_{n=0}^{\infty} x^n, x \in (-1,1)$$

$$\mathrm{e}^x = \sum_{n=0}^{\infty} \frac{1}{n!}x^n, x \in (-\infty, +\infty)$$

$$\sin x = \sum_{n=0}^{\infty} \frac{(-1)^n}{(2n+1)!}x^{2n+1}, x \in (-\infty, +\infty)$$

$$\cos x = \sum_{n=0}^{\infty} \frac{(-1)^n}{(2n)!}x^{2n}, x \in (-\infty, +\infty)$$

$$\arctan x = \sum_{n=0}^{\infty} \frac{(-1)^n}{2n+1}x^{2n+1}, x \in [-1,1]$$

$$\ln(1 + x) = \sum_{n=1}^{\infty} \frac{(-1)^{n-1}}{n}x^n, x \in (-1,1]$$

$$(1 + x)^{\alpha} = 1 + \alpha x + \frac{\alpha(\alpha - 1)}{2!}x^2 + \cdots + \frac{\alpha(\alpha - 1)\cdots(\alpha - n + 1)}{n!}x^n + \cdots, x \in (-1,1)$$

二、模型与实验

【例 2.13】 兔子追不上乌龟?

公元前五世纪,以诡辩著称的古希腊哲学家齐诺(Zeno)提出了一个悖论:如果让乌龟先爬行一段路后再让阿基里斯(古希腊神话中善跑的英雄)去追,那么阿基里斯是永远也追不上乌龟的。齐诺的理论依据是:阿基里斯追上乌龟之前,必须先到达乌龟的出发地点,而在这段时间内,乌龟又向前爬了一段路,于是,阿基里斯必须赶上这段路,可是乌龟此时又向前爬了一段路 …… 如此分析下去,虽然阿基里斯离乌龟越来越近,但却是永远也追不上乌龟的。后来有人把齐诺的这个悖论移植到"龟兔赛跑"问题中,声称兔子永远也追不上乌龟。这个结论显然是错误的,但奇怪的是,这种推理在逻辑上却没有任何的毛病。那么,问题究竟出在哪里呢?

如果我们从级数的角度来分析这个问题,齐诺的这个悖论就会不攻自破。

设兔子和乌龟的速度分别是 V 和 $v(V > v)$。如果兔子是在乌龟已经爬过距离 s_1 后开始追乌龟的,那么在兔子跑完距离 s_1 的时间 $t_1 = \frac{s_1}{V}$ 之内,乌龟又爬行的距离 s_2 为:

$$s_2 = vt_1 = \frac{v}{V}s_1$$

而在兔子跑完 s_2 的时间 $t_2 = \frac{s_2}{V} = \frac{v}{V^2}s_1$ 之内,乌龟又爬行的距离 s_3 为:

$$s_3 = vt_2 = \frac{v^2}{V^2}s_1$$

……

以此类推,可知兔子需要追赶的全部路程 S 为:

$$S = s_1 + s_2 + \cdots + s_n + \cdots = s_1 + \frac{v}{V}s_1 + \frac{v^2}{V^2}s_1 + \cdots + \frac{v^n}{V^n}s_1 + \cdots$$

$$= s_1\left(1 + \frac{v}{V} + \frac{v^2}{V^2} + \cdots + \frac{v^n}{V^n} + \cdots\right)$$

这是一个公比 $\frac{v}{V} < 1$ 的等比级数,易求得它的和 $S = \frac{V}{V - v}s_1$。这也就是说,兔子只要从起点跑过稍微超过 s_1 一点的距离就能很快追上乌龟。

【例 2.14】 最大货币供应量的计算。

银行与企业之间的货币流通过程可作如下的描述:

(1) 设银行现有资金为 B(称为基础货币),准备贷给企业 A_1;

(2) 企业 A_1 从所获贷款额度中按一定比例 α(比如 $\alpha = 10\% = 0.1$)提取现金作为流动资金,而将剩余部分作为企业的存款(称为"派生存款")仍然存在银行;

(3) 银行收到企业 A_1 的派生存款后,首先按一定比例 r(比如 $r = 15\% = 0.15$)提留法定存款准备金(备付金),然后将剩余的部分作为新的贷款额度发放给另一个企业 A_2;

（4）企业 A_2 重复程序 2，于是又产生一笔派生存款；银行重复程序 3，于是又有一笔新的贷款额度可以发放给另一个企业 A_3；

……

从理论上讲，上述过程是可以无休止地辗转发生的。

同时，由于银行必须储备一定量的货币以应付客户的提款，而随着派生存款的不断产生，势必要加大货币的供应量。最大货币供应量 M 可按公式（2.5）计算。

$$M = B \cdot K \tag{2.5}$$

其中，B 是基础货币，K 是货币乘数，它的计算公式是：

$$K = \frac{1 + C}{r + C} \tag{2.6}$$

这里的 r 是存款准备金率；C 是现金流通量（即各企业提取现金的总和）占银行（派生）存款总和的百分率，也称"提现率"。

现在的问题是：假设基础货币 $B = 100$（万元），且在每一轮的信用过程中，企业从所获贷款额度中提取现金的比例 $\alpha = 0.1$ 及银行从存款中提留法定准备金的比例 $r = 0.15$ 保持不变，则从以上提供的计算公式不难看出，计算最大货币供应量的关键是要知道提现率 C，即各企业提取现金的总和占银行派生存款总和的比例。为此可作如下分析：

在第一轮的信用活动中，企业 A_1 从银行获得贷款额度 B 之后，首先按比例 α 提取现金 $\alpha \cdot B$，然后将剩余部分 $(1 - \alpha) \cdot B$ 作为派生存款存入银行；银行则对该存款以比例 r 提留法定准备金 $r \cdot (1 - \alpha)B$，余下的部分 $(1 - r) \cdot (1 - \alpha)B$ 即 $(1 - \alpha)(1 - r)B$ 可作为新的贷款额度发放给另一个企业 A_2。这就完成了资金的第一次循环。

在第二轮的信用活动中，企业 A_2 可从银行获得的贷款额度为 $(1 - \alpha)(1 - r)B$，提取的现金为 $\alpha \cdot (1 - \alpha)(1 - r)B$，派生存款为 $(1 - \alpha) \cdot (1 - \alpha)(1 - r)B$ 即 $(1 - \alpha)^2(1 - r)B$；银行对此存款在提留法定准备金 $r \cdot (1 - \alpha)^2(1 - r)B$ 后，余下的部分 $(1 - r) \cdot (1 - \alpha)^2(1 - r)B$ 即 $(1 - \alpha)^2(1 - r)^2B$ 又可作为新的贷款额度发放给下一个企业 A_3……

如此类推，可以计算出各轮次的资金循环过程如表 2.3 所示：

表 2.3　　　　　　　　　　资金循环过程

名称	企业		银行	
	提取现金数额 $\alpha \times$ 贷款额度	派生存款数额 $(1 - \alpha) \times$ 贷款额度	提留准备金数额 $r \times$ 派生存款	可发放贷款额度 $(1 - r) \times$ 派生存款
A_1	$\alpha \cdot B$	$(1 - \alpha) \cdot B$	$r \cdot (1 - \alpha)B$	$(1 - \alpha)(1 - r)B$
A_2	$\alpha \cdot (1 - \alpha)(1 - r)B$	$(1 - \alpha)^2(1 - r)B$	$r \cdot (1 - \alpha)^2(1 - r)B$	$(1 - \alpha)^2(1 - r)^2B$
A_3	$\alpha \cdot (1 - \alpha)^2(1 - r)^2B$	$(1 - \alpha)^3(1 - r)^2B$	$r \cdot (1 - \alpha)^3(1 - r)^2B$	$(1 - \alpha)^3(1 - r)^3B$
…	…	…	…	…
A_n	$\alpha \cdot (1 - \alpha)^{n-1}(1 - r)^{n-1}B$	$(1 - \alpha)^n(1 - r)^{n-1}B$	$r \cdot (1 - \alpha)^n(1 - r)^{n-1}B$	$(1 - \alpha)^n(1 - r)^nB$
…	…	…	…	…

将表2.3中第二列数据相加,可以得到各企业从贷款额度中提取现金的总和:

$$S_1 = \alpha B + \alpha(1-\alpha)(1-r)B + \alpha(1-\alpha)^2(1-r)^2 B + \cdots + \alpha(1-\alpha)^{n-1}(1-r)^{n-1}B + \cdots = \sum_{i=1}^{\infty} \alpha(1-\alpha)^{i-1}(1-r)^{i-1}B$$

这是一个公比为$(1-\alpha)(1-r) < 1$的等比级数,其和为$\dfrac{\alpha B}{1-(1-\alpha)(1-r)}$,即

$$S_1 = \frac{\alpha B}{1-(1-\alpha)(1-r)}。$$

将表2.3中第三列数据相加,可以得到各企业由贷款所产生的派生存款的总和。这也是一个公比为$(1-\alpha)(1-r) < 1$的等比级数,其和为$\dfrac{(1-\alpha)B}{1-(1-\alpha)(1-r)}$,即

$$S_2 = \frac{(1-\alpha)B}{1-(1-\alpha)(1-r)}。$$

由定义可知,提现率

$$C = \frac{S_1}{S_2} = \frac{\alpha B}{1-(1-\alpha)(1-r)} \div \frac{(1-\alpha)B}{1-(1-\alpha)(1-r)} = \frac{\alpha}{1-\alpha}$$

特别地,当$\alpha = 0.1$时,有:

$$C\big|_{\alpha=0.1} = \frac{0.1}{1-0.1} \approx 0.111$$

若银行的存款准备金率$r = 0.15$,则由公式(2.6)可求得货币乘数:

$$K = \frac{1+0.111}{0.15+0.111} \approx 4.257$$

代入公式(2.5),即得此时的最大货币供应量为:

$$M = B \cdot K \approx 100 \times 4.257 = 425.7(万元)$$

第三章 微分方程模型与实验

微分方程作为数学科学的中心学科,已经有三百多年的发展历史,其解法和理论已日臻完善,可以为分析和求得方程的解(或数值解)提供足够的方法,使得微分方程模型具有极大的普遍性、有效性和非常丰富的数学内涵。微分方程建模对于许多实际问题的解决是一种极有效的数学手段,对于现实世界的变化,人们关注的往往是其变化速度、加速度以及所处位置随时间的发展规律,其规律一般可以用微分方程或方程组表示,微分方程建模适用的领域比较广,利用它可建立纯数学(特别是几何)模型,物理学(如动力学、电学、核物理学等)模型,航空航天(火箭、宇宙飞船技术)模型,考古(鉴定文物年代)模型,交通(如电路信号,特别是红绿灯亮的时间)模型,生态(人口、种群数量)模型,环境(污染)模型,资源(人力资源、水资源、矿藏资源、运输调度、工业生产管理)利用模型,生物(遗传问题、神经网络问题、动植物循环系统)模型,医学(流行病、传染病问题)模型,经济(商业销售、财富分布、资本主义经济周期性危机)模型,战争(正规战、游击战)模型等。在连续变量问题的研究中,微分方程是十分常用的数学工具之一,本节将通过一些最简单的实例来说明微分方程建模的一般方法。

第一节 利用导数的定义建立微分方程模型

一、基本概念

导数是微积分中的一个重要概念,其定义为:

$$f'(x) = \lim_{\Delta x \to 0} \frac{f(x + \Delta x) - f(x)}{\Delta x} = \lim_{\Delta x \to 0} \frac{\Delta y}{\Delta x},$$

商式$\frac{\Delta y}{\Delta x}$表示单位自变量的改变量对应的函数改变量,就是函数的瞬时平均变化率,因而其极限值就是函数的变化率。函数在某点的导数,就是函数在该点的变化率。由于一切事物都在不停地发展变化,变化就必然有变化率,也就是变化率是普遍存在的,因而导数也是普遍存在的。这就很容易将导数与实际联系起来,建立描述研究对象变化规律的微分方程模型。

二、模型与实验——人口模型

严格地讲,讨论人口问题所建立的模型应属于离散型模型。但在人口基数很大的情况下,突然增加或减少的只是单一的个体或少数几个个体,相对于全体数量而言,这种改变量是极其微小的,因此,我们可以近似地假设人口随时间连续变化甚至是可微的。这样,我们就可以采用微分方程的工具来研究这一问题。

无论是在自然界还是在人类社会的现实生活中,有大量的现象都遵循着这样一条基本的规律:某个量随时间的变化率正比于它自身的大小。譬如说,银行存款增加的速度就正比于本金的多少。人口问题也是这一类的问题:人口的增长率正比于人口基数的大小。

最早研究人口问题的是英国的经济系家马尔萨斯(1766—1834)。他根据百余年的人口资料,经过潜心研究,在1798年发表的《人口论》中首先提出了人口增长模型。他的基本假设是:任一单位时刻人口的增长量与当时的人口总数成正比。于是,设t时刻的人口总数为$y(t)$,则单位时间内人口的增长量为:

$$\frac{y(t+\Delta t) - y(t)}{\Delta t}$$

根据基本假设,有:

$$\frac{y(t+\Delta t) - y(t)}{\Delta t} = r \cdot y(t) \quad (r \text{ 为比例系数})$$

令$\Delta t \to 0$,可得微分方程:

$$\frac{\mathrm{d}y}{\mathrm{d}t} = r \cdot y$$

这就是著名的马尔萨斯人口方程。若假设$t = t_0$时的人口总数为y_0,则不难求得该方程的特解为:

$$y = y_0 \cdot e^{r(t-t_0)} \tag{3.1}$$

即任一时刻的人口总数都遵循指数规律向上增长。人们曾用这个公式对1700—1961年260余年世界的人口资料进行了检验,发现计算结果与人口的实际情况竟然是惊人的吻合!

然而,随着人口基数的增大,这个公式所暴露的不足之处也越来越明显。

根据公式(3.1)我们不难计算出,世界人口大约35年就要翻一番。事实上,设某时刻的世界人口数为y_0,人口增长率为2%,且经过T年就要翻一番,则有:

$$2y_0 = y_0 e^{0.02T} \quad \text{即} \quad e^{0.02T} = 2$$

解之,即得$T = 50\ln 2 \approx 34.6$(年)。

于是,我们以1965年的世界人口33.4亿为基数进行计算,可以得到如下的一系列人口数据:

2515 年　　　　200 万亿

2625 年　　　　1800 万亿

2660 年　　　　3600 万亿

……

若按人均地球表面积(包括水面、船上)计算,2625年仅为0.09平方米/人,也就是说必须人挨着人站着才能挤得下;而35年后的2660年,人口又翻了一番,那就要人的肩上再站人了。而且随着时间的推移,我们有:

$$\lim_{t \to \infty} y_0 e^{r(t-t_0)} = \infty$$

这显然不符合人口发展的实际。这说明,在人口基数不是很大的时候,马尔萨斯人口方程还能比较精确地反映人口增长的实际情况,但当人口数量变得很大时,其精确程度就大大降低了。究其根源,是随着人口的迅速膨胀、资源短缺、环境恶化等问题越来越突出,这些都将限制人口的增长。如果考虑到这些因素,就必须对上述的方程进行修改。

1837 年,荷兰的数学、生物学家弗尔哈斯特提出了一个修改方案,即将方程修改为:

$$\frac{\mathrm{d}y}{\mathrm{d}t} = r \cdot y - by^2 \qquad (0 < b < < r)$$

其中,r、b 称为"生命系数"。由于 $b < < r$,因此当 y 不太大时,$-by^2$ 这一项相对于 $r \cdot y$ 可以忽略不计;而当 y 很大时,$-by^2$ 这一项所起的作用就不容忽视了,它降低了人口的增长速度。

于是,我们就有了下面的人口模型:

$$\begin{cases} \dfrac{\mathrm{d}y}{\mathrm{d}t} = r \cdot y - by^2 \\ y \big|_{t=t_0} = y_0 \end{cases}$$

这是一个可分离变量的一阶微分方程。解之,可得:

$$y = \frac{r \cdot y_0}{by_0 + (r - by_0) \cdot e^{-r(t-t_0)}}$$

这就是人口 y 随时间 t 的变化规律。下面,我们就对此结果作进一步的讨论,并根据它对人口的发展情况作一些预测。

首先,由于

$$\lim_{t \to +\infty} y = \lim_{t \to +\infty} \frac{r \cdot y_0}{by_0 + (r - by_0) \cdot e^{-r(t-t_0)}} = \frac{r}{b}$$

即不论人口的基数如何,随着时间的推移,人口总量最终将趋于一个确定的极限值 $\dfrac{r}{b}$;

其次,由 $\dfrac{\mathrm{d}y}{\mathrm{d}t} = r \cdot y - by^2$ 可得

$$y'' = r \cdot y' - 2by \cdot y' = (r - 2by) \cdot y'$$

令 $y'' = 0$,得 $y = \dfrac{r}{2b}$,易知这正是此结果的图像(称为"人口增长曲线"或"S 型曲线")拐点的纵坐标,它恰好位于人口总量极限值 $\dfrac{r}{b}$ 一半的位置(如图 3.1 所示)。

由于 $y < \dfrac{r}{2b}$ 时 $y'' > 0$,故 $\dfrac{\mathrm{d}y}{\mathrm{d}t}$ 是递增的,此时称为人口的"加速增长期";而当 $y > \dfrac{r}{2b}$ 时 $y'' < 0$,故 $\dfrac{\mathrm{d}y}{\mathrm{d}t}$ 是递减的,此时称为人口的"缓慢增长期"。

在利用此式对人口的发展情况进行预测之前,还必须确定恰当的 b 值,它可以按以下方法来计算:

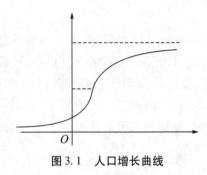

图 3.1　人口增长曲线

由方程 $\dfrac{\mathrm{d}y}{\mathrm{d}t} = r \cdot y - by^2$ 可得

$$\dfrac{\dfrac{\mathrm{d}y}{\mathrm{d}t}}{y} = r - by \tag{3.2}$$

其中, $\dfrac{\mathrm{d}y}{\mathrm{d}t}$ 表示人口的理论增长率,而 $\dfrac{\dfrac{\mathrm{d}y}{\mathrm{d}t}}{y}$ 则表示人口的实际增长率。如果我们以 1965 年的人口数 3.34×10^9 为初值,并把某些生态学家估计的 r 的自然值 0.029 及人口的实际增长率 0.02 代入(3.2)式,有:

$$0.02 = 0.029 - b \cdot (3.34 \times 10^9)$$

即可求得 $b = 2.695 \times 10^{-12}$。于是,世界人口的极限值

$$\dfrac{r}{b} = \dfrac{0.029}{2.695 \times 10^{-12}} \approx 107.6(亿)$$

若以 1965 年的人口数 3.34×10^9 为初值,则 2000 年的世界人口为

$$y\big|_{t=2000} = \dfrac{0.029 \times 3.34 \times 10^9}{0.009 + 0.02e^{-0.029(2000-1965)}} \approx 59.6(亿)$$

这个结果与 2000 年的世界实际人口是非常接近的。

第二节　从一些已知的基本定律或基本公式出发建立微分方程模型

根据我们熟悉的一些常用的基本定律、基本公式建立模型。例如从几何观点看,曲线 $y = y(x)$ 上某点的切线斜率即函数 $y = y(x)$ 在该点的导数;力学中的牛顿第二运动定律: $f = ma$,其中加速度 a 就是位移对时间的二阶导数,也是速度对时间的一阶导数;电学中的基尔霍夫定律等。从这些知识出发我们可以建立相应的微分方程模型。

【例 3.1】一个较热的物体置于室温为 180℃ 的房间内,该物体最初的温度是 600℃,3 分钟以后降到 500℃。它的温度降到 300℃ 需要多少时间? 10 分钟以后它的温度是多少?

模型建立:根据牛顿冷却(加热)定律:将温度为 T 的物体放入处于常温 m 的介质中时,T 的变化速率正比于 T 与周围介质的温度差。

设物体在冷却过程中的温度为 $T(t)$,$t \geq 0$,T 的变化速率正比于 T 与周围介质的温度差,即 $\dfrac{\mathrm{d}T}{\mathrm{d}t}$ 与 $T - m$ 成正比。

建立微分方程

$$\begin{cases} \dfrac{\mathrm{d}T}{\mathrm{d}t} = -k(T-m), \\ T(0) = 60。 \end{cases}$$

其中参数 $k > 0$,$m = 18$,求得一般解为 $\ln(T - m) = -kt + c$,或 $T = m + ce^{-kt}$,$t \geq 0$,

代入条件,求得 $c = 42$,$k = -\dfrac{1}{3}\ln\dfrac{16}{21}$,最后得:

$T(t) = 18 + 42e^{\frac{1}{3}\ln\frac{16}{21}t}$,$t \geq 0$。

结果:(1)该物体温度降至 300℃ 需要 8.17 分钟。

(2)10 分钟以后它的温度是 $T(10) = 18 + 42e^{\frac{1}{3}\ln\frac{16}{21}10} = 25.87℃$。

第三节　利用题目本身给出的
或隐含的等量关系建立微分方程模型

这就需要我们仔细分析题目,明确题意,找出其中的等量关系,建立数学模型。

【例3.2】设某商品的需求量 Q 对价格 P 的弹性 $\eta = \dfrac{-(5p + 2p^2)}{Q}$,又知该商品价格为 10 时的需求量为 500,求需求函数 $Q = f(p)$。

解:由题意有

$$\dfrac{\mathrm{d}Q}{\mathrm{d}p} \cdot \dfrac{p}{Q} = -\dfrac{(5p + 2p^2)}{Q},$$

即　　$\dfrac{\mathrm{d}Q}{\mathrm{d}p} = -(5 + 2p),$

分离变量得:

$\mathrm{d}Q = -(5 + 2p)\mathrm{d}p,$

积分得:

$Q = -5p - p^2 + c,$

代入条件 $Q|_{p=10} = 500$ 得 $c = 650$,

故所求需求量与价格的函数关系为

$Q = 650 - 5p - p^2。$

【例3.3】已知某厂的纯利润 L 对广告费 x 的变化率 $\dfrac{\mathrm{d}L}{\mathrm{d}x}$ 与常数 A 和纯利润 L 之差成正

比。当 $x = 0$ 时，$L = L_0$，试求纯利润 L 与广告费 x 之间的函数关系。

解：由题意有

$$
\begin{cases}
\dfrac{\mathrm{d}L}{\mathrm{d}x} = k(A - L), \\
L\big|_{x=0} = L_0,
\end{cases}
\quad (k \text{ 为常数})
$$

分离变量

$$
\frac{\mathrm{d}L}{A - L} = k\mathrm{d}x,
$$

两边积分

$$
-\ln(A - L) = kx + \ln c_1,
$$

从而

$$
A - L = c e^{-kx}\left(\text{其中 } c = \frac{1}{c_1}\right),
$$

即

$$
L = A - c e^{-kx},
$$

由初始条件 $L\big|_{x = x_0} = L_0$ 解得 $c = A - L_0$，所以纯利润与广告费的函数关系为

$$
L = A - (A - L_0)c e^{-kx}。
$$

【例 3.4】在商品销售预测中，时刻 t 时的销售量用 $Q = Q(t)$ 表示。如果商品销售的增长速度 $\dfrac{\mathrm{d}Q}{\mathrm{d}t}$ 正比于销售量 Q 与销售接近饱和水平的程度 $a - Q(t)$ 之积（a 为饱和水平），求销售量函数 $Q(t)$。

解：由题意有

$$
\frac{\mathrm{d}Q}{\mathrm{d}t} = kQ(a - Q),
$$

这里 k 为比例系数，分离变量得

$$
\frac{\mathrm{d}Q}{Q(a - Q)} = k\mathrm{d}t,
$$

等式变形为

$$
\left(\frac{1}{Q} + \frac{1}{a - Q}\right)\mathrm{d}Q = ak\mathrm{d}t,
$$

两端积分得

$$
\ln\frac{Q}{a - Q} = akt + c_1 \quad (c_1 \text{ 为任意常数}),
$$

即

$$
\frac{Q}{a - Q}e^{akt + c_1} = c_2 e^{akt} \quad (c_1 \text{ 为任意常数}),
$$

从而可得通解为

$$
Q(t) = \frac{ac_2 e^{akt}}{1 + c_2 e^{akt}} = \frac{a}{1 + c_2 e^{-akt}}(c_1 \text{ 为任意常数}),
$$

其中 c_1 将由给定的初始条件确定。

【例3.5】某银行账户，以连续复利方式计息，年利率为 5%，希望连续 20 年以每年 12 000 元的速率用这一账户支付职工工资，若 t 以年为单位，账号上余额 $B = f(t)$ 所满足的微分方程，问当初始存入的数额 B_0 为多少时，才能使 20 年后账户中的余额精确地减至 0？

解：显然，银行余额的变化速率 = 利息盈取速率 - 工资支付速率。

因为时间 t 以年为单位，银行余额的变化速率为 $\dfrac{\mathrm{d}B}{\mathrm{d}t}$，利息盈取的速率为每年 $0.05B$ 元，工资支付的速率为每年 12 000 元，于是，有

$$\frac{\mathrm{d}B}{\mathrm{d}t} = 0.05B - 12\,000,$$

利用分离变量法解此方程得

$$B = Ce^{0.05t} + 240\,000,$$

由 $B\mid_{t=0} = B_0$，得 $C = B_0 - 240\,000,$

故 $B = (B_0 - 240\,000)e^{0.05t} + 240\,000,$

由题意，令 $t = 20$ 时，$B = 0$，即

$$0 = (B_0 - 240\,000)e + 240\,000,$$

由此得 $B_0 = 240\,000 - 240\,000 \times e^{-1}$ 时，20 年后银行的余额为零。

【例3.6】某汽车公司在长期的运营中发现每辆汽车的总维修成本 y 对汽车大修时间间隔 x 的变化率等于 $\dfrac{2y}{x} - \dfrac{81}{x^2}$，已知当大修时间间隔 $x = 1$（年）时，总维修成本 $y = 27.5$（百元）。试求每辆汽车的总维修成本 y 与大修的时间间隔 x 的函数关系。并问每辆汽车多少年大修一次，可使每辆汽车的总维修成本最低？

解：设时间间隔 x 以年为单位，由题意

$$\begin{cases} \dfrac{\mathrm{d}y}{\mathrm{d}x} = \dfrac{2y}{x} - \dfrac{81}{x^2} \\ y\mid_{x=1} = 27.5 \end{cases}$$

$$y = e^{\int \frac{2}{x}\mathrm{d}x}\left[-\int \frac{81}{x^2}e^{-\int \frac{2}{x}\mathrm{d}x}\mathrm{d}x + c \right]$$

$$= x^2\left[\frac{27}{x^3} + c \right]$$

$$= \frac{27}{x} + cx^2$$

由 $y\mid_{x=1} = 27.5$，可得 $C = \dfrac{1}{2},$

因此　$y = \dfrac{27}{x} + \dfrac{1}{2}x^2$

又　$y' = -\dfrac{27}{x^2} + x$，令 $y' = 0$，得 $x = 3$　（负根舍去），

$$y'' = \frac{54}{x} + 1, y''(3) > 0$$

因此 $x = 3$ 是 y 的极小值点,从而也是最小值点,即每辆汽车3年大修一次,可使每辆汽车的总维修成本最低。

【例3.7】(市场动态均衡价格) 设某商品的市场价格 $p = p(t)$ 随时间 t 变动,其需求函数为 $Q_d = b - ap(a, b > 0)$,供给函数为 $Q_s = -d + cp(c, d > 0)$,又设价格 p 随时间 t 的变化率与超额需求 $(Q_d - Q_s)$ 成正比,求价格函数 $p = p(t)$。

解:由题意有

$$\begin{cases} \dfrac{\mathrm{d}p}{\mathrm{d}t} = A(Q_d - Q_s) = -A(a + c)p + A(b + d), \\ p\big|_{t=0} = p(0), \end{cases}$$

由一阶线性方程通解公式可得

$$p = \mathrm{e}^{-\int A(a+c)\mathrm{d}t} \Big[\int A(b+d)\mathrm{e}^{\int A(a+c)\mathrm{d}t} + c_1 \Big]$$

$$= \mathrm{e}^{-A(a+c)t} \Big[\frac{A(b+d)}{A(a+c)} \mathrm{e}^{A(a+c)t} + c_1 \Big]$$

$$= \frac{b+d}{a+c} + c_1 \mathrm{e}^{-A(a+c)t}$$

由初始条件 $t = 0, p = p(0)$ 得

$$c_1 = p(0) - \frac{b+d}{a+c}$$

代入上式得

$$p = \Big[p(0) - \frac{b+d}{a+c} \Big] \mathrm{e}^{-A(a+c)t} + \frac{b+d}{a+c}$$

显然当 $t \to \infty$ 时,$p(t) \to \dfrac{b+d}{a+c}$,称 $\dfrac{b+d}{a+c}$ 为均衡价格,即当 $t \to \infty$ 时,价格将逐渐趋向均衡价格。

第四节　利用微元法建立微分方程模型

一般地,如果某一实际问题中所求的变量 p 符合下列条件:p 是与一个变量 t 的变化区间 $[a, b]$ 有关的量;p 对于区间 $[a, b]$ 具有可加性;部分量 Δp_i 的近似值可表示为 $f(\xi_i)\Delta t_i$。那么就可以考虑利用微元法来建立微分方程模型,其步骤是:首先根据问题的具体情况,选取一个变量例如 t 为自变量,并确定其变化区间 $[a, b]$;在区间 $[a, b]$ 中随便选取一个任意小的区间并记作 $[t, t + \mathrm{d}t]$,求出相应于这个区间的部分量 Δp 的近似值。如果 Δp 能近似地被表示为 $[a, b]$ 上的一个连续函数在 t 处的值 $f(t)$ 与 $\mathrm{d}t$ 的乘积,我们就把 $f(t)\mathrm{d}t$ 称为量 p 的微元且记作 $\mathrm{d}p$。这样,我们就可以建立起该问题的微分方程模型:$\mathrm{d}p =$

$f(t)dt$。对于比较简单的模型,两边积分就可以求解该模型。该方法的基本思想是通过分析研究对象的有关变量在一个很短时间内的变化情况,寻求一些微元之间的关系式。

【例3.8】如图3.2所示,一个高为2米的球体容器里盛了一半的水,水从它的底部小孔流出,小孔的横截面积为1平方厘米。试求放空容器所需要的时间。

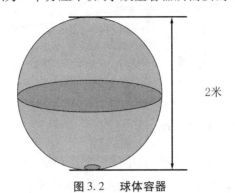

2米

图3.2 球体容器

模型建立:首先对孔口的流速做两条假设:

(1)t时刻的流速v依赖于此刻容器内水的高度$h(t)$。

(2)整个放水过程无能量损失。

由水力学知:水从孔口流出的流量Q为"通过孔口横截面的水的体积V对时间t的变化率",即

$$Q = \frac{dV}{dt} = 0.62S\sqrt{2gh}$$

其中0.62是流量系数,S是孔口横截面积(单位:平方厘米),$h(t)$是水面高度(单位:厘米),t是时间(单位:秒)。

当$S = 1$平方厘米,有

$$dV = 0.62\sqrt{2gh}\,dt \tag{3.3}$$

如图3.3所示,在微小时间间隔$[t, t+dt]$内,水面高度$h(t)$降至$h+dh(dh < 0)$,容器中水的体积的改变量近似为

$$dV = -\pi r^2 dh \tag{3.4}$$

其中r是时刻t的水面半径,右端置负号由于$dh < 0$而$dV > 0$。

记$r = \sqrt{100^2 - (100-h)^2} = \sqrt{200h - h^2}$

比较(3.3)、(3.4)两式得微分方程如下:

$$\begin{cases} 0.62\sqrt{2gh}\,dt = -\pi(200h - h^2)\,dh, \\ h\big|_{t=0} = 100。\end{cases}$$

积分后整理得

$$t = \frac{\pi}{4.65\sqrt{2g}}(700\,000 - 1000h^{\frac{3}{2}} + 3h^{\frac{5}{2}})$$

令$h = 0$,求得完全排空需要约2小时58分。

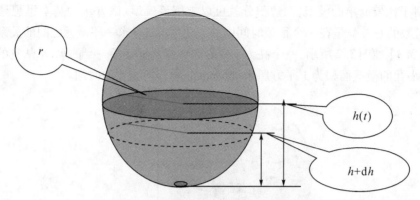

图 3.3　时间间隔 dt 内容器水位变化图

【例 3.9】在 2005 年的全国大学生数学建模竞赛 A 题(原题见竞赛试题)中,对于长江流域的三类主要污染物——溶解氧、高锰酸盐与氨氮污染,我们运用微元法,建立了其含参数的微分方程模型,并用平均值法估计出了其参数,具体求出了它们的解,之后,我们又给出了它们统一的微分方程模型及其求解公式。

一维均匀河流水质模型基本方程的通式为:

$$\frac{\partial C}{\partial t} + u\frac{\partial C}{\partial X} = D\frac{\partial^2 C}{\partial X^2} - KC \tag{3.5}$$

K 为长江流域主要污染物高锰酸盐指数($CODMn$)和氨氮($NH_3 - N$)的降解系数,常介于 0.1 ~ 0.5 之间(单位:1/ 天),在均匀河段定常排污条件下,截面积 A,流速 u,流量 Q 以及污染物输入量 W 和弥散系数 D 都不随时间而变化时,即 $\frac{\partial C}{\partial t} = 0$ 时,(3.5) 式变为:

$$\frac{d^2 C}{dX^2} - \frac{u dc}{D dX} - \frac{k}{D}C = 0$$

如果边界条件 $X = 0$ 时,$C = C_n$;$X = \infty$ 时,$C = 0$,则可用解特征多项式的方法求解,上述常微分方程的特征多项式为:

$$\lambda^2 - \frac{u}{D}\lambda - \frac{K}{D} = 0$$

其特征值为:$\lambda_{1,2} = u/20(1 \pm m)$,则方程的通解为:

$$C_x = Ae^{\lambda_1 x} + Be^{\lambda_2 x}$$

由于($1 - m$)是在排污口的下流区($X > 0$),而($1 + m$)在排污口以上区域($X < 0$)无意义,故舍 λ_1,取 λ_2,选 $X = 0$,$C_x = C_0$。

此时 $A = 0$,$B = C_0$,

$$C_x = C_0 exp\left[\frac{u}{2D}(1 - m)X\right],\text{其中 } m = \sqrt{1 + \frac{4KD}{U^2}}$$

因问题中我们不需讨论河口接近大洋处,因此几乎不受潮汐影响,故弥散系数很小,可以忽略,即 $D = 0$,于是一维河流方程为:

$$\frac{\partial C}{\partial t} + u\frac{\partial C}{\partial X} = -KC$$

此偏微分方程可以改写为两个常微分方程：

$$\begin{cases} \dfrac{\mathrm{d}[X(t)]}{\mathrm{d}t} = u \\ \dfrac{\mathrm{d}\{C[X(t),t]\}}{\mathrm{d}t} = -KC \end{cases}$$

式中，$X(t)$ 称为特征线，$X(t) = ut$，对于 $X(t) = 0, C = C_0$ 的情况：$C_{X(t)} = C_0\exp[-KX(t)/u]$；

C_t：下游某污染物浓度（mg/L）；

X：经过距离（km）；

C_0：上断面污染物浓度，（mg/L）。

流入该河段的污染物混合均匀后，求得该地区排放污染物的浓度：

$$C_i' = \frac{Q_i C_i \mathrm{e}^{Kt} - Q_{i-1} C_{i-1}}{Q_i - Q_{i-1}},$$

C_i' 是第 $i-1$ 个断面与第 i 个断面之间地区的污染物排放的浓度，如果 C_i' 的值较大，则说明在这一段流域有此污染源流入长江，对长江下游地区的水质产生很大影响。

完全混合式数学模型和一维多点源稀释自净模型建立的思路是为了简化问题，未考虑污染物的流入点位置，而是将所有的水换算到上一观测点，经过对长江流域的水域分析，可知各段水的流量的增加是由该段水的多个支流等累加的结果，且污染物的来源还有生活污染物、农业污染物、工业污染物等，因此我们假设污染物和水源的加入是连续的，建立一维连续点源流入模型，再根据质量平衡原理，可列出水质模型的方程为：

$$C_{i-1}Q_{i-1}\mathrm{e}^{\frac{K(S_i-S_{i-1})}{V(i,j)}} + \int_{S_{i-1}}^{S_i} \mathrm{e}^{\frac{K(S_i-x)}{V(i,j)}} C_i \frac{Q_i - Q_{i-1}}{S_i - S_{i-1}}\mathrm{d}x = C_i Q_i$$

式中：Q_j—— 第 j 个观测点测得的水流量；

C_j—— 第 j 个观测点得到的污染物浓度；

S_j—— 第 j 个观测点距离；

$V_{(i,j)}$—— 表示第 i、j 两观测点间的水流平均速度。

对水质模型的方程求解并化简，即可得到流入该河段的污染物混合均匀后浓度 C_i'：

$$C_i' = \frac{K(S_i - S_j)(C_i Q_i - C_{i-1}Q_{i-1}\mathrm{e}^{-Kt})}{V_{(i,j)}(Q_i - Q_{i-1})(1 - \mathrm{e}^{-Kt})}$$

C_i' 是第 $i-1$ 个断面与第 i 个断面之间地区的污染物排放的浓度，我们假设用支流代表生活、农业、工业污水，其流量应为上下两个断面流量之差，那么我们即可得到污染物排放量的表达式：

$$F_i = (Q_i - Q_{i-1})C_i'$$

并可求得该地区此污染物排放量的平均值：

$$F = \frac{1}{13}\sum_{i=1}^{13}(Q_i - Q_{i-1})C_i'$$

第五节　改进或直接套用经典的微分方程模型

多年来,在各种领域里,人们已经建立起了一些经典的微分方程模型,比如传染病模型、人口发展模型等,对这些模型进行适当修改,可以直接套用。熟悉这些模型对我们是大有裨益的。

【例 3.10】地中海鲨鱼问题。

有人在整理 1914—1918 年第一次世界大战期间地中海各港口几种鱼类捕获量的资料时,发现鲨鱼的比例有明显增加(见表 3.1),而供其捕食的食用鱼的百分比却明显下降。战争使捕鱼量下降,食用鱼增加,鲨鱼也随之增加,但为何鲨鱼的比例大幅增加呢?

表 3.1　　　　　　　　　　　1914—1923 年鲨鱼比例

年份	1914	1915	1916	1917	1918
百分比(%)	11.9	21.4	22.1	21.2	36.4
年份	1919	1920	1921	1922	1923
百分比(%)	27.3	16.0	15.9	14.8	19.7

意大利数学家 V. Volterra 建立了一个食饵 - 捕食系统的数学模型,定量地回答了这个问题。

符号说明:

$x_1(t)$——食饵在 t 时刻的数量;$x_2(t)$——捕食者在 t 时刻的数量;

r_1——食饵独立生存时的增长率;r_2——捕食者独自存在时的死亡率;

λ_1——捕食者掠取食饵的能力;λ_2——食饵对捕食者的供养能力;

e——捕获能力系数。

基本假设:

(1)食饵由于捕食者的存在从而增长率降低,假设降低的程度与捕食者数量成正比;

(2)捕食者由于食饵为它提供食物的作用使其死亡率降低或使之增长,假定增长的程度与食饵数量成正比。

模型建立与求解:

模型一(不考虑人工捕获):

$$\begin{cases} \dfrac{dx_1}{dt} = x_1(r_1 - \lambda_1 x_2) \\ \dfrac{dx_2}{dt} = x_2(-r_2 + \lambda_2 x_1) \end{cases}$$

模型反映了在没有人工捕获的自然环境中食饵与捕食者之间的制约,没有考虑食饵和捕食者自身的阻滞作用,是 Volterra 提出的最简单的模型。

针对一组具体的数据用 MATLAB 软件进行计算。

设食饵和捕食者的初始数量分别为 $x_1(0) = x_{10}, x_2(0) = x_{20}$。

对于数据 $r_1 = 1, \lambda_1 = 0.1, r_2 = 0.5, \lambda_2 = 0.02, x_{10} = 25, x_{20} = 2, t$ 的终值经试验后确定为 15,即模型为:

$$\begin{cases} x_1' = x_1(1 - 0.1x_2) \\ x_2' = x_2(-0.5 + 0.02x_1) \\ x_1(0) = 25, x_2(0) = 2 \end{cases}$$

首先,建立 M 文件 shier.m 如下:

```
function dx = shier(t,x)
dx = zeros(2,1);
dx(1) = x(1) * (1 - 0.1 * x(2));
dx(2) = x(2) * (-0.5 + 0.02 * x(1));
```

其次,建立主程序 shark.m

```
[t,x] = ode45(shier'[[0 15],[25 2]]);
plot(t,x(:,1),'-',t,x(:,2),'*')
plot(x(:,1),x(:,2))
```

模型二(考虑人工捕获):

设表示捕获能力的系数为 e,相当于食饵的自然增长率由 r_1 降为 $r_1 - e$,捕食者的死亡率由 r_2 增为 $r_2 + e$,有:

$$\begin{cases} \dfrac{dx_1}{dt} = x_1[(r_1 - e) - \lambda_1 x_2] \\ \dfrac{dx_2}{dt} = x_2[-(r_2 + e) + \lambda_2 x_1] \end{cases}$$

仍取 $r_1 = 1, \lambda_1 = 0.1, r_2 = 0.5, \lambda_2 = 0.02, x_1(0) = 25, x_2(0) = 2$

设战前捕获能力系数 $e = 0.3$,战争中降为 $e = 0.1$,则战前与战争中的模型分别为:

$$\begin{cases} \dfrac{dx_1}{dt} = x_1(0.7 - 0.1x_2) \\ \dfrac{dx_2}{dt} = x_2(-0.8 + 0.02x_1) \\ x_1(0) = 25, x_2(0) = 2 \end{cases}$$

$$\begin{cases} \dfrac{dx_1}{dt} = x_1(0.9 - 0.1x_2) \\ \dfrac{dx_2}{dt} = x_2(-0.6 + 0.02x_1) \\ x_1(0) = 25, x_2(0) = 2 \end{cases}$$

【例 3.11】微分方程建模实例——传染病模型。

流行病动力学是用数学模型研究某种传染病在某一地区是否蔓延下去,成为当地的"地方病",或最终该病将消除。下面以 Kermack 和 Mckendrick 提出的阈模型为例说明流行病学数学模型的建模过程。

模型假设：

（1）被研究人群是封闭的，总人数为 N。$S(t)$、$I(t)$ 和 $R(t)$ 分别表示 t 时刻时人群中易感者、感染者（病人）和免疫者的人数。起始条件为 S_0 个易感者，I_0 个感染者，无免疫者。

（2）单位时间内一个病人能传染的人数与健康者数成正比，比例系数为 λ，即传染性接触率或传染系数。

（3）易感人数的变化率与当时的易感人数和感染人数之积成正比。

（4）单位时间内病后免疫人数与当时病人数（或感染人数）成正比，比例系数为 μ，称为恢复系数或恢复率。

模型建立：

根据上述假设，我们可以建立如下模型

$$\begin{cases} \dfrac{\mathrm{d}I}{\mathrm{d}t} = \lambda SI - \mu I \\[2mm] \dfrac{\mathrm{d}S}{\mathrm{d}t} = -\lambda SI \\[2mm] \dfrac{\mathrm{d}R}{\mathrm{d}t} = \mu I \\[2mm] S(t) + I(t) + R(t) = N \end{cases} \tag{3.6}$$

以上模型又称 Kermack - Mckendrick(K - M)模型。

模型求解与分析：

对于方程(3.6)无法求出 $S(t)$、$I(t)$ 和 $R(t)$ 的解析解。我们转到平面 $S-I$ 上来讨论解的性质。由方程(3.6)前两个方程消去 $\mathrm{d}t$ 可得

$$\begin{cases} \dfrac{\mathrm{d}I}{\mathrm{d}S} = \dfrac{1}{\sigma S} - 1 \\[2mm] I|_{S=S_0} = I_0 \end{cases}$$

其中 $\sigma = \lambda/u$，是一个传染期内每个病人有效接触的平均人数，称接触数。

用分离变量的方法可求出的解为

$$I = (S_0 + I_0) - S + \frac{1}{\sigma}\ln\frac{S}{S_0}$$

其图形如图 3.4 所示。从图 3.4 中可以看出，当初始值 $S_0 \leq 1/\sigma$ 时，传染病不会蔓延。病人人数一直在减少并逐渐消失。而当 $S_0 > 1/\sigma$ 时，病人人数会增加，传染病开始蔓延，健康者的人数在减少。当 $S(t)$ 减少至 $1/\sigma$ 时，病人在人群中的比例达到最大值，然后病人数逐渐减少至零。由此可知，$1/\sigma$ 是一个阈值。要想控制传染病的流行，应控制 S_0 使之小于此阈值。

由上述分析可知：要控制疫后有免疫力的此类传染病的流行可通过两个途径。一是提高卫生和医疗水平，卫生水平越高，传染性接触率 λ 就越小；医疗水平越高，恢复系数 μ 就越大。于是，阈值 $1/\sigma$ 越大。所以，提高卫生和医疗水平有助于控制传染病的蔓延。

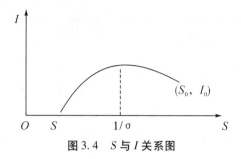

图 3.4　S 与 I 关系图

另一条途径是通过降低 S_0 来控制传染病的蔓延,由 $S_0 + R_0 + I_0 = N$ 可知:要想减小 S_0,可通过提高 R_0 来实现,而这又可通过预防接种和群体免疫等措施来实现。

参数估计:

参数 σ 的值可由实际数据估计得到。记 S_∞、I_∞ 分别是传染病流行结束后的健康者人数和病人人数。易知,当流行结束后,病人都将转为免疫者。所以,$I_\infty = 0$。则由 $I = (S_0 + I_0) - S + \dfrac{1}{\sigma}\ln\dfrac{S}{S_0}$ 式可得:

$$I_\infty = 0 = S_0 + I_0 - S_\infty + \frac{1}{\sigma}\ln\frac{S_\infty}{S_0}$$

解出 σ 得:

$$\sigma = \frac{\ln S_0 - \ln S_\infty}{S_0 + I_0 - S_\infty}$$

于是,当某地区某种疾病流行结束后获得的 S_0 和 S_∞ 可由 $\sigma = \dfrac{\ln S_0 - \ln S_\infty}{S_0 + I_0 - S_\infty}$ 式算出 σ 的值,而此 σ 的值即可在今后同种传染病和同类地区的研究中使用。

模型应用:

本节以 1950 年上海市某全托幼儿所发生的一起水痘流行过程为例,应用 K—M 模型进行模拟,并对模拟结果进行讨论。该所儿童总人数 $N = 196$ 人;既往患过水痘而此次未感染者 40 人;查不出水痘患病史而本次流行期间感染水痘者 96 人;既往无明确水痘史,本次又未感染的幸免者 60 人。全部流行期 79 天。病例成代出现,每代相隔约 15 天。各代病例数、易感者数及相隔时间见表 3.2。

表 3.2　　　　　　　　　某托儿所水痘流行过程中各代病例数

代	病例数	易感者数	相隔时间(天)
1	1	155	15
2	2	153	15
3	14	139	17
4	38	101	14
5	34	67	

表3.2(续)

代	病例数	易感者数	相隔时间(天)
6	7	33	
合计	96		

以初始值 $S_0 = 155$，$S_0 - S_\infty = 96$ 代入 $\sigma = \dfrac{\ln S_0 - \ln S_\infty}{S_0 + I_0 - S_\infty}$ 式可得：$1/\sigma = 100.43$。将 σ 代入 $I = (S_0 + I_0) - S + \dfrac{1}{\sigma}\ln\dfrac{S}{S_0}$ 式可得该流行过程的模拟结果(见表3.3)。

表 3.3　　　　　　　　用 K-M 模型模拟水痘的流行过程

单位时间	病例数	易感者数	计算式
t_0	1	155	初始值
t_1	1	154	$156 - 155 + 100.43 * \ln(155/155) = 1$
t_2	1	153	$156 - 154 + 100.43 * \ln(154/155) = 1.34$
t_3	2	151	$156 - 153 + 100.43 * \ln(153/155) = 1.70$
t_4	2	149	$156 - 151 + 100.43 * \ln(151/155) = 2.37$
t_5	3	146	$156 - 149 + 100.43 * \ln(149/155) = 3.04$
t_6	4	142	$156 - 146 + 100.43 * \ln(146/155) = 3.99$
t_7	5	137	$156 - 142 + 100.43 * \ln(142/155) = 5.20$
t_8	7	130	$156 - 137 + 100.43 * \ln(137/155) = 6.60$
t_9	8	122	$156 - 130 + 100.43 * \ln(130/155) = 8.34$
t_{10}	10	112	$156 - 122 + 100.43 * \ln(122/155) = 9.96$
t_{11}	11	101	$156 - 112 + 100.43 * \ln(112/155) = 11.37$
t_{12}	12	89	$156 - 101 + 100.43 * \ln(101/155) = 11.99$
t_{13}	11	78	$156 - 89 + 100.43 * \ln(89/155) = 11.28$
t_{14}	9	69	$156 - 78 + 100.43 * \ln(78/155) = 9.03$
t_{15}	6	63	$156 - 69 + 100.43 * \ln(69/155) = 5.72$
t_{16}	3	60	$156 - 63 + 100.43 * \ln(63/155) = 2.58$
合计	96		

本例整个流行期为79天,以初始时间 t_0 为起点,相邻间隔约5天(79/15 = 5.27)。所以,自 t_0 起,每隔3个单位时间所对应的日期与表3.2中的各代相隔时间基本吻合。经过计算,同按代统计的试验资料相比,K-M模型取得了较好的拟合效果。

通过本例不难看出,K－M 模型由一组微分方程构成,看似复杂,实际计算起来并不难。尤其能用图示表达各要素之间的数量关系。此外,该模型引入了 $\sigma = \lambda/u$ 项,λ 为传染性接触率,μ 为恢复率,即感染者转变为下一代免疫者的概率。这是动力学模型两个敏感的参数,从而使得该模型具有更大的普适性。

模型的推广:

传染性非典型肺炎(SARS)的爆发和蔓延不仅威胁着人们的生命,而且给各行各业带来巨大的损失。利用定量分析研究传染性非典型肺炎的传播规律对于预防和控制传染性非典型肺炎的蔓延具有十分重要的意义。

本节通过改进原来的 K－M 模型,针对传染性非典型肺炎的传播特征,建立传染性非典型肺炎传播的数学模型,并着重分析了预防隔离措施对传染性非典型肺炎的发病率的影响,得出了采用有效的预防隔离措施对于控制和防止传染性非典型肺炎的蔓延十分重要和有效的结论。

考虑到传染性非典型肺炎的传播是因为患者在被收治隔离之前与其他人的传染性接触而发生的,因此将感染者(病人)分成两类:一类是患病而未隔离者,记为 $\Pi 1$;一类是患病而已隔离者,记为 $\Pi 2$。

假定所考察地区内的总人数 N 不变(即不考虑生死,也不考虑迁移),时间以天为计量单位。记 $I_1(t)$、$I_2(t)$ 分别表示 t 时刻时人群中 $\Pi 1$ 类和 $\Pi 2$ 类患者的人数,λ 为日接触率。同时我们记 μ_1、μ_2 分别为 $\Pi 1$ 类和 $\Pi 2$ 类人的治愈率。β 为 $\Pi 1$ 类人的隔离率,δ 为易感者的日预防率,h 为免疫者的日失去免疫率。

由上述假设知:每个未被隔离的病人每天可使 $\lambda S(t)I_1(t)$ 个正常人变为病人,而每天被治愈的未被隔离的病人数为 $\mu_1 I_1(t)$,且知每天被隔离的人数为 $\beta I_1(t)$,则未被隔离的病人数 $I_1(t)$ 的增加率为:

$$\frac{\mathrm{d}I_1}{\mathrm{d}t} = \lambda SI_1 - \mu_1 I_1 - \beta I_1$$

而对于已被隔离的病人来说,每天有 $\beta I_1(t)$ 个被隔离,有 $\mu_2 I_2(t)$ 个被治愈,则已隔离的病人数 $I_2(t)$ 的增加率为:

$$\frac{\mathrm{d}I_2}{\mathrm{d}t} = \beta I_1 - \mu_2 I_2$$

对于病愈后或采用预防措施后具有免疫的人来说,每天有 $\mu_1 I_1(t) + \mu_2 I_2(t)$ 个病人被治愈后具有免疫力,每天有 $\delta S(t)$ 个正常人采取了有效的预防措施,且每天有 $hR(t)$ 个具有免疫者失去免疫力,则病愈后具有免疫力的人 $R(t)$ 的增加率为:

$$\frac{\mathrm{d}R}{\mathrm{d}t} = \delta S - hR + \mu_1 I_1 + \mu_2 I_2$$

又由 $S(t) + I_1(t) + I_2(t) + R(t) = N$,则

$$\frac{\mathrm{d}R}{\mathrm{d}t} = \delta S - hR + \mu_1 I_1 + \mu_2(N - S - R - I_1)$$

$$= (\delta - \mu_2)S + (\mu_1 - \mu_2)I_1 + \mu_2 N - (h + \mu_2)R$$

设在初始时刻正常人与未被隔离的病人数分别为 S_0 和 I_{10},设具有免疫力者的人数

为 $R(0) = 0$，已被隔离者的人数为 $I_2(0) = 0$，于是可以建立如下模型：

$$\begin{cases} \dfrac{dI_1}{dt} = \lambda S I_1 - \mu_1 I_1 - \beta I_1 = A I_1 \\ \dfrac{dR}{dt} = (\delta - \mu_2)S + (\mu_1 - \mu_2)I_1 + \mu_2 N - (h + \mu_2)R = B + C I_1 - DR \\ I_1(0) = I_{10}, R(0) = 0 \end{cases}$$

其中 $A = \lambda S - \mu_1 - \beta, B = (\delta - \mu_2)S + N\mu_2 = \delta S + \mu_2(N - S), C = (\mu_1 - \mu_2)I_1$，
$D = h + \mu_2$。

通过求解可得：

$$I_1(t) = e^{At} I_{10}$$

$$R(t) = \frac{B}{D} + \frac{Ce^{At} - (CD + B(D + A))De^{-Dt}}{D + A} \tag{3.7}$$

由 (3.7) 式可以看出：如果没有采取任何根本的防御措施，使传染性非典型肺炎 (SARS) 病毒在社会上自由地传播，发病人数是以指数形式增长的。

只有当 $A < 0$，即 $\lambda S - \mu_1 - \beta < 0$ 时，记为 $\Pi 1$ 类病人才不再增多且具有下降趋势。即当 $\lambda S < \mu_1 + \beta$ 时，传染性非典型肺炎才不会蔓延。

我们根据政府颁布的广东、北京、香港在传染性非典型肺炎流传期间的数据可以看到，由于传染性非典型肺炎传播速度之快，病毒性之大，加之人们对其十分陌生，即使是在采取隔离措施后的一段时间内，传染性非典型肺炎病毒的治愈率还几乎趋于零，即 $\mu_1 = \mu_2 = 0$。在这段时间内，$A = \lambda S - \beta$，此时当 $A < 0$ 即 $\lambda S < \beta$ 时 $\Pi 1$ 类病人不再增多且具有下降趋势也就是对病人的隔离率 β 要大于未被隔离的传染性非典型肺炎病人的感染率 λS，才可以控制住发病人数。

由于传染性非典型肺炎病毒需要 10 ~ 14 天才表现出临床症状，所以更要对与传染性非典型肺炎病毒有过接触的人群采取必要的隔离措施。例如：北京市在 4 月 21 日以后采取多种隔离措施，包括对传染性非典型肺炎患者及与其有过接触者进行隔离观察；对一些与传染性非典型肺炎早期症状（例如发烧）相似的病人也进行隔离观察；对部分传染源完全隔离（比如封楼、封校）；等等。这些隔离措施确实大大地增加了隔离率 β，从而使得 $\lambda S < \beta$，即 $A < 0$。

当经过一段时间后，人们对传染性非典型肺炎这种新型的疾病有了一定的了解，采取了一些隔离措施外的高强度预防措施，而且在这种被隔离的状态下，我们对传染性非典型肺炎患者也有了一定的治愈率，但未被隔离的病人治愈率还几乎为零，即此时有 $\delta > 0, \mu_1 = 0, \mu_2 > 0$。根据表 3.4 中的数据，随着日隔离率 β 和日预防率 δ 的不断增大，日接触率 λ 的逐步减小，北京市在 4 月 21 日以后，传染性非典型肺炎病人的增长率从 1202.7% 降至 22.0%，并且在随后的几天内确诊病人的增长率一直在一定的幅度内减小。

在又经过数周的对传染性非典型肺炎病毒的研究工作后，人们对传染性非典型肺炎病毒有了一定的治愈率。此时，我们设日治愈率为：$\mu_1 = \mu_2 > 0$。由 (3.7) 式可得：

$R(t) = B/D - BDe^{-Dt}$。从此式我们可以看出，当 $D>0$ 且 $BD>0$，即 $B>0, D>0$ 时，病愈后或采用预防措施后具有免疫者的人数就一定会呈上升趋势。

传染性非典型肺炎病毒作为一种新型传染性病毒，对于它的愈后免疫力还有待于人们的进一步观察和了解，所以我们在这里假定 $h \geq 0$。但由式 $D = h + \mu_2$ 我们可以看出无论人们是否对传染性非典型肺炎失去免疫力，都不影响 $D>0$，即不会使免疫者的人数有下降的趋势。

通过上述分析我们可以看出，对于传染性非典型肺炎这种新型传染性病毒，采取积极严格的隔离防御措施是非常有必要和有效的。隔离措施越有力，隔离率 β 就越大，卫生水平越高，日接触率 λ 就会越小，预防率 δ 就会越大；医疗水平越高，日治愈率 μ_1、μ_2 就越大，被感染的病人就会越少。这样就会有效地、较快地控制传染性非典型肺炎的扩散和传播。

表3.4　　　　　北京传染性非典型肺炎疫情统计数据
（摘自北京市疾病预防控制中心的网站）

日期	累计确诊病例数	病人的增长率
3 月 31 日	12	
4 月 9 日	22	83.3%
4 月 15 日	37	68.2%
4 月 20 日	482	1202.7%
4 月 21 日	588	22.0%
4 月 22 日	693	17.9%
4 月 23 日	774	11.7%
4 月 24 日	877	13.3%
4 月 26 日	988	12.7%
4 月 27 日	1114	12.8%
4 月 28 日	1199	7.6%

【例 3.12】新产品推销模型。

一种新产品问世，经营者自然要关心产品的卖出情况。下面我们根据两种不同的假设建立两种推销速度的模型。

模型 A　假设产品是以自然推销的方式卖出，换句话说，就卖出去的产品实际上起着宣传的作用，吸引着未购买的消费者。设 t 时刻卖出去的产品数目为 $x(t)$，再假设每一产品在单位时间内平均吸引 k 个顾客，则若要 $x(t)$ 满足微分方程：

$$\frac{dx}{dt} = kx$$

设初始条件为：

$$x\big|_{t=0} = x_0$$

易得上述微分方程的解为：

$$x(t) = x_0 e^{kt}$$

此即著名的 Malthus 模型，下面我们针对模型结果式进行一下分析和验证。

（1）经过与实际情况的比较，发现 $x(t) = x_0 e^{kt}$ 式的结果与真实销售量在初始阶段的增长情况比较吻合。

（2）在产品卖出之初，$t = 0$ 时，显然 $x = 0$，这时易得 $x(t) = 0$，这一结果自然与事实不符。产生这一错误结果的原因在于我们假设产品是自然推销的，然而在最初产品还未卖出之时，按照自然推销的方式，便不可能进行任何推销。事实上，厂家在产品销售之初，往往是通过广告、宣传等各种方式来推销产品的。

（3）令 $t \to +\infty$，从 $x(t) = x_0 e^{kt}$ 式易得到 $x(t) \to +\infty$，若针对某种耐用品来讲，这显然与事实不符。事实上，$x(t)$ 往往是有上界的。

（4）针对模型 A 的上述（2）和（3）的欠缺，我们用下面的模型 B 来改进。

模型 B　设需求量的上界为 M，假设经营者可通过其他方式推销产品，这样，产品的增长也与尚未购买产品的顾客有关，故

$$\frac{dx}{dt} \propto x(M - x)$$

比例系数仍记为 k，则 $x(t)$ 满足

$$\frac{dx}{dt} = kx(M - x)$$

再加上初始条件

$$x\big|_{t=0} = x_0$$

利用分离变量方法易求得上述微分方程的解

$$x(t) = \frac{Mx_0}{x_0 + (M - x_0)e^{-kMt}}$$

此即 Logistic 模型。当 $t = 0$ 时，若 $x_0 \neq 0$，则易从上式得到 $x(t) \neq 0$，另外，在 $x(t) = \frac{Mx_0}{x_0 + (M - x_0)e^{-kMt}}$ 式中，令 $t \to +\infty$，易得到 $x(t) \to M$。这样，从根本上解决了模型 A 的不足。

由 $\frac{dx}{dt} = kx(M - x)$ 式易看出，$\frac{dx}{dt} > 0$，即 $x(t)$ 是关于时刻 t 的单调增加函数，实际情况自然如此，产品的卖出量不可能越卖越少。另外，对 $\frac{dx}{dt} = kx(M - x)$ 式两端求导，得

$$\frac{d^2x}{dt^2} = k(M - 2x)\frac{dx}{dt}$$

故令 $\frac{d^2x}{dt^2} = 0$，得到 $x(t_0) = \frac{M}{2}$

当 $t < t_0$ 时，由

$$\frac{dx}{dt} > 0, x(t) < x(t_0)$$

得$\dfrac{\mathrm{d}^2x}{\mathrm{d}t^2}>0$，即$\dfrac{\mathrm{d}x}{\mathrm{d}t}$单调增加，$x(t)$函数图像为上凹弧；同理，当$t>t_0$时，$\dfrac{\mathrm{d}x}{\mathrm{d}t}$单调减少，$x(t)$函数图像为上凸弧。这说明，在销售量小于最大需求量的一半时，销售速度是不断提高的；销售量恰巧达到最大需求量的一半时，该产品最为畅销，其后销售速度开始下降。实际情况表明，产品销售情形也与 Logistic 模型十分相似，尤其在销售后期更加吻合。

【例 3.13】广告模型。

在当今这个信息社会中，广告在商品推销中起着极其重要的作用。当生产者生产出一批产品后，下一步便是去思考如何更多地卖出产品。由于广告的大众性和快捷性，其在促销活动中大受经营者的青睐。当然，经营者在利用广告这一手段时自然要小心：广告与促销到底有何关系？广告在不同时段的效果如何？

模型 A　独家销售广告模型

首先，做如下假设：

（1）商品的销售速度会因做广告而增加，但当商品在市场上趋于饱和时，销售速度将趋于极限值，这时，销售速度将开始下降。

（2）自然衰减是销售速度的一种性质，商品销售速度的变化率随商品的销售率的增加而减少。

（3）设 $S(t)$ 为 t 时刻商品的销售速度，M 表示销售速度的上限；$\lambda>0$ 为衰减因子常数，即广告作用随时间增加而自然衰减的速度；$A(t)$ 为 t 时刻的广告水平（以费用表示）。

根据上面的假设，我们建立模型：

$$\frac{\mathrm{d}S}{\mathrm{d}t}=P\cdot A(t)\cdot\left(1-\frac{S(t)}{M}\right)-\lambda S(t)$$

其中 P 为响应系数，即 $A(t)$ 对 t 的影响力，P 为常数。

由假设（1），当销售进行到某个时刻时，无论怎样做广告，都无法阻止销售速度的下降，故选择如下广告策略：

$$A(t)=\begin{cases}A,0\leqslant t\leqslant\tau\\0,t>\tau\end{cases}\qquad\text{其中，}A\text{ 为常数。}$$

在 $[0,\tau]$ 时间内，设用于广告的花费为 a，则 $A=\dfrac{a}{\tau}$，代入 $\dfrac{\mathrm{d}S}{\mathrm{d}t}=P\cdot A(t)\cdot\left(1-\dfrac{S(t)}{M}\right)-\lambda S(t)$ 式，有：

$$\frac{\mathrm{d}S}{\mathrm{d}t}+\left(\lambda+\frac{P}{M}\cdot\frac{a}{\tau}\right)S=P\cdot\frac{a}{\tau}$$

令

$$b=\lambda+\frac{P}{M}\cdot\frac{a}{\tau},c=\frac{Pa}{\tau}$$

则有：

$$\frac{\mathrm{d}S}{\mathrm{d}t}+bS=c$$

解得：

$$S(t) = k\mathrm{e}^{-bt} + \frac{c}{b}$$

其中 k 为任意常数,给定初始值 $S(0) = S_0$,则有特解为:

$$S(t) = \frac{c}{b}(1 - \mathrm{e}^{bt}) + S_0\mathrm{e}^{-bt}$$

当 $t > \tau$ 时,由 $A(t)$ 的表达式,则 $\dfrac{\mathrm{d}S}{\mathrm{d}t} + bS = c$ 式变为:

$$\frac{\mathrm{d}S}{\mathrm{d}t} = -\lambda S$$

其解为:

$$S(t) = k\mathrm{e}^{\lambda(\tau - t)}$$

k 仍为任意实数。为保证销售速度 $S(t)$ 不间断,我们在 $S(t) = k\mathrm{e}^{\lambda(\tau - t)}$ 式中取 $t = \tau$ 而得到 $S(t)$,将其作为 $\dfrac{\mathrm{d}S}{\mathrm{d}t} = -\lambda S$ 的初始条件,从而有特解为 $S(t) = S(\tau)\mathrm{e}^{\lambda(\tau - t)}$。

我们得到数学模型为:

$$S(t) = \begin{cases} \dfrac{c}{b}(1 - \mathrm{e}^{-bt}) + S_0\mathrm{e}^{-bt}, & 0 \leqslant t \leqslant \tau \\[2mm] S(\tau)\mathrm{e}^{\lambda(\tau - t)}, & t > \tau \end{cases}$$

模型 B   竞争销售的广告模型

我们作如下假设:

(1)两家公司销售同一商品,而市场容量 $M(t)$ 有限。

(2)每一公司增加它的销售量是与可获得的市场成正比的,比例系数为 $C_i, i = 1,2$。

(3)设 $S_i(t)$ 是销售量,$i = 1,2$,$N(t)$ 是可获得的市场,显然,$N(t) = M(t) - S_1(t) - S_2(t)$。

由假设(2),有

$$\begin{cases} \dfrac{\mathrm{d}S_1}{\mathrm{d}t} = C_1 N \\[3mm] \dfrac{\mathrm{d}S_2}{\mathrm{d}t} = C_2 N \end{cases}$$

将上述二式相除,易得

$$\frac{\mathrm{d}S_2}{\mathrm{d}t} = C_3 \frac{\mathrm{d}S_1}{\mathrm{d}t}$$

其中 $C_3 = \dfrac{C_2}{C_1}$ 为常数,对上式积分,得

$$S_2(t) = C_3 S_1(t) + C_4$$

C_4 为积分常数。假设市场容量 $M(t) = \alpha(1 - \mathrm{e}^{-\beta t})$,$\alpha$ 和 β 为常量,则

$$N(t) = \alpha(1 - \mathrm{e}^{-\beta t}) - (1 + C_3)S_1(t) - C_4$$

再将上式代入 $\dfrac{\mathrm{d}S_1}{\mathrm{d}t} = C_1 N$ 式,得

$$\frac{\mathrm{d}S_1}{\mathrm{d}t} = AS_1 + Be^{-\beta t} + C$$

其中，

$$A = C_1(1 + C_3), B = -C_1\alpha, C = C_1(\alpha - C_4)$$

解方程 $\dfrac{\mathrm{d}S_1}{\mathrm{d}t} = AS_1 + Be^{-\beta t} + C$，易得

$$S_1(t) = k_1e^{-At} + k_2e^{-\beta t} + k_3$$

代入 $S_2(t) = C_3S_1(t) + C_4$ 式，得

$$S_2(t) = m_1e^{-At} + m_2e^{-\beta t} + m_3$$

其中 k_i 及 $m_i(i = 1, 2, 3)$ 皆为常数。

第六节　模拟近似法

该方法的基本思想是在不同的假设下去模拟实际的现象,如此模拟近似所建立的微分方程从数学上求解或分析解的性质,再去同实际情况作对比,观察这个模型能否模拟、近似某些实际的现象。

【例 3.14】(交通管理问题)在交通十字路口,都会设置红绿灯。为了让那些正行驶在交叉路口或离交叉路口太近而无法停下的车辆通过路口,红绿灯转换中间还要亮起一段时间的黄灯。那么,黄灯应亮多长时间才最为合理呢?

分析:黄灯状态持续的时间包括驾驶员的反应时间、车通过交叉路口的时间以及通过刹车距离所需的时间

模型建立:记 v_0 是法定速度,I 是交叉路口的宽度,L 是典型的车身长度。则车通过路口的时间为 $\dfrac{I + L}{v_0}$。

现来计算刹车距离。设 W 为汽车的重量,μ 为摩擦系数。显然,地面对汽车的摩擦力为 μW,其方向与运动方向相反。汽车在停车过程中,行使的距离 x 与时间 t 的关系可由下面的微分方程表示:

$$\frac{W}{g}\frac{\mathrm{d}^2x}{\mathrm{d}t^2} = -\mu W,\text{其中 } g \text{ 为重力加速度}$$

其初始条件为:

$$x\big|_{t=0} = 0, \frac{\mathrm{d}x}{\mathrm{d}t}\bigg|_{t=0} = v_0$$

刹车距离就是直到速度 $v = 0$ 时汽车驶过的距离,先求解二阶微分方程 $\dfrac{W}{g}\dfrac{\mathrm{d}^2x}{\mathrm{d}t^2} = -\mu W$, 对 $\dfrac{W}{g}\dfrac{\mathrm{d}^2x}{\mathrm{d}t^2} = -\mu W$ 式从 0 到 t 积分,利用初始条件得 $\dfrac{\mathrm{d}x}{\mathrm{d}t} = -\mu gt + v_0$,从而得 $x = -\dfrac{1}{2}\mu gt^2 + v_0t$。

在 $\dfrac{dx}{dt} = -\mu gt + v_0$ 式中令 $\dfrac{dx}{dt} = 0$，可得刹车所用时间 $t_0 = \dfrac{v_0}{\mu g}$，从而得到 $x(t_0) = \dfrac{v_0^2}{2\mu g}$。

下面计算一下黄灯状态的时间 A 为：

$$A = \frac{x(t_0) + I + L}{v_0} + T$$

其中 T 是驾驶员的反应时间：

$$A = \frac{v_0}{2\mu g} + \frac{I + L}{v_0} + T$$

假设 $T = 1s, L = 4.5m, I = 9m$. 另外，我们取具有代表性的 $\mu = 0.2$。当 $v_0 = 45km/h$、$60km/h$ 以及 $80km/h$ 时，黄灯时间如表 3.5 所示：

表 3.5

v_0(km/h)	A	经验法
45	5.27s	3s
60	6.35s	4s
80	7.28s	5s

经验法的结果一律比我们预测的黄灯状态短些，这使人想起，许多交叉路口红绿灯的设计可能使车辆在绿灯转为红灯时正处于交叉路口。

附录　利用 MATLAB 求解微分方程

1. 解析解

MATLAB 软件求解微分方程解析解的命令 dsolve( )

(1) 求通解的命令格式：dsolve('微分方程'，'自变量')

注：微分方程在输入时，一阶导数 y′ 应输入 Dy，y″ 应输入 D2y 等，D 应大写

例 1　求解二阶微分方程的通解。

$y'' + 3y' + e^x = 0$

输入命令：dsolve('D2y + 3 * Dy + exp(x) = 0','x')

(2) 求特解的命令格式：dsolve('微分方程'，'初始条件'，'自变量')

例 2　求解微分方程的解。

$(x^2 - 1)y' + 2x \cdot y - \cos(x) = 0, y(0) = 1$。

输入命令：dsolve('(x^2 - 1) * Dy + 2 * x * y - cos(x) = 0','y(0) = 1','x')

(3) 微分方程组令格式：dsolve('微分方程1，微分方程组2')

例 3　求解微分方程的解。

① $x' = 3x + 4y, y'' = 5x - 7y$

② $x' = 3x + 4y, y'' = 5x - 7y$

$x(0) = 0, y(0) = 1$

解：

输入格式：$[x,y] = \text{dsolve}('Dx = 3*x + 4*y, Dy = 5*x - 7*y')$

输入格式：$[x,y] = \text{dsolve}('Dx = 3*x + 4*y, Dy = 5*x - 7*y', 'x(0) = 0, y(0) = 1')$

2. 数值解

MATLAB 对常微分方程的求解是基于一阶方程进行的,通常采用龙格－库塔方法,所对应的 MATLAB 命令为 ode(Ordinary Differential Equation 的缩写),例如 ode23、ode45、ode23s、ode23tb、ode15s、ode113 等,分别用于求解不同类型的微分方程,如刚性方程和非刚性方程等。

MATLAB 中求解微分方程的命令：$[t,x] = \text{solver}('f', tspan, x0, options)$

其中 solver 可取如 ode45、ode23 等函数名,f 为一阶微分方程组编写的 M 文件名,tspan 为时间矢量,可取两种形式：

(a)$tspan = [t_0, t_f]$时,可计算出从 t_0 到 t_f 的微分方程的解;

(b)$tspan = [t_0, t_1, t_2, \cdots, t_m]$时,可计算出这些时间点上的微分方程的解。

x_0 为微分方程的初值,options 用于设定误差限(缺省时设定相对误差 10^{-3},绝对误差 10^{-6}),

命令为：$options = \text{odeset}('reltol', rt, 'abstol', at)$,其中 rt、at 分别为设定的相对误差和绝对误差。输出变量 x 记录着微分方程的解,t 包含相应的时间点。

下面我们按步骤给出用 MATLAB 求解微分方程的过程。

(1)首先将常微分方程变换成一阶微分方程组。例如对以下微分方程：

$$y^{(n)} = f[t, y, \dot{y}, \cdots, y^{(n-1)}]$$

若令 $y_1 = y, y_2 = \dot{y}, \cdots, y_n = y^{(n-1)}$,则可得到一阶微分方程组：

$$\begin{cases} \dot{y}_1 = y_2 \\ \dot{y}_2 = y_3 \\ \cdots \\ \dot{y}_n = f(t, y_1, y_2, \cdots, y_n) \end{cases}$$

相应地可以确定初值：$x_0 = [y_1(0), y_2(0), \cdots, y_n(0)]$

(2)将一阶微分方程组编写成 M 文件,设为 myfun(t,y)

function dy = myfun(t,y)

dy = {y(2); y(3); \cdots; f[t, y(1), y(2), \cdots, y(n-1)]}

(3)选取适当的 MATLAB 函数求解。

一般的常微分方程可以采用 ode23、ode45 或 ode113 求解。对于大多数场合的首选算法是 ode45;ode23 与 ode45 类似,只是精度低一些;当 ode45 计算时间太长时,可以采用 ode113 取代 ode45。ode15s 和 ode23s 则用于求解陡峭微分方程(在某些点上具有很大的导数值)。当采用前三种方法得不到满意的结果时,可尝试采用后两种方法。

例4 求解微分方程:

$$\begin{cases} \dfrac{d^2x}{dt^2} - 1000(1-x^2)\dfrac{dx}{dt} - x = 0 \\ x(0) = 2; x'(0) = 0 \end{cases}$$

解: 令 $y_1 = x, y_2 = x'$

则微分方程变为一阶微分方程组:

$$\begin{cases} y_1' = y_2 \\ y_2' = 1000(1 - y_1^2)y_2 - y_1 \\ y_1(0) = 2, y_2(0) = 0 \end{cases}$$

首先,建立 M - 文件 vdp1000. m 如下:

function dy = vdp1000(t,y)

dy = zeros(2,1);

dy(1) = y(2);

dy(2) = 1000 * (1 - y(1)^2) * y(2) - y(1);

其次,取 $t_0 = 0, t_f = 3000$,在命令窗口中输入如下命令:

[T,Y] = ode15s('vdp1000',[0 3000],[2 0]);

plot(T,Y(:,1),'-')

结果如下图所示:

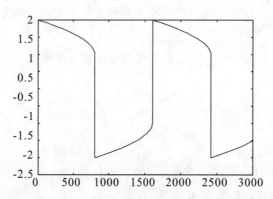

例5 解微分方程组。

$$\begin{cases} \dot{y}_1 = y_2 + \cos(t) \\ \dot{y}_2 = \sin(2t) \\ y_1(0) = 0.5, y_2(0) = -0.5 \end{cases}$$

首先,建立 M 文件 myfun1. m 如下:

function dy = myfun1(t,y)

dy = [y(2) + cos(t); sin(2 * t)];

其次,取 $t_0 = 0, t_f = 50$,输入命令:

[T,Y] = ode45('myfun1',[0 50],[0.5 -0.5]);

plot(T,Y(:,1),'-',T,Y(:,2),'--')

结果如下图所示:

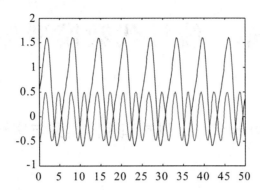

第四章 线性代数模型与实验

第一节 行列式和矩阵模型与实验

一、基本概念

行列式和矩阵是线性代数的重要研究内容和工具,具有十分广泛的应用。

定义二阶行列式如下:

$$\begin{vmatrix} a_{11} & a_{12} \\ a_{21} & a_{22} \end{vmatrix} = a_{11}a_{22} - a_{12}a_{21}$$

对于 n 阶行列式 $D = \begin{vmatrix} a_{11} & a_{12} & \cdots & a_{1n} \\ a_{21} & a_{22} & \cdots & a_{2n} \\ \cdots & \cdots & \cdots & \cdots \\ a_{n1} & a_{n2} & \cdots & a_{nn} \end{vmatrix}$ 可作如下递归定义:

在 n 阶行列式中划去元素 a_{ij} 所在的行与列,余下的元素按原有顺序构成一个 $n-1$ 的行列式,称为元素 a_{ij} 的余子式,记作 M_{ij},而称 $A_{ij} = (-1)^{i+j}M_{ij}$ 为元素 a_{ij} 的代数余子式。则 n 阶行列式可递归定义为:

$$D = a_{11}A_{11} + a_{12}A_{12} + \cdots + a_{1n}A_{1n}$$

行列式常用的性质:

(1)行列式转置后值不变;

(2)行列式交换两行(列),值反号;

(3)行列式两行(列)相同时,值为零;

(4)行列式某行(列)的公因子可以提到行列式符号外;

(5)有一行(列)元素全为零的行列式值为零;

(6)有两行(列)元素对应成比例的行列式值为零;

(7)若行列式某一行(列)是两组数之和,则此行列式等于两个行列式之和,这两行列式的这一行(列)分别为原行列式该行的第一组数和第二组数,其余各行(列)与原行列式相同;

(8)把行列式一行(列)元素的 k 倍加到另一行(列)对应元素上,行列式值不变。

利用克拉莫法则,具有 n 个方程的 n 元线性方程组的解在系数行列式不为零时可表示为: $x_i = \dfrac{D_i}{D}, i = 1, 2, \cdots, n$

由 $m \times n$ 个数构成的 m 行 n 列的矩形数字表

$$A = \begin{pmatrix} a_{11} & a_{12} & \cdots & a_{1n} \\ a_{21} & a_{22} & \cdots & a_{2n} \\ \cdots & \cdots & \cdots & \cdots \\ a_{m1} & a_{m2} & \cdots & a_{mn} \end{pmatrix}$$

称为一个 $m \times n$ 矩阵。

矩阵的运算有加法、数乘、乘法。反映矩阵性质的重要指标有矩阵的秩及其可逆性。

二、行列式模型

【例4.1】通过定点的曲线与曲面方程。

线性方程组的理论中有一个基本结论:含有 n 个方程 n 个未知量的齐次线性方程组有非零解的充分必要条件是其系数行列式等于零。利用这个结论,我们可以建立用行列式表示的直线、平面和圆的方程,也可以求出一般多项式的表达式。

如果平面上有两个不同的已知点 (x_1, y_1)、(x_2, y_2),通过这两点存在唯一的直线,设直线方程为:$ax + by + c = 0$,且 a、b、c 不全为零。由于 (x_1, y_1)、(x_2, y_2) 在同一直线上,所以它们满足上述直线方程,则:$ax_1 + by_1 + c = 0, ax_2 + by_2 + c = 0$。因此有:

$$\begin{cases} ax + by + c = 0 \\ ax_1 + by_1 + c = 0 \\ ax_2 + by_2 + c = 0 \end{cases}$$

这是一个以 a、b、c 为未知量的齐次线性方程组,且 a、b、c 不全为零,说明齐次该线性方程组必有非零解。于是,系数行列式等于零,即

$$\begin{vmatrix} x & y & 1 \\ x_1 & y_1 & 1 \\ x_2 & y_2 & 1 \end{vmatrix} = 0$$

这就是用行列式表示的通过两点 (x_1, y_1)、(x_2, y_2) 的直线方程。

例如,通过两点 $(-1, 2)$、$(3, -4)$ 的直线方程为:

$$\begin{vmatrix} x & y & 1 \\ -1 & 2 & 1 \\ 3 & -4 & 1 \end{vmatrix} = 0, 即 3x + 2y - 1 = 0$$

同理,通过空间中三点 (x_1, y_1, z_1)、(x_2, y_2, z_2)、(x_3, y_3, z_3) 的平面方程为:

$$\begin{vmatrix} x & y & z & 1 \\ x_1 & y_1 & z_1 & 1 \\ x_2 & y_2 & z_2 & 1 \\ x_3 & y_3 & z_3 & 1 \end{vmatrix} = 0$$

例如:通过空间中三点 $(7, 6, 7)$、$(5, 10, 5)$、$(-1, 8, 9)$ 的平面方程为:

$$\begin{vmatrix} x & y & z & 1 \\ 7 & 6 & 7 & 1 \\ 5 & 10 & 5 & 1 \\ -1 & 8 & 9 & 1 \end{vmatrix} = 0 \text{,即} 3x + 5y + 7z - 100 = 0$$

同理,用行列式表示的通过平面上三点(x_1, y_1)、(x_2, y_2)、(x_3, y_3)的圆的方程为:

$$\begin{vmatrix} x^2 + y^2 & x & y & 1 \\ x_1^2 + y_1^2 & x_1 & y_1 & 1 \\ x_2^2 + y_2^2 & x_2 & y_2 & 1 \\ x_3^2 + y_3^2 & x_3 & y_3 & 1 \end{vmatrix} = 0$$

对于n次多项式$y = a_0 + a_1 x + a_2 x^2 + \cdots + a_n x^n$,可由其图像上的$n + 1$个横坐标互不相同的点$(x_1, y_1)$、$(x_2, y_2)$、$\cdots$、$(x_n, y_n)$、$(x_{n+1}, y_{n+1})$所唯一确定。

这是因为,这$n + 1$个点均满足n次多项式,则有:

$$\begin{cases} a_0 + a_1 x_1 + a_2 x_1^2 + \cdots + a_n x_1^n = y_1 \\ a_0 + a_1 x_2 + a_2 x_2^2 + \cdots + a_n x_2^n = y_2 \\ \cdots \\ a_0 + a_1 x_n + a_2 x_n^2 + \cdots + a_n x_n^n = y_n \\ a_0 + a_1 x_{n+1} + a_2 x_{n+1}^2 + \cdots + a_n x_{n+1}^n = y_{n+1} \end{cases}$$

这是一个含有$n + 1$个方程、以$a_0, a_1, a_2, \cdots, a_n$为未知量的线性方程组,其系数行列式

$$\boldsymbol{D} = \begin{vmatrix} 1 & x_1 & x_1^2 & \cdots & x_1^n \\ 1 & x_2 & x_2^2 & \cdots & x_2^n \\ \cdots & \cdots & \cdots & \cdots & \cdots \\ 1 & x_n & x_n^2 & \cdots & x_n^n \\ 1 & x_{n+1} & x_{n+1}^2 & \cdots & x_{n+1}^n \end{vmatrix}$$

是一个范德蒙(Vandermonde)行列式,当$x_1, x_2, \cdots, x_n, x_{n+1}$互不相同时,$\boldsymbol{D} \neq 0$,由克莱姆法则,可以唯一地解出$a_0, a_1, a_2, \cdots, a_n$。所以,$n$次多项式

$$y = a_0 + a_1 x + a_2 x^2 + \cdots + a_n x^n$$

可由其图像上的$n + 1$个横坐标互不相同的点(x_1, y_1)、(x_2, y_2)、$\cdots$、(x_n, y_n)、(x_{n+1}, y_{n+1})所唯一确定。该多项式方程的行列式形式为:

$$\begin{vmatrix} 1 & x & x^2 & \cdots & x^n & y \\ 1 & x_1 & x_1^2 & \cdots & x_1^n & y_1 \\ 1 & x_2 & x_2^2 & \cdots & x_2^n & y_2 \\ \cdots & \cdots & \cdots & \cdots & \cdots & \cdots \\ 1 & x_n & x_n^2 & \cdots & x_n^n & y_n \\ 1 & x_{n+1} & x_{n+1}^2 & \cdots & x_{n+1}^n & y_{n+1} \end{vmatrix} = 0$$

【例 4.2】Euler 的四面体问题。

问题:如何用四面体的六条棱长去表示它的体积? 这个问题是由 Euler(欧拉)提出的。

解:建立如图 4.1 所示坐标系,设 A、B、C 三点的坐标分别为 (a_1,b_1,c_1)、(a_2,b_2,c_2) 和 (a_3,b_3,c_3),并设四面体 $O-ABC$ 的六条棱长分别为 l、m、n、p、q、r。

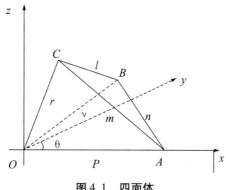

图 4.1　四面体

由立体几何知道,该四面体的体积 V 等于以向量 $\overrightarrow{OA}$、$\overrightarrow{OB}$、$\overrightarrow{OC}$ 组成右手系时,以它们为棱的平行六面体 V_6 的体积为:

$$V_6 = (\overrightarrow{OA} \times \overrightarrow{OB}) \cdot \overrightarrow{OC} = \begin{vmatrix} a_1 & b_1 & c_1 \\ a_2 & b_2 & c_2 \\ a_3 & b_3 & c_3 \end{vmatrix}$$

于是得

$$V_6 = \begin{vmatrix} a_1 & b_1 & c_1 \\ a_2 & b_2 & c_2 \\ a_3 & b_3 & c_3 \end{vmatrix}$$

将上式平方,得

$$36V^2 = \begin{vmatrix} a_1 & b_1 & c_1 \\ a_2 & b_2 & c_2 \\ a_3 & b_3 & c_3 \end{vmatrix} \cdot \begin{vmatrix} a_1 & b_1 & c_1 \\ a_2 & b_2 & c_2 \\ a_3 & b_3 & c_3 \end{vmatrix}$$

$$= \begin{vmatrix} a_1^2+b_1^2+c_1^2 & a_1a_2+b_1b_2+c_1c_2 & a_1a_3+b_1b_3+c_1c_3 \\ a_1a_2+b_1b_2+c_1c_2 & a_2^2+b_2^2+c_2^2 & a_2a_3+b_2b_3+c_2c_3 \\ a_1a_3+b_1b_3+c_2c_3 & a_2a_3+b_2b_3+c_2c_3 & a_3^2+b_3^2+c_3^2 \end{vmatrix}$$

根据向量的数量积的坐标表示,有

$$\overrightarrow{OA} \cdot \overrightarrow{OA} = a_1^2+b_1^2+c_1^2, \overrightarrow{OA} \cdot \overrightarrow{OB} = a_1a_2+b_1b_2+c_1c_2$$

$$\overrightarrow{OA} \cdot \overrightarrow{OC} = a_1a_3+b_1b_3+c_1c_3, \overrightarrow{OB} \cdot \overrightarrow{OB} = a_2^2+b_2^2+c_2^2$$

$$\overrightarrow{OB} \cdot \overrightarrow{OC} = a_2a_3+b_2b_3+c_2c_3, \overrightarrow{OC} \cdot \overrightarrow{OC} = a_3^2+b_3^2+c_3^2$$

于是

$$36V^2 = \begin{vmatrix} \vec{OA} \cdot \vec{OA} & \vec{OA} \cdot \vec{OB} & \vec{OA} \cdot \vec{OC} \\ \vec{OA} \cdot \vec{OB} & \vec{OB} \cdot \vec{OB} & \vec{OB} \cdot \vec{OC} \\ \vec{OA} \cdot \vec{OC} & \vec{OB} \cdot \vec{OC} & \vec{OC} \cdot \vec{OC} \end{vmatrix} \tag{4.1}$$

由余弦定理,可行

$$\vec{OA} \cdot \vec{OB} = p \cdot q \cdot \cos\theta = \frac{p^2 + q^2 - n^2}{2}$$

同理

$$\vec{OA} \cdot \vec{OC} = \frac{p^2 + r^2 - m^2}{2}, \vec{OB} \cdot \vec{OC} = \frac{q^2 + r^2 - l^2}{2}$$

将以上各式代入(4.1)式,得

$$36V^2 = \begin{vmatrix} p^2 & \dfrac{p^2 + q^2 - n^2}{2} & \dfrac{p^2 + r^2 - m^2}{2} \\ \dfrac{p^2 + q^2 - n^2}{2} & p^2 & \dfrac{p^2 + r^2 - l^2}{2} \\ \dfrac{p^2 + r^2 - m^2}{2} & \dfrac{p^2 + r^2 - l^2}{2} & r^2 \end{vmatrix} \tag{4.2}$$

这就是 Euler 的四面体体积公式。

【例4.3】一块形状为四面体的花岗岩巨石,量得六条棱长分别为 $l = 10\mathrm{m}, m = 15\mathrm{m}, n = 12\mathrm{m}, p = 14\mathrm{m}, q = 13\mathrm{m}, r = 11\mathrm{m}$,则

$$\frac{p^2 + q^2 - n^2}{2} = 110.5, \frac{p^2 + r^2 - m^2}{2} = 46, \frac{p^2 + r^2 - l^2}{2} = 95,$$

代入(4.1)式,得

$$36V^2 = \begin{vmatrix} 196 & 110.5 & 46 \\ 110.5 & 169 & 95 \\ 46 & 95 & 121 \end{vmatrix} = 1\,369\,829.75,$$

于是

$$V^2 \approx 38\,050.826\,39 \approx (195\mathrm{m}^3)^2。$$

即花岗岩巨石的体积约为 $195\mathrm{m}^3$。

古埃及的金字塔形状为四面体,因而可通过测量其六条棱长去计算金字塔的体积。

三、矩阵模型

【例4.4】企业人力资源的预测。

某企业 2002 年在编员工有 550 人,其中一般员工 135 人,初级技术员 240 人,工程师 115 人,高级工程师 60 人,流失及退休 0 人。并且根据 2002 年以前的历史资料记载,各类员工的转移变化如表 4.1 所示。现预测该企业今后几年在员工编制不变的情况下,应引进多少高级人才充实该企业的技术人员队伍。

由 2002 年该企业员工总人数 550 人,作为预测的向量空间,职称划分为五种状态:一般人员、初级技术人员、工程师、高级工程师、流退。根据 2002 年的员工职称结构以及

历史资料可知,目前状态向量 $\boldsymbol{\pi}(0) = (135, 240, 115, 60, 0)$。

表 4.1 企业员工职称转移变化一览表(2002 年统计)

比率 分类	转向 一般人员	初级技术人员	工程师	高级工程师	流退
一般人员	0.60	0.40	0	0	0
初级技术人员	0	0.60	0.25	0	0.15
工程师	0	0	0.55	0.21	0.24
高级工程师	0	0	0	0.80	0.20
流退	0	0	0	0	1

其职称状态转移矩阵:

$$\boldsymbol{P} = \begin{bmatrix} 0.60 & 0.40 & 0 & 0 & 0 \\ 0 & 0.60 & 0.25 & 0 & 0.15 \\ 0 & 0 & 0.55 & 0.21 & 0.24 \\ 0 & 0 & 0 & 0.80 & 0.20 \\ 0 & 0 & 0 & 0 & 1 \end{bmatrix}$$

由 $\boldsymbol{\pi}(i) = \boldsymbol{\pi}(i-1)\boldsymbol{P}$,$i = 1,2,\cdots,n$,预测 2002 年以后各年员工的职称结构:

第一年(2003 年)员工职称向量:

$\boldsymbol{\pi}(1) = \boldsymbol{\pi}(0)\boldsymbol{P}$

$= (81,198,123,72,76)$

预测结果是 2003 年流失、退休有 76 人,所以需进 76 位大学毕业生。则 2003 年员工职称调整为 $\boldsymbol{S}_1 = (81 + 76,198,123,72,0) = (157,198,123,72,0)$。

第二年(2004 年)员工职称向量:$\boldsymbol{\pi}(2) = \boldsymbol{S}_1\boldsymbol{P} = (94,182,117,83,74)$。

预测将流失 74 人,应进大学生 74 人,2004 年员工职称结构调整为 $\boldsymbol{S}_2 = (94 + 74, 182,117,83,0) = (168,182,117,83,0)$。

以此类推,2005 年员工职称向量:$\boldsymbol{\pi}(3) = \boldsymbol{S}_2\boldsymbol{P} = (101,176,111,91,72)$,即第三年需补充 72 位员工。2005 年员工职称结构调整为:$\boldsymbol{S}_3 = (101 + 72,176,110,91,0) = (173,176,110,91,0)$。

由上述预测可知,该企业在员工编制不变的情况下,根据预测结果作补充后,到 2005 年,员工职称结构为:一般员工 173 人,工程师 176 人,工程师 110 人,高工 91 人,所以在员工的引进、人力资源合理的安排上做出较科学的决策。

【例 4.5】人口迁移的动态分析。

问题:对城乡人口流动作年度调查,发现有一个稳定的朝向城镇流动的趋势:每年农村居民的 2.5% 移居城镇,而城镇居民的 1% 迁出,现在总人口的 60% 位于城镇。假如城乡总人口保持不变,并且人口流动的这种趋势继续下去,那么一年以后住在城镇的人口所占比例是多少?两年以后呢?十年以后呢?最终呢?

解:设开始时,令乡村人口为 y_0,城镇人口为 z_0,一年以后有

乡村人口 $\dfrac{975}{1000}y_0 + \dfrac{1}{100}z_0 = y_1$,

城镇人口 $\dfrac{25}{1000}y_0 + \dfrac{99}{100}z_0 = z_1$,

或写成矩阵形式

$$\begin{bmatrix} y_1 \\ z_1 \end{bmatrix} = \begin{bmatrix} \dfrac{975}{1000} & \dfrac{1}{100} \\ \dfrac{25}{1000} & \dfrac{99}{100} \end{bmatrix} \begin{bmatrix} y_0 \\ z_0 \end{bmatrix},$$

两年以后,有

$$\begin{bmatrix} y_2 \\ z_2 \end{bmatrix} = \begin{bmatrix} \dfrac{975}{1000} & \dfrac{1}{100} \\ \dfrac{25}{1000} & \dfrac{99}{100} \end{bmatrix} \begin{bmatrix} y_1 \\ z_1 \end{bmatrix} = \begin{bmatrix} \dfrac{975}{1000} & \dfrac{1}{100} \\ \dfrac{25}{1000} & \dfrac{99}{100} \end{bmatrix}^2 \begin{bmatrix} y_0 \\ z_0 \end{bmatrix},$$

十年以后,有

$$\begin{bmatrix} y_{10} \\ z_{10} \end{bmatrix} = \begin{bmatrix} \dfrac{975}{1000} & \dfrac{1}{100} \\ \dfrac{25}{1000} & \dfrac{99}{100} \end{bmatrix}^{10} \begin{bmatrix} y_0 \\ z_0 \end{bmatrix},$$

事实上,它给出了一个差分方程:$u_{k+1} = Au_k$,我们现在来解这个差分方程。首先

$$A = \begin{bmatrix} \dfrac{975}{1000} & \dfrac{1}{100} \\ \dfrac{25}{1000} & \dfrac{99}{100} \end{bmatrix},$$

k 年之后的分布(将 A 对角化):

$$\begin{bmatrix} y_k \\ z_k \end{bmatrix} = A^k \begin{bmatrix} y_0 \\ z_0 \end{bmatrix} = \begin{bmatrix} -1 & \dfrac{2}{5} \\ 1 & 1 \end{bmatrix} \begin{bmatrix} \left(\dfrac{193}{200}\right)^k & 0 \\ 0 & 1 \end{bmatrix} \begin{bmatrix} -\dfrac{5}{7} & \dfrac{2}{7} \\ \dfrac{5}{7} & \dfrac{5}{7} \end{bmatrix} \begin{bmatrix} y_0 \\ z_0 \end{bmatrix},$$

这就是我们所要的解,而且容易看出经过很长一个时期以后这个解会达到一个极限状态:

$$\begin{bmatrix} y_\infty \\ z_\infty \end{bmatrix} = (y_0 + z_0) \begin{bmatrix} \dfrac{2}{7} \\ \dfrac{5}{7} \end{bmatrix}。$$

总人口仍是 $y_0 + z_0$,与开始时一样,但在此极限中人口的 $\dfrac{5}{7}$ 在城镇,而 $\dfrac{2}{7}$ 在乡村。无论初始分布是什么样,这总是成立的。值得注意的是,这个稳定状态正是 A 的属于特征值 1 的特征向量。上述例子有一些很好的性质:人口总数保持不变,而且乡村和城镇的人口数不能为负。前一性质反映在下面事实中:矩阵每一列加起来为 1;每个人都被计算在

内,而没有人被重复或丢失。后一性质则反映在下面事实中:矩阵没有负元素;同样地,y_0 和 z_0 也是非负的,从而 y_1 和 z_1,y_2 和 z_2 等也是这样。

【例4.6】染色体遗传模型。

为了揭示生命的奥秘,遗传学的研究已引起了人们的广泛兴趣。动植物在产生下一代的过程中,总是将自己的特征遗传给下一代,从而完成一种"生命的延续"。

在常染色体遗传中,后代从每个亲体的基因对中各继承一个基因,形成自己的基因对。人类的眼睛颜色即是通过常染色体控制的。基因对是 AA 和 Aa 的人,眼睛是棕色,基因对是 aa 的人,眼睛为蓝色。由于 AA 和 Aa 都表示了同一外部特征,或认为基因 A 支配 a,也可认为基因 a 对于基因 A 来说是隐性的(或称 A 为显性基因,a 为隐性基因)。

下面我们选取一个常染色体遗传——植物后代问题进行讨论。

某植物园中植物的基因型为 AA、Aa、aa。人们计划用 AA 型植物与每种基因型植物相结合的方案培育植物后代。经过若干年后,这种植物后代的三种基因型分布将出现什么情形?

我们假设 a_n、b_n、$c_n(n=0,1,2,\cdots)$ 分别代表第 n 代植物中,基因型为 AA、Aa 和 aa 的植物占植物总数的百分率,令 $\boldsymbol{x}^{(n)}=(a_n,b_n,c_n)'$ 为第 n 代植物的基因分布,$\boldsymbol{x}^{(0)}=(a_0,b_0,c_0)'$ 表示植物基因型的初始分布,显然,我们有

$$a_0+b_0+c_0=1 \tag{4.3}$$

先考虑第 n 代中的 AA 型,第 $n-1$ 代 AA 型与 AA 型相结合,后代全部是 AA 型;第 $n-1$ 代的 Aa 型与 AA 型相结合,后代是 AA 型的可能性为 $\frac{1}{2}$;第 $n-1$ 代的 aa 型与 AA 型相结合,后代不可能是 AA 型。因此,我们有

$$a_n=1\cdot a_{n-1}+\frac{1}{2}b_{n-1}+0\cdot c_{n-1} \tag{4.4}$$

同理,我们有

$$b_n=\frac{1}{2}b_{n-1}+c_{n-1}, \tag{4.5}$$

$$c_n=0 \tag{4.6}$$

将(4.4)、(4.5)、(4.6)式相加,得

$$a_n+b_n+c_n=a_{n-1}+b_{n-1}+c_{n-1} \tag{4.7}$$

将(4.7)式递推,并利用(4.3)式,易得

$$a_n+b_n+c_n=1$$

我们利用矩阵表示(4.4)、(4.5)及(4.6)式,即

$$\boldsymbol{x}^{(n)}=\boldsymbol{M}\boldsymbol{x}^{(n-1)},n=1,2,\cdots,k \tag{4.8}$$

其中

$$\boldsymbol{M}=\begin{bmatrix}1&\frac{1}{2}&0\\0&\frac{1}{2}&1\\0&0&0\end{bmatrix}$$

这样,(4.8)式递推得到

$$\boldsymbol{x}^{(n)} = \boldsymbol{M}\boldsymbol{x}^{(n-1)} = \boldsymbol{M}^2\boldsymbol{x}^{(n-1)} = \cdots = \boldsymbol{M}^n\boldsymbol{x}^{(0)} \qquad (4.9)$$

(4.9)式即为第 n 代基因分布与初始分布的关系,下面,我们计算 $\boldsymbol{M}^n$。

对矩阵 $\boldsymbol{M}$ 做相似变换,我们可找到非奇异矩阵 $\boldsymbol{P}$ 和对角阵 $\boldsymbol{D}$,使

$$\boldsymbol{M} = PDP^{-1},$$

其中

$$\boldsymbol{D} = \begin{bmatrix} 1 & 0 & 0 \\ 0 & \dfrac{1}{2} & 0 \\ 0 & 0 & 0 \end{bmatrix}, \quad \boldsymbol{P} = \boldsymbol{P}^{-1} = \begin{bmatrix} 1 & 1 & 1 \\ 0 & -1 & -2 \\ 0 & 0 & 1 \end{bmatrix}$$

这样,经(4.9)式得到

$$\boldsymbol{x}^{(n)} = (PDP^{-1})^n \boldsymbol{x}^{(0)} = PD^nP^{(-1)}\boldsymbol{x}^{(0)}$$

$$= \begin{bmatrix} 1 & 1 & 1 \\ 0 & -1 & -2 \\ 0 & 0 & 1 \end{bmatrix} \begin{bmatrix} 1 & 0 & 0 \\ 0 & \left(\dfrac{1}{2}\right)^n & 0 \\ 0 & 0 & 0 \end{bmatrix} \begin{bmatrix} 1 & 1 & 1 \\ 0 & -1 & -2 \\ 0 & 0 & 1 \end{bmatrix} \begin{bmatrix} a_0 \\ b_0 \\ c_0 \end{bmatrix}$$

$$= \begin{bmatrix} a_0 + b_0 + c_0 - \dfrac{1}{2^n}b_0 - \dfrac{1}{2^{n-1}}c_0 \\ \dfrac{1}{2^n}b_0 + \dfrac{1}{2^{n-1}}c_0 \\ 0 \end{bmatrix}$$

最终有

$$\begin{bmatrix} a_n = 1 - \dfrac{1}{2^n}b_0 - \dfrac{1}{2^{n-1}}c_0 \\ b_n = \dfrac{1}{2^n}b_0 + \dfrac{1}{2^{n-1}}c_0 \\ c_n = 0 \end{bmatrix}$$

显然,当 $n \rightarrow +\infty$ 时,由上述三式,得到

$$a_n \rightarrow 1, b_n \rightarrow 0, c_n \rightarrow 0$$

即在足够长的时间后,培育出的植物基本上呈现 AA 型。

通过本问题的讨论,大家可以对许多植物(动物)遗传分布有一个具体的了解,同时这个结果也验证了生物学中的一个重要结论:显性基因多次遗传后占主导因素,这也是之所以称它为显性的原因。

【例 4.7】二人零和有限对策。

在市场经济中,企业为了获取最大利润,要和其他企业竞争,就需要研究竞争的策略。举一个简单的例子。设一个小镇上有 A、B 两家超级市场,每一家可采取两种策略:低价或高价。其结果如表 4.2 所示:

表 4.2   策略收益表

利润		B 的策略	
		低价	高价
A 的策略	低价	(5,3)	(9,2)
	高价	(3,6)	(7,5)

假设 A 的老板如下考虑问题：

如果 B 实行低价，那么我应实行低价才能获取较高利润(5 万元)；如果 B 实行高价，我应实行低价才能获取较高利润(9 万元)。因此，我应实行低价。

B 的想法与 A 相同。结果两家都实行低价，A 获利 5 万元，B 获利 3 万元。

后来双方都发现，如果大家都卖高价，对双方都有利，因此他们签订协议，都保持高价。然而这种协议随时都有被破坏的可能，因为若某一家实行低价而对方没有防备时，则降价者会获得更高利润而对方则遭到损失。

这个例子说明，实际上的竞争是很复杂的，竞争中有合作，合作中有竞争。

有一类对策称为二人零和有限对策，也叫矩阵对策，是被研究得较多的对策。在这种对策中，只有两个局中人，每个局中人各有有限个可供选择的策略。在每个对局中，两个局中人独立地选择一个策略(互相都不知道对方的策略)而两人的收益总和为零。这种对策中，两个局中人的利益是完全相反的，因此不存在合作的可能。

用 Ⅰ、Ⅱ 表示两个局中人，局中人 Ⅰ 有 m 个策略 $\alpha_1, \alpha_2, \cdots, \alpha_m$，局中人 Ⅱ 有 n 个策略 $\beta_1, \beta_2, \cdots, \beta_n$。当 Ⅰ 选取策略 α_i，Ⅱ 选取策略 β_j，就形成一个局势 (α_i, β_j)，这时局中人 Ⅰ 的收益为 α_{ij}，局中人 Ⅱ 的收益为 $-\alpha_{ij}$。矩阵 (α_{ij}) 称为局中人 Ⅰ 的收益矩阵。显然矩阵 (α_{ij}) 完全确定了这个对策。

问题 设有一矩阵对策，局中人 Ⅰ 的收益矩阵为

$$A = \begin{bmatrix} -6 & 1 & -8 \\ 3 & 2 & 4 \\ 9 & -1 & -10 \\ -3 & 0 & 6 \end{bmatrix}$$

试研究双方的策略。

解： 对局中人 Ⅰ 来说，若他选择策略 α_1，他的收益可能是 -8(当 Ⅱ 选择策略 β_3)，这是他采取 α_1 时能保证得到的最小效益。同样，他选择 α_2、α_3、α_4 时，他能保证得到的最小收益分别是(即对应行的最小元素)2、-10、3。因此，当他采取策略 α_2 时，他可保证收益至少为 2，而当他采取其他策略时，他的收益可能小于 2。在这个意义下(也即 maxmin 准则)，我们说 α_2 是 Ⅰ 的最优策略。

同样，局中人 Ⅱ 采取策略 β_1、β_2、β_3 时，他的最大损失分别为(对应列的最大元素)9、2、6。因此，他的最优策略是 β_2，可保证损失不超过 2。

结果，局中人 Ⅰ 按 maxmin 准则选取策略 α_2，局中人 Ⅱ 选取策略 β_2，双方都得到他们预想的收益，这是一种最稳妥的行为。

定义 4.1　设对策 G 的收益矩阵为 $\boldsymbol{A}$,若

$$\max_i\min_j a_{ij} = \min_j\max_i a_{ij} \tag{4.10}$$

且等于矩阵元素 $a_{i^*j^*}$,那么 (i^*,j^*) 称为对策 G 的一个鞍点, a_{i^*} 称为局中人 I 的最优纯策略, β_{j^*} 称为局中人 II 的最优纯策略, $V_G = a_{i^*j^*}$ 称为对策 G 的值。

对一般的矩阵对策 (a_{ij}) ,有　$\max_i\min_j a_{ij} \leqslant \min_j\max_i a_{ij}$

若等号不成立,则鞍点不存在,双方都不存在最优纯策略。下面我们讨论这类对策。

设矩阵对策

$$\boldsymbol{A} = \begin{bmatrix} 1 & 16 & 5 \\ 4 & 2 & 10 \\ 16 & 3 & 6 \end{bmatrix}$$

试研究其策略。

解:此矩阵对策无鞍点存在。如两个局中人仍按上述方法选取策略,则局中人 I 将选择策略 α_3 ,保证收益至少为 3;局中人 II 将选择策略 β_3 ,保证至多损失为 10。实际对局结果, I 的收益为 6,较他预想的为大,他感到原来的想法过于保守。进一步研究,如果对策进行多次,而对方发现他总采取策略 α_3 ,就有可能采用 β_2 来对付他。为了预防对方这一招, I 有必要适当采用策略 α_1 ,以威慑对方,使之不敢采取策略 β_2 。

这样,当对策进行多次时,就产生了混合策略的概念。就是说,某一局中人以一定概率随机地采用各个策略,这种策略称为混合策略,而原来的策略称为纯策略。

假设局中人 I 的策略为:以概率 x_i 采用纯策略 α_i 。局中人 II 的策略为:以概率 y_j 采用纯策略 β_j 。这时局中人 I 的期望收益为

$$E(x,y) = \sum_{i=1}^{3}\sum_{j=1}^{3} a_{ij}x_i y_j$$

其中, $x_i \geqslant 0, y_j \geqslant 0, i,j = 1,2,3, \sum_{i=1}^{3} x_i = 1, \sum_{j=1}^{3} y_j = 1$ 。

局中人 I 仍按 maxmin 准则选取策略,即他选择混合策略 $x = (x_1,x_2,x_3)$,使 $\min_y E(x,y)$ 为最大。容易知道

$$\min_y E(x,y) = \min_j \sum_{i=1}^{3} a_{ij}x_i \tag{4.11}$$

因而局中人 I 的问题可用以下线性规划描述:

maxu

约束条件 $\begin{cases} \sum_{i=1}^{3} a_{ij}x_i \geqslant u, j = 1,2,3 \\ \sum_{i=1}^{3} x_i = 1 \quad x_i \geqslant 0 \end{cases}$

由此得到,局中人 I 的最优策略是 $x = \left(\dfrac{1}{3},\dfrac{1}{3},\dfrac{1}{3}\right)$,他的收益期望最少为 7。同样,局中人 II 的最优策略是 $y = \left(\dfrac{17}{98},\dfrac{12}{98},\dfrac{57}{98}\right)$,他的损失期望不超过 7。

一般来说，若一个矩阵对策中，局中人 I 的收益矩阵为 A，则他的最优混合策略 $x = (x_1, x_2, \cdots, x_n)$ 是线性规划问题

maxu

$$
约束条件
\begin{cases}
\sum_{i=1}^{n} a_{ij} x_i \geqslant u, & 1 \leqslant j \leqslant n \\
\sum_{i=1}^{n} x_i = 1 & x_i \geqslant 0
\end{cases}
\tag{4.12}
$$

的解；而局中人 II 的最优策略 $y = (y_1, y_2, \cdots, y_n)$ 是问题

minu

$$
约束条件
\begin{cases}
\sum_{j=1}^{n} a_{ij} y_j \leqslant u, & 1 \leqslant i \leqslant n \\
\sum_{j=1}^{n} y_j = 1 & y_j \geqslant 0
\end{cases}
\tag{4.13}
$$

的解。由线性规划理论知：(4.12)式和(4.13)式都有最优解，且(4.12)式中目标函数最大值等于(4.13)式中目标函数的最小值，即

$$
\max_x \min_y E(x, y) = \min_y \max_x E(x, y)
\tag{4.14}
$$

记(4.14)式两端的值为 u_0，而相应的 x 和 y 的值为 x^* 和 y^*，则局中人 I 采用混合策略 x^* 时，他可保证收益期望至少为 u_0，而采用其他策略则收益期望可能低于 u_0。局中人 II 采用混合策略 y^* 时可保证损失期望不超过 u_0，而采用其他策略时损失期望可能大于 u_0。

【例4.8】股票价格的预测。

以沪股东北高速 2001 年 1 月 6 日—3 月 1 日共 23 个交易日收盘价变动情况为实例，将各日的收盘价分为上升、持平、下降三种状态进行分析、预测。原始资料见表4.3。

表4.3　　　　沪股东北高速 2001 年 1 月 6 日—3 月 1 日交易日收盘价情况

序号	1	2	3	4	5	6	7	8	9	10	11	12
状态	上升	下降	持平	上升	上升	上升	下降	下降	上升	下降	上升	上升
序号	13	14	15	16	17	18	19	20	21	22	23	
状态	下降	下降	上升	上升	上升	下降	下降	下降	持平	上升	上升	

现对上述资料利用马尔可夫链进行分析、预测。

1. 构造状态过程并确定状态概率

以表中每个收盘日作为离散的时间单位,收盘价格情况分为三种状态:上升、持平、下降。并且取 $x_1 =$ 上升,$x_2 =$ 持平,$x_3 =$ 下降。则状态空间为:$E(x_1,x_2,x_3)$。

状态概率是各种状态出现的可能性大小,用状态向量

$$\boldsymbol{\pi}(i) = (p_1,p_2,\ldots p_n) \text{表示},i = 1,2,\cdots,n$$

p_j 为 x_j 的概率,$j = 1,2,\cdots,n$

表4.3 中共23 个交易日,其中上升 $x_1 = 12$,持平 $x_2 = 2$,下降 $x_3 = 9$,所以各个状态概率分别为 $p_1 = \dfrac{12}{23} = 0.522$,$p_2 = \dfrac{2}{23} = 0.097$,$p_3 = \dfrac{9}{23} = 0.391$。状态向量 $\boldsymbol{\pi}(0) = (0.522,0.097,0.391)$ 称为初始状态向量。

2. 建立状态转移概率矩阵

由于表4.3 中最后一天的状态为上升而无状态转移,所以上升的总次数应记为 $12 - 1 = 11$ 次,其中由下降状态转移为上升状态的次数是6,故转移概率 $p_{11} = \dfrac{6}{11} \approx 0.545$;由上升状态转移为持平状态的次数是0,对应的状态概率 $p_{12} = 0$;由上升状态转移为下降状态的次数是5,则状态转移概率 $p_{13} = \dfrac{5}{11} \approx 0.455$。而收盘价较前日呈持平状态的有2次,由持平状态转移为上升状态的次数是2,所以转移状态概率 $p_{21} = 1$,类似,$p_{22} = p_{23} = 0$。$p_{31} = \dfrac{3}{9} \approx 0.333$,$p_{32} = \dfrac{2}{9} \approx 0.222$,$p_{33} = \dfrac{4}{9} \approx 0.444$。将其各状态转移情况列成表4.4。

表4.4　　　　　　　　　　　　**各收盘日价格状态转移情况**

概率 转向　收盘状态	上升	持平	下降
上升	0.545	0	0.455
持平	1	0	0
下降	0.333	0.222	0.445

由表4.4 得到该股票收盘状态转移矩阵:

$$\boldsymbol{P} = \begin{bmatrix} p_{11} & p_{12} & p_{13} \\ p_{21} & p_{22} & p_{23} \\ p_{31} & p_{32} & p_{33} \end{bmatrix}$$

$$= \begin{bmatrix} 0.545 & 0 & 0.455 \\ 1 & 0 & 0 \\ 0.333 & 0.222 & 0.445 \end{bmatrix}$$

矩阵 $\boldsymbol{P}$ 中每一横行为某一状态下各种情况转移的概率。所以 $\sum_{j=1}^{3} p_{ij} = 1$,$i = 1,2,3$。

3. 由转移矩阵计算以后各收盘日状态概率

根据马尔可夫过程，不同时期的状态概率由状态向量 $\boldsymbol{\pi}(i)$ 表示，这里：$\boldsymbol{\pi}(i)=\boldsymbol{\pi}(i-1)\boldsymbol{P}$，$\boldsymbol{P}$ 为状态转移矩阵，$i=1,2,\cdots,n$。

根据表4.3，由于第23日处于上升状态，而无后继资料，所以可以认为初始状态向量：$\boldsymbol{\pi}(0)=(1,0,0)$。

利用该向量和状态转移矩阵来预测以后各个收盘日价格状态概率：

第24日收盘价状态概率向量：$\boldsymbol{\pi}(1)=\boldsymbol{\pi}(0)\boldsymbol{P}=(0.545,0,0.455)$

第25日收盘价状态概率向量：$\boldsymbol{\pi}(2)=\boldsymbol{\pi}(1)\boldsymbol{P}=(0.449,0.101,0.450)$

第26日收盘价状态概率向量：$\boldsymbol{\pi}(3)=\boldsymbol{\pi}(2)\boldsymbol{P}=(0.496,0.100,0.404)$

第27日收盘价状态概率向量：$\boldsymbol{\pi}(4)=\boldsymbol{\pi}(3)\boldsymbol{P}=(0.517,0.098,0.406)$

……

将以上结果变化状态如表4.5：

表4.5　　　　　预测沪股东北高速3月1日以后各交易日收盘状态

各日状态 \ 收盘日	23	24	25	26	27	28	…	$i\to\infty$
上升	1	0.545	0.449	0.496	0.517	0.515		0.500
持平	0	0	0.101	0.100	0.098	0.090	…	0.100
下降	0	0.455	0.450	0.404	0.406	0.416		0.400

4. 在稳定条件下，进行分析、预测、决策

从表4.5中计算值可以看出沪股东北高速收盘价格的变化趋势：随着交易日的增加，即 i 足够大时，只要状态转移矩阵不变（即稳定条件），则状态概率趋向于一个和初始状态无关的值，并稳定下来。即该股最终以50%左右的可能性处于上升状态，以10%的把握处于持平状态，以40%左右的把握处于下降状态。预测的结果与实际情况基本相符。因此，对该股的前景应看好。

【例4.9】比赛名次的确定。

设有5个球队进行单循环赛，已知它们的比赛结果为：1队胜2、3队；2队胜3、4、5队；4队胜1、3、5队；5队胜1、3队。按获胜的次数排名次，若两队胜的次数相同，则按直接胜与间接胜的次数之和排名次。所谓间接胜，即若1队胜2队，2队胜3队，则称1队间接胜3队。试为这5个队排名次。

按照上述排名次的原则，不难排出2队为冠军，4队为亚军，1队第3名，5队第4名，3队垫底。问题是：如果参加比赛的队数比较多，应如何解决这个问题？有没有解决这类问题的一般方法？

我们可以用矩阵 $\boldsymbol{M}$ 来表示各队直接胜的情况：$\boldsymbol{M}=(m_{ij})_{5\times5}$，若第 i 队胜第 j 队，则 $m_{ij}=1$，否则 $m_{ij}=0$，$(i,j=1,2,3,4,5)$。由此可得：

$$M = \begin{bmatrix} 0 & 1 & 1 & 0 & 0 \\ 0 & 0 & 1 & 1 & 1 \\ 0 & 0 & 0 & 0 & 0 \\ 1 & 0 & 1 & 0 & 1 \\ 1 & 0 & 1 & 0 & 0 \end{bmatrix}$$

$$M^2 = \begin{bmatrix} 0 & 1 & 1 & 0 & 0 \\ 0 & 0 & 1 & 1 & 1 \\ 0 & 0 & 0 & 0 & 0 \\ 1 & 0 & 1 & 0 & 1 \\ 1 & 0 & 1 & 0 & 0 \end{bmatrix} \begin{bmatrix} 0 & 1 & 1 & 0 & 0 \\ 0 & 0 & 1 & 1 & 1 \\ 0 & 0 & 0 & 0 & 0 \\ 1 & 0 & 1 & 0 & 1 \\ 1 & 0 & 1 & 0 & 0 \end{bmatrix} = \begin{bmatrix} 0 & 0 & 1 & 1 & 1 \\ 2 & 0 & 2 & 0 & 1 \\ 0 & 0 & 0 & 0 & 0 \\ 1 & 1 & 2 & 0 & 0 \\ 0 & 1 & 1 & 0 & 0 \end{bmatrix}$$

M 中各行元素之和分别为各队直接胜的次数,M^2 中各行元素之和分别为各队间接胜的次数。那么

$$M + M^2 = \begin{bmatrix} 0 & 1 & 2 & 1 & 1 \\ 2 & 0 & 3 & 1 & 2 \\ 0 & 0 & 0 & 0 & 0 \\ 2 & 1 & 3 & 0 & 0 \\ 1 & 1 & 2 & 0 & 0 \end{bmatrix}$$

各行元素之和分别为 5、8、0、7、4,就是各队直接胜与间接胜的次数之和。由此可得:比赛的名次依次为 2 队、4 队、1 队、5 队、3 队。

若有 5 个垒球队进行单循环比赛,其结果是:1 队胜 3、4 队;2 队胜 1、3、5 队;3 队胜 4 队;4 队胜 2 队;5 队胜 1、3、4 队。按直接胜与间接胜次数之和排名次。

用以表示各个队直接胜和间接胜的情况的矩阵分别为:

$$M = \begin{bmatrix} 0 & 0 & 1 & 1 & 0 \\ 1 & 0 & 1 & 0 & 1 \\ 0 & 0 & 0 & 1 & 0 \\ 0 & 1 & 0 & 0 & 0 \\ 1 & 0 & 1 & 1 & 0 \end{bmatrix}, M^2 = \begin{bmatrix} 0 & 1 & 0 & 1 & 0 \\ 1 & 0 & 2 & 3 & 0 \\ 0 & 1 & 0 & 0 & 0 \\ 1 & 0 & 1 & 0 & 1 \\ 0 & 1 & 1 & 2 & 0 \end{bmatrix}$$

那么,$M + M^2 = \begin{bmatrix} 0 & 1 & 1 & 2 & 0 \\ 2 & 0 & 3 & 3 & 1 \\ 0 & 1 & 0 & 1 & 0 \\ 1 & 1 & 1 & 0 & 1 \\ 1 & 1 & 2 & 3 & 0 \end{bmatrix}$ 各行元素之和分别为 4、9、2、4、7,所以各队的名次

为:第 1 名 2 队,第 2 名 5 队,第 3 名 1、4 队(并列),第 5 名 3 队。

第二节　线性方程组模型

一、基本概念

线性方程组是线性代数中最重要最基本的内容之一,是解决很多实际问题的有力工具,在科学技术和经济管理等许多领域中都有广泛的应用。

线性方程组 $AX = b$ 的解有如下结果:

(1) n 元线性方程组 $AX = b$ 有唯一解的充要条件是 $r(A) = r(A,b) = n$。

(2) n 元线性方程组 $AX = b$ 有无穷多解的充要条件是 $r(A) = r(A,b) = r < n$,且解空间的维数为 $n - r$。

(3) n 元线性方程组 $AX = b$ 无解的充要条件是 $r(A) \neq r(A,b)$。

二、模型与实验

【例 4.10】工资问题。

现有一个木工、一个电工、一个油漆工和一个粉饰工,四人相互同意彼此装修他们自己的房子。在装修之前,他们约定每人工作 13 天(包括给自己家干活在内),每人的日工资根据一般的市价在 50 ~ 70 元,每人的日工资数应使得每人的总收入与总支出相等。表 4.6 是他们协商后制定出的工作天数的分配方案。如何计算出他们每人应得的日工资以及每人房子的装修费(只计算工钱,不包括材料费)?

表 4.6　　　　　　　　　　工作天数分配表

天数 \ 工种	木工	电工	油漆工	粉饰工
在木工家工作天数	4	3	2	3
在电工家工作天数	5	4	2	3
在油漆工家工作天数	2	5	3	3
在粉饰工家工作天数	2	1	6	4

这是一个收入－支出的闭和模型。设木工、电工、油漆工和粉饰工的日工资分别为 x_1、x_2、x_3、x_4 元,为满足"平衡"条件,每人的收支相等,要求每人在这 10 天内"总收入 ＝ 总支出"。则可建立线性方程组:

$$\begin{cases} 4x_1 + 3x_2 + 2x_3 + 3x_4 = 13x_1 \\ 5x_1 + 4x_2 + 2x_3 + 3x_4 = 13x_2 \\ 2x_1 + 5x_2 + 3x_3 + 3x_4 = 13x_3 \\ 2x_1 + x_2 + 6x_3 + 4x_4 = 13x_4 \end{cases}$$

整理,得齐次线性方程组

$$\begin{cases} -9x_1 + 3x_2 + 2x_3 + 3x_4 = 0 \\ 5x_1 - 9x_2 + 2x_3 + 3x_4 = 0 \\ 2x_1 + 5x_2 - 10x_3 + 3x_4 = 0 \\ 2x_1 + x_2 + 6x_3 - 9x_4 = 0 \end{cases}$$

解之,得

$$x_1 = \frac{54}{59}x_4, \qquad x_2 = \frac{63}{59}x_4, \qquad x_1 = \frac{60}{59}x_4, \qquad 50 \leqslant x_4 \leqslant 70$$

取 $x_4 = 59$,得 $x_1 = 54, x_2 = 63, x_3 = 60$。或解得

$$(x_1, x_2, x_3, x_4)^T = k(54, 63, 60, 59)^T \qquad (k \text{ 为任意常数})$$

为了使得 x_1、x_2、x_3、x_4 取值在 $50 \sim 70$ 之间,令 $k = 1$,得

$$x_1 = 54, x_2 = 63, x_3 = 60, x_4 = 59$$

所以,木工、电工、油漆工和粉饰工的日工资分别为 54 元、63 元、60 元和 59 元。每人房子的装修费用相当于本人 13 天的工资,因此分别为 702 元、819 元、780 元和 767 元。

【例 4.11】交通流量的计算模型。

问题:图 4.2 给出了某城市部分单行街道的交通流量(每小时过车数)。

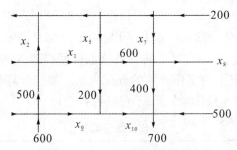

图 4.2　单行街道的交通流量

假设:①全部流入网络的流量等于全部流出网络的流量;②全部流入一个节点的流量等于全部流出此节点的流量。试建立数学模型确定该交通网络未知部分的具体流量。

建模与计算:

由网络流量假设,所给问题满足如下线性方程组:

$$\begin{cases} x_2 - x_3 + x_4 = 300 \\ x_4 + x_5 = 500 \\ x_7 - x_6 = 200 \\ x_1 + x_2 = 800 \\ x_1 + x_5 = 800 \\ x_7 + x_8 = 1000 \\ x_9 = 400 \\ x_{10} - x_9 = 200 \\ x_{10} = 600 \\ x_8 + x_3 + x_6 = 1000 \end{cases}$$

系数矩阵为：

$$A = \begin{bmatrix} 0 & 1 & -1 & 1 & 0 & 0 & 0 & 0 & 0 & 0 \\ 0 & 0 & 0 & 1 & 1 & 0 & 0 & 0 & 0 & 0 \\ 0 & 0 & 0 & 0 & 0 & -1 & 1 & 0 & 0 & 0 \\ 1 & 1 & 0 & 0 & 0 & 0 & 0 & 0 & 0 & 0 \\ 1 & 0 & 0 & 0 & 1 & 0 & 0 & 0 & 0 & 0 \\ 0 & 0 & 0 & 0 & 0 & 0 & 1 & 1 & 0 & 0 \\ 0 & 0 & 0 & 0 & 0 & 0 & 0 & 0 & 1 & 0 \\ 0 & 0 & 0 & 0 & 0 & 0 & 0 & 0 & -1 & 1 \\ 0 & 0 & 0 & 0 & 0 & 0 & 0 & 0 & 0 & 1 \\ 0 & 0 & 1 & 0 & 0 & 1 & 0 & 1 & 0 & 0 \end{bmatrix}$$

增广矩阵阶梯形最简形式为：

$$B = \begin{bmatrix} 1 & 0 & 0 & 0 & 1 & 0 & 0 & 0 & 0 & 0 & 800 \\ 0 & 1 & 0 & 0 & -1 & 0 & 0 & 0 & 0 & 0 & 0 \\ 0 & 0 & 1 & 0 & 0 & 0 & 0 & 0 & 0 & 0 & 200 \\ 0 & 0 & 0 & 1 & 1 & 0 & 0 & 0 & 0 & 0 & 500 \\ 0 & 0 & 0 & 0 & 0 & 1 & 0 & 1 & 0 & 0 & 800 \\ 0 & 0 & 0 & 0 & 0 & 0 & 1 & 1 & 0 & 0 & 1000 \\ 0 & 0 & 0 & 0 & 0 & 0 & 0 & 0 & 1 & 0 & 400 \\ 0 & 0 & 0 & 0 & 0 & 0 & 0 & 0 & 0 & 1 & 600 \\ 0 & 0 & 0 & 0 & 0 & 0 & 0 & 0 & 0 & 0 & 0 \\ 0 & 0 & 0 & 0 & 0 & 0 & 0 & 0 & 0 & 0 & 0 \end{bmatrix}$$

其对应的齐次方程组为：

$$\begin{cases} x_1 + x_5 = 0 \\ x_2 - x_5 = 0 \\ x_3 = 0 \\ x_4 + x_5 = 0 \\ x_6 + x_8 = 0 \\ x_7 + x_8 = 0 \\ x_9 = 0 \\ x_{10} = 0 \end{cases}$$

取 (x_5, x_8) 为自由取值未知量，分别赋两组值为 $(1,0),(0,1)$，得齐次方程组基础解系中两个解向量：

$$\eta_1 = (-1,1,0,-1,1,0,0,0,0,0,)'$$
$$\eta_2 = (0,0,0,0,0,-1,-1,1,0,0)'$$

其对应的非齐次方程组为：

$$\begin{cases} x_1 + x_5 = 800 \\ x_2 - x_5 = 0 \\ x_3 = 200 \\ x_4 + x_5 = 500 \\ x_6 + x_8 = 800 \\ x_7 + x_8 = 1000 \\ x_9 = 400 \\ x_{10} = 600 \end{cases}$$

赋值给自由未知量 (x_5, x_8) 为 $(0,0)$ 得非齐次方程组的特解

$$x^* = (800,0,200,500,0,800,1000,0,400,600)'$$

于是方程组的通解 $x = k_1\eta_1 + k_2\eta_2 + x^*$，其中 k_1、k_2 为任意常数，x 的每一个分量即为交通网络未知部分的具体流量，它有无穷多解。

【例4.12】投入产出问题。

在研究多个经济部门之间的投入产出关系时，华西里·列昂惕夫（W. Leontief）提出了投入产出模型。这为经济学研究提供了强有力的手段。华西里·列昂惕夫因此获得了1973年的诺贝尔经济学奖。

这里暂时只讨论一个简单的情形。

问题：一个城镇有一座煤矿、一个发电厂和一条铁路。经成本核算，每生产价值1元钱的煤需消耗0.3元的电；为了把这1元钱的煤运出去需花费0.2元的运费；每生产1元的电需0.6元的煤作燃料；为了运行电厂的辅助设备需消耗本身0.1元的电，还需要花费0.1元的运费；铁路局每提供1元运费的运输需消耗0.5元的煤，辅助设备要消耗0.1元

的电。现煤矿接到外地 6 万元煤的订货,电厂有 10 万元电的外地需求,问:煤矿和电厂各生产多少才能满足需求?

假设:不考虑价格变动等其他因素。

模型建立:设煤矿、电厂、铁路分别产出 x 元、y 元、z 元,刚好满足需求。则有表 4.7:

表 4.7　　　　　　　　　　　　　　　　消耗与产出情况

		产出(1 元)			产出	消耗	订单
		煤	电	运			
消耗	煤	0	0.6	0.5	x	$0.6y + 0.5z$	60 000
	电	0.3	0.1	0.1	y	$0.3x + 0.1y + 0.1z$	100 000
	运	0.2	0.1	0	z	$0.2x + 0.1y$	0

根据需求,应该有

$$\begin{cases} x - (0.6y + 0.5z) = 60\ 000 \\ y - (0.3x + 0.1y + 0.1z) = 100\ 000 \\ z - (0.2x + 0.1y) = 0 \end{cases}$$

即

$$\begin{cases} x - 0.6y - 0.5z = 60\ 000 \\ -0.3x + 0.9y - 0.1z = 100\ 000 \\ -0.2x - 0.1y + z = 0 \end{cases}$$

模型求解:在 MATLAB 命令窗口输入以下命令

>>A = [1, -0.6, -0.5; -0.3, 0.9, -0.1; -0.2, -0.1, 1]; b = [60 000; 100 000; 0];

>>x = A\b

MATLAB 执行后得

x =

1.0e + 005 *

1.9966

1.8415

0.5835

可见煤矿要生产 1.9966×10^5 元的煤,电厂要生产 1.8415×10^5 元的电恰好满足需求。

模型分析:令 $\boldsymbol{x} = \begin{bmatrix} x \\ y \\ z \end{bmatrix}$,$\boldsymbol{A} = \begin{bmatrix} 0 & 0.6 & 0.5 \\ 0.3 & 0.1 & 0.1 \\ 0.2 & 0.1 & 0 \end{bmatrix}$,$\boldsymbol{b} = \begin{bmatrix} 60\ 000 \\ 100\ 000 \\ 0 \end{bmatrix}$,其中 x 称为总产值列向量,$\boldsymbol{A}$ 称为消耗系数矩阵,$\boldsymbol{b}$ 称为最终产品向量,则

$$\boldsymbol{Ax} = \begin{bmatrix} 0 & 0.6 & 0.5 \\ 0.3 & 0.1 & 0.1 \\ 0.2 & 0.1 & 0 \end{bmatrix} \begin{bmatrix} x \\ y \\ z \end{bmatrix} = \begin{bmatrix} 0.6y + 0.5z \\ 0.3x + 0.1y + 0.1z \\ 0.2x + 0.1y \end{bmatrix}$$

根据需求，应该有 $x - Ax = b$，即 $(E - A)x = b$。故 $x = (E - A)^{-1}b$。

【例 4.13】国民经济中投入产出模型分析。

投入产出理论是研究国民经济各部门联系平衡的一种数学方法。

整个国民经济是一个由许多经济部门组成的有机整体，各部门有密切的联系。假定整个国民经济分成几个物质生产部门，每个部门都有双重身份：一方面作为生产部门以自己的产品分配给其他部门；另一方面，各个部门在生产过程中也要消耗其他部门的产品。

如表 4.8 所示，表中左上角部分(或称第一象限)，由几个部门组成，每个部门既是生产部门，又是消耗部门。量 x_{ij} 表示第 j 部门所消耗第 i 部门的产品，称为部门间的流量，它可按实物量计算，也可用价值量(用货币表示)计算，我们采取后一种办法。这一部分是部门平衡表的最基本的部分。

表 4.8   部门联系平衡表

部门 部门间流量 部门		消耗部门				最终产品				总产品
		1	2	$\cdots$	n	消费	积累	出口	合计	
生产部门	1	x_{12}	x_{12}	$\cdots$	x_{1n}					x_1
		x_{21}	x_{22}	$\cdots$	x_{2n}			y_2	x_2	
		$\cdots$	$\cdots$	$\cdots$	$\cdots$			$\cdots$	$\cdots$	
		x_{n2}	$\cdots$		x_{nn}		y_n	x_n		
净产品价值	劳动报酬	v_1	v_2	$\cdots$	v_n					
	纯收入	m_1	m_2		m_n					
	合计	z_1	z_2		z_n					
总产品价值		x_1	x_2	$\cdots$	x_n					

表 4.8 中右上角部分(称第二象限)，每一行反映了某一部门从总产品中扣除补偿生产消耗后的余量，即不参加本期生产周转的最终产品的分配情况。其中 $y_1, y_2, \cdots, y_n$ 分别表示第 1，第 2，……，第 n 生产部门的最终产品，而 $x_1, x_2, \cdots, x_n$ 表示第 1，第 2，……，第 n 生产部门的总产品，也就是对应的消耗部门总产品价值。

表 4.8 中左下角部分(或称第三象限)，每一列表示该部门新创造的价值(净产值)，第 k 部门的净产值为 z_k，包括劳动报酬和纯收入 m_k。

表 4.8 中右下角部分反映国民收入的再分配，这里我们暂不讨论。

从表 4.8 的每一行来看，某一生产部门分配给其他各部门的生产性消耗加上该部门最终产品的价值应等于它的总产品，即

$$\sum_{k=1}^{n} x_{jk} + y_j = x_j, j = 1, 2, \cdots, n \tag{4.15}$$

这个方程组称为分配平衡方程组。

从表4.8的每一列来看,每一个消耗部门消耗其他各部门的生产性消耗加上该部门新创造的价值等于它的总产品的价值,即

$$\sum_{k=1}^{n} x_{kj} + z_j = x_j, j = 1, 2, \cdots, n \tag{4.16}$$

这个方程组称为消耗平衡方程组。

由(4.15)式、(4.16)式易得

$$\sum_{j=1}^{n} y_j = \sum_{j=1}^{n} z_j \tag{4.17}$$

即各部门最终产品的总和等于各部门新创造价值的总和(即国民收入)。

第 j 部门生产单位价值产品直接消耗第 k 部门的产品价值量,称为第 j 部门对第 k 部门的直接消耗系数,记为 a_{kj}。

$$a_{kj} = \frac{x_{kj}}{x_j}, 1 \leqslant k \leqslant n, 1 \leqslant j \leqslant n \tag{4.18}$$

各部门之间的直接消耗系数构成直接消耗系数矩阵

$$\boldsymbol{A} = \begin{bmatrix} a_{11} & a_{12} & \cdots & a_{1n} \\ a_{21} & a_{22} & \cdots & a_{2n} \\ \cdots & \cdots & \cdots & \cdots \\ a_{n1} & a_{n2} & \cdots & a_{nn} \end{bmatrix}$$

代入分配平衡方程,得:

$$\sum_{j=1}^{n} a_{kj} x_j + y_k = x_k, k = 1, 2, \cdots, n \tag{4.19}$$

记 $\boldsymbol{X} = (x_1, x_2, \cdots, x_n)^T, \boldsymbol{Y} = (y_1, y_2, \cdots, y_n)^T$,(4.19)式可写成:

$$X = AX + Y \tag{4.20}$$

又由消耗平衡方程组得:

$$\sum_{k=1}^{n} a_{kj} x_j + z_j = x_j, j = 1, 2, \cdots, n \tag{4.21}$$

于是有:

$$x_j = \frac{z_j}{1 - \sum_{k=1}^{n} a_{kj}} \tag{4.22}$$

根据问题的意义显然有:

$$0 \leqslant a_{kj} < 1, \sum_{k=1}^{n} a_{kj} < 1 \tag{4.23}$$

在此条件下,矩阵 $(\boldsymbol{I} - \boldsymbol{A})$ 是满秩的,因此(4.16)式有唯一的解:

$$\boldsymbol{X} = (\boldsymbol{I} - \boldsymbol{A})^{-1} \boldsymbol{Y}, 且当 \boldsymbol{Y} > 0, \boldsymbol{X} > 0 \tag{4.24}$$

a_{kj} 是第 j 部门生产单位价值产品时直接消耗第 k 部门的产品量,但第 j 部门生产产品时,还通过其他部门间接消耗第 k 部门的产品。为了研究两个部门之间的关系,我们引入完全消耗系数的概念,考虑矩阵

$$C = (I - A)^{-1} - I$$

根据矩阵 A 的性质,知 C 的元素非负。

假定第 j 部门最终产品为 1,其他部门最终产品为 0,即 $Y = (0, \cdots, 0, 1, 0, \cdots, 0)^T$,那么有

$$X = (I - A)^{-1} Y = (C + I) Y = CY + Y$$

即第 k 部门的总产品为 $c_{kj}(k \neq j)$ 或 $c_{jj} + 1(k = j)$。也就是说,为了第 j 部门多生产单位产品,第 k 部门应该多生产周转产品 $c_{kj} \circ c_{kj}$ 就定义为第 j 部门生产单位产品时对第 k 部门的完全消耗系数。它的意义是说,第 j 部门生产单位产品时,直接消耗和通过其他部门所消耗的第 k 部门产品量为 c_{kj}。

设有一个经济系统包括三个部门,在某一生产周期内各部门的直接消耗系数及最终产品

$$A = \begin{bmatrix} 0.2 & 0.1 & 0.1 \\ 0.2 & 0.2 & 0.1 \\ 0.1 & 0.1 & 0.3 \end{bmatrix} \qquad Y = \begin{bmatrix} 265 \\ 305 \\ 415 \end{bmatrix}$$

求各部门总产品和完全消耗系数矩阵。

解:$C = (I - A)^{-1} - I = \dfrac{1}{83} \begin{bmatrix} 27 & 16 & 18 \\ 30 & 27 & 20 \\ 20 & 18 & 41 \end{bmatrix}$ $\quad X = (I - A)^{-1} Y = \begin{bmatrix} 500 \\ 600 \\ 750 \end{bmatrix}$

现在我们从经济的平衡发展这一角度来研究投入产出模型。仍假设国民经济包括 n 个生产部门。第一年和第二年整个国民经济的生产量分别用向量

$$\boldsymbol{x} = (x_1, \cdots, x_n)^T, \boldsymbol{y} = (y_1, \cdots, y_n)^T$$

表示,其中 x_i 和 y_i 分别表示第 i 部门在第一、二年的产值。

假设第二年第 j 部门生产 1 元产值需要消耗第 i 部门的产值 a_{ij} 元,那么第二年需要消耗第 i 部门产品价值为

$$x_i' = \sum_{j=1}^n a_{ij} y_j$$

显然 $x_i' \leqslant x_i$。若第一年各部门的产品完全消耗于第二年的生产,则

$$x_i = \sum_{i=1}^n a_{ij} y_j \qquad \text{或} \qquad \boldsymbol{x} = A\boldsymbol{y}$$

其中 $A = (a_{ij})$ 是消耗系数矩阵。因此,若已知第一年的产值向量,第二年产值向量可由下式决定:

$$\boldsymbol{y} = A^{-1} \boldsymbol{x} \tag{4.25}$$

某一经济系统包括三个部门,消耗系数矩阵

$$A = \begin{bmatrix} 0.3 & 0.1 & 0.5 \\ 0.2 & 0.2 & 0.4 \\ 0.3 & 0.4 & 0.1 \end{bmatrix}$$

若第一年的产值向量为$(220,396,462)^T$,求第二、三年的产值向量。

解:因为

$$A^{-1} = \frac{5}{11}\begin{bmatrix} 14 & -19 & 6 \\ -10 & 12 & 2 \\ -2 & 9 & -4 \end{bmatrix}$$

由此求得第二年产值向量为$(110,220,330)^T$, 第三年产值向量为$(-300, 1000,200)^T$。

我们得到的结果是不合理的:产值竟然为负。容易看出,这表示第二部门的产值过大(第二年大约过剩40),其他部门缺乏相应的产品配合。这说明该经济系统各部门发展不均衡,必然有些产品闲置,而且因为相应部门的生产能力过大,这些产品永远不能够得到利用。

怎样才能使国民经济均衡发展呢?由消耗系数矩阵的意义可以看出,它是一个正矩阵(即所有元素为正)。这样的矩阵具有下列性质:它有一个单重正特征值,此特征值有一个特征向量为正向量,其他的特征值绝对值都小于它,且所对应的特征向量都不是正向量。

我们还可证明,除非初始产值向量是A的正特征向量,整个经济才能以一定比例均衡发展,否则的话,最终一定要发生产品过剩危机。

在例4.13中,我们可求得A的最大特征值为$\lambda = 0.8325$,对应特征向量为$(1.1382, 1, 1.0122)^T$。所以三个部门的产值应按这一比例,这样经济可以均衡发展,每年增长百分比为$1/\lambda - 1 = 20\%$。

因此要使经济均衡发展是一件很不容易的事情。决策者往往只看到眼前利益,发展一些容易见效的产业。结果长线越来越长,短线越来越短。整个国民经济的发展受到"瓶颈"制约,甚至发生严重经济危机。

要使国民经济均衡发展,应该注意发展短线产业,特别要有更多的科技投入(即改变消耗系数矩阵),这样才能真正使经济的发展既迅速又均衡。

【例4.14】调整气象观测站问题。

某地区有12个气象观测站,10年来各观测站的年降水量如表4.9所示。为了节省开支,想要适当减少气象观测站。问题:减少哪些气象观测站可以使所得的降水量的信息量仍然足够大?

表4.9　　　　　　　　　　　　年降水量

地点 年份	x_1	x_2	x_3	x_4	x_5	x_6	x_7	x_8	x_9	x_{10}	x_{11}	x_{12}
1981	276.2	324.5	158.6	412.5	292.8	258.4	334.1	303.2	292.9	243.2	159.7	331.2
1982	251.6	287.3	349.5	297.4	227.8	453.6	321.5	451	466.2	307.5	421.1	455.1
1983	192.7	436.2	289.9	366.3	466.2	239.1	357.4	219.7	245.7	411.1	357	353.2
1984	246.2	232.4	243.7	372.5	460.4	158.9	298.7	314.5	256.6	327	296.5	423

表4.9(续)

地点\年份	x_1	x_2	x_3	x_4	x_5	x_6	x_7	x_8	x_9	x_{10}	x_{11}	x_{12}
1985	291.7	311	502.4	254	245.6	324.8	401	266.5	251.3	289.9	255.4	362.1
1986	466.5	158.9	223.5	425.1	251.4	321	315.4	317.4	246.2	277.5	304.2	410.7
1987	258.6	327.4	432.1	403.9	256.6	282.9	389.7	413.2	466.5	199.3	282.1	387.6
1988	453.4	365.5	357.6	258.1	278.8	467.2	355.2	228.5	453.6	315.6	456.3	407.2
1989	158.5	271	410.2	344.2	250	360.7	376.4	179.4	159.2	342.4	331.2	377.7
1990	324.8	406.5	235.7	288.8	192.6	284.9	290.5	343.7	283.4	281.2	243.7	411.1

$\alpha_1, \alpha_2, \cdots, \alpha_{12}$ 分别表示气象观测站 $x_1, x_2, \cdots, x_{12}$ 在1981—1990年的降水量的列向量(行向量、列向量均可),由于 $\alpha_1, \alpha_2, \cdots, \alpha_{12}$ 是含有12个向量的10维向量组,该向量组线性相关。若能求出它的一个极大线性无关组,则其极大线性无关组所对应的气象观测站就可将其他的气象观测站的气象资料表示出来,因而其他气象观测站就是可以减少的。因此,最多只需要10个气象观测站。

由 $\alpha_1, \alpha_2, \cdots, \alpha_{12}$ 为列向量组作矩阵 A,我们可以求出向量组 $\alpha_1, \alpha_2, \cdots, \alpha_{12}$ 的一个极大线性无关组 $\alpha_1, \alpha_2, \alpha_3, \alpha_4, \alpha_5, \alpha_6, \alpha_7, \alpha_8, \alpha_9, \alpha_{10}$ [可由MATLAB软件中的命令 rref(A) 求出来](事实上,该问题中任意10个向量都是极大线性无关组),且有:

$\alpha_{11} = -0.0275\alpha_1 - 1.078\alpha_2 - 0.1256\alpha_3 + 0.1383\alpha_4 - 1.8927\alpha_5 - 1.6552\alpha_6 + 0.6391\alpha_7 - 1.0134\alpha_8 + 2.1608\alpha_9 + 3.794\alpha_{10}$

$\alpha_{12} = 2.0152\alpha_1 + 15.1202\alpha_2 + 13.8396\alpha_3 + 8.8652\alpha_4 + 27.102\alpha_5 + 28.325\alpha_6 - 38.2279\alpha_7 + 8.2923\alpha_8 - 22.2767\alpha_9 - 38.878\alpha_{10}$

故可以减少第11与第12个观测站,使得到的降水量的信息仍然足够大。当然,也可以减少另外两个观测站,只要这两个列向量可以由其他列向量线性表示。

如果确定只需要8个气象观测站,那么我们可以从上表数据中取某8年的数据(比如,最近8年的数据),组成含有12个8维向量的向量组,然后求其极大线性无关组,则必有4个向量可由其余向量(就是极大线性无关组)线性表示。这4个向量所对应的气象观测站就可以减少,使所得到的降水量的信息仍然足够大。

第三节　特征值与特征向量模型与实验

一、基本概念

定义4.1　设 A 是 n 阶方阵,如果 λ 和 n 维非零向量 X 使 $AX = \lambda X$ 成立,则称数 λ 为方阵 A 的特征值,非零向量 X 称为 A 的对应于特征值 λ 的特征向量(或称为 A 的属于特征值 λ 的特征向量)。

注:n 阶方阵 A 的特征值 λ,就是使齐次线性方程组

$$(\lambda E - A)X = 0$$

有非零解的值,即满足方程

$$|\lambda E - A| = 0$$

的 λ 都是矩阵 A 的特征值。

称关于 λ 的一元 n 次方程 $|\lambda E - A| = 0$ 为矩阵 A 的特征方程,称 λ 的一元 n 次多项式

$$f(\lambda) = |\lambda E - A|$$

为矩阵 A 的特征多项式。

根据上述定义,即可给出特征向量的求法:

设 $\lambda = \lambda_i$ 为方阵 A 的一个特征值,则由齐次线性方程组

$$(\lambda_i E - A)X = 0$$

可求得非零解 p_i,那么 p_i 就是 A 的对应于特征值 λ_i 的特征向量,且 A 的对应于特征值 λ_i 的特征向量全体是方程组 $(\lambda_i E - A)X = 0$ 的全体非零解。即设 $p_1, p_2, \cdots, p_s$ 为 $(\lambda_i E - A)X = 0$ 的基础解系,则 A 的对应于特征值 λ_i 的特征向量全体是

$$p = k_1 p_1 + k_2 p_2 + \cdots + k_s p_s (k_1, \cdots, k_s \text{ 不同时为 0})$$

具体如何用 MATLAB 求已知矩阵的特征值和相应的特征向量,已在本书的第一章介绍了。矩阵的特征值问题是矩阵计算的一个重要方向,在许多学科中具有广泛的应用,本节要介绍的是特征值和特征向量在数学建模中的应用。为此,我们先介绍层次分析法。

二、模型与实验

(一)层次分析法

层次分析法是系统分析的重要工具之一,其基本思想是把问题层次化、数量化,并用数学方法为分析、决策、预报或控制提供定量依据。它特别适用于难以完全量化,又相互关联、相互制约的众多因素构成的复杂问题。它把人的思维过程层次化、数量化,是系统分析的一种新型的数学方法。

运用层次分析法建立数学模型,一般可按如下步骤进行:

1. 建立层次结构

首先对所面临的问题要掌握足够的信息,搞清楚问题的范围、因素、各因素之间的相互关系,及所要解决问题的目标。把问题条理化、层次化,构造出一个有层次的结构模型。在这个模型下,复杂问题被分解为元素的组成部分。这些元素又按其属性及关系形成若干层次。层次结构一般分三层:

第一层为目标层(最高层):指问题的预定目标;

第二层为准则层(中间层):指影响目标实现的准则;

第三层为措施层(最底层):指使目标实现的措施。

注:上述层次结构具有以下特点:

（1）从上到下存在支配关系，并用直线段表示；

（2）目标要求是唯一的，即目标层只有一个元素；

（3）整个层次结构中层次数不受限制。

将各个层次的因素按上下关系摆好位置，并将它们之间的关系用连线连接起来，同样，为了方便后面的定量表示，一般从上到下用 $A, B, C, D, \cdots$ 代表不同层次，同一层次从左到右用 $1, 2, 3, 4, \cdots$ 代表不同的因素。

2. 构造判断矩阵

构造判断矩阵是建立层次分析模型的关键。当某层的元素 $x_1, x_2, \cdots, x_n$ 对于上一层某元素 y 的影响可直接定量表示时，x_i 与 x_j 对 y 的影响之比可以直接确定，a_{ij} 的值也可直接确定。但对于大多数社会经济问题，特别是比较复杂的问题，元素 x_i 与 x_j 对 y 的重要性不容易直接获得，需要通过适当的量化方法来解决。

假定以上一层的某元素 y 为准则，它所支配的下一层次的元素为 $x_1, x_2, \cdots, x_n$，这 n 个元素对上一层次的元素 y 有影响，要确定它们在 y 中的比重。采用成对比较法。即每次取两个元素 x_i 和 x_j，两两比较哪个重要，重要多少，用 a_{ij} 表示 x_i 与 x_j 对 y 的影响之比，对重要性程度按 $1 - 9$ 赋值（重要性标度值见表 4.10）。

表 4.10   重要性标度含义表

重要性标度	含义
1	表示两个元素相比，具有同等重要性
3	表示两个元素相比，前者比后者稍重要
5	表示两个元素相比，前者比后者明显重要
7	表示两个元素相比，前者比后者强烈重要
9	表示两个元素相比，前者比后者极端重要
2,4,6,8	表示上述判断的中间值
倒数	若元素 i 与元素 j 的重要性之比为 a_{ij}，则元素 j 与元素 i 的重要性之比为 $a_{ji} = 1/a_{ij}$

全部比较的结果可用矩阵 $\boldsymbol{A}$ 表示，即

$\boldsymbol{A} = (a_{ij})_{n \times n}$,

$i, j = 1, 2, \cdots, n$

称矩阵 $\boldsymbol{A}$ 为判断矩阵。

根据上述定义，易见判断矩阵的元素 a_{ij} 满足下列性质：

（1）$a_{ij} > 0$;

（2）$a_{ji} = \dfrac{1}{a_{ij}} (i \neq j)$;

（3）$a_{ii} = 1 (i = j)$。

我们称判断矩阵 $\boldsymbol{A}$ 为正互反矩阵。根据上面的性质，判断矩阵具有互反性，即 $a_{ji} = \dfrac{1}{a_{ij}} (i \neq j)$，因此在填写时，通常先填写 $a_{ii} = 1$，然后再仅需判断及填写上三角形或下三角的形的 $n(n-1)/2$ 个元素就可以了。

3. 计算层次单排序并做一致性检验

层次单排序是指同一层次各个元素对于上一层次中的某个元素的相对重要性进行排序。

具体做法是:根据同一层 n 个元素 $x_1, x_2, \cdots, x_n$ 对上一层某元素 y 的判断矩阵 $\boldsymbol{A}$,求出它们对于元素 y 的相对排序权重,记为 $w_1, w_2, \cdots, w_n$,写成向量形式 $\boldsymbol{w} = (w_1, w_2, \cdots, w_n)^T$,称其为 $\boldsymbol{A}$ 的层次单排序权重向量,其中 w_i 表示第 i 个元素对上一层中某元素 y 所占的比重,从而得到层次单排序。

层次单排序权重向量有几种求解方法,常用的方法是利用判断矩阵 $\boldsymbol{A}$ 的特征值与特征向量来计算排序权重向量 $\boldsymbol{w}$。

关于正互反矩阵 $\boldsymbol{A}$,我们不加证明地给出下列结果:

(1) 如果一个正互反矩阵 $\boldsymbol{A} = (a_{ij})_{n \times n}$ 满足

$$a_{ij} \times a_{jk} = a_{ik}(i, j, k = 1, 2, \cdots, n)$$

则称矩阵 $\boldsymbol{A}$ 具有一致性,称元素 x_i、x_j、x_k 的成对比较是一致的;并且称 $\boldsymbol{A}$ 为一致矩阵。

(2) n 阶正互反矩阵 $\boldsymbol{A}$ 的最大特征根 $\lambda_{\max} \geq n$,当 $\lambda = n$ 时,$\boldsymbol{A}$ 是一致的。

(3) n 阶正互反矩阵是一致矩阵的充分必要条件是最大特征值 $\lambda_{\max} = n$。

计算排序权重向量的方法和步骤:

设 $\boldsymbol{w} = (\omega_1, \omega_2, \cdots, \omega_n)^T$ 是 n 阶判断矩阵的排序权重向量,当 $\boldsymbol{A}$ 为一致矩阵时,根据 n 阶判断矩阵构成的定义,有

$$\boldsymbol{A} = \begin{bmatrix} \dfrac{\omega_1}{\omega_1} & \dfrac{\omega_1}{\omega_2} & \cdots & \dfrac{\omega_1}{\omega_n} \\ \dfrac{\omega_2}{\omega_1} & \dfrac{\omega_2}{\omega_2} & \cdots & \dfrac{\omega_2}{\omega_n} \\ \cdots & \cdots & \cdots & \cdots \\ \dfrac{\omega_n}{\omega_1} & \dfrac{\omega_n}{\omega_2} & \cdots & \dfrac{\omega_n}{\omega_n} \end{bmatrix} \tag{4.26}$$

因而满足 $\boldsymbol{A}\boldsymbol{w} = n\boldsymbol{w}$,这里 n 是矩阵 $\boldsymbol{A}$ 的最大特征根,$\boldsymbol{w}$ 是相应的特征向量;当 $\boldsymbol{A}$ 为一般的判断矩阵时 $\boldsymbol{A}\boldsymbol{w} = \lambda_{\max}\boldsymbol{w}$,其中 $\lambda_{\max}$ 是 $\boldsymbol{A}$ 的最大特征值(也称主特征根),$\boldsymbol{w}$ 是相应的特征向量(也称主特征向量)。经归一化(即 $\sum\limits_{i=1}^{n} \omega_i = 1$)后,可近似作为排序权重向量,这种方法称为特征根法。

一致性检验:

在构造判断矩阵时,我们并没有要求判断矩阵具有一致性,这是由客观事物的复杂性与人的认识的多样性所决定的。特别是在规模大、因素多的情况下,对于判断矩阵的每个元素来说,不可能求出精确的 ω_i/ω_j,但要求判断矩阵大体上应该是一致的。例如若 $\boldsymbol{A}$ 比 $\boldsymbol{B}$ 重要,$\boldsymbol{B}$ 又比 $\boldsymbol{C}$ 重要,则从逻辑上讲,$\boldsymbol{A}$ 应该比 $\boldsymbol{C}$ 明显重要,若两两比较时出现 $\boldsymbol{A}$ 比 $\boldsymbol{C}$ 重要的结果,则该判断矩阵违反了一致性准则,在逻辑上是不合理的。一个经不起推敲的判断矩阵有可能导致决策的失误。利用上述方法计算排序权重向量,当判断矩阵过于偏离一致性时,其可靠性也有问题。因此,需要对判断矩阵的一致性进行检验,检验可按

如下步骤进行:

(1)计算一致性指标 CI(consistency index)。

$$CI = \frac{\lambda_{\max} - n}{n - 1} \tag{4.27}$$

当 $CI = 0$,即 $\lambda_{\max} = n$ 时,判断矩阵 $\boldsymbol{A}$ 是一致的。当 CI 的值越大,判断矩阵 $\boldsymbol{A}$ 的不一致的程度就越严重。

(2)查表确定相应的平均随机一致性指标 RI(random index)。

表 4.11 给出了 $n(1 \sim 11)$ 阶正互反矩阵的平均随机一致性指标 RI,其中数据采用了 $100 \sim 150$ 个随机样本矩阵 $\boldsymbol{A}$ 计算得到。

表 4.11 $n(1-11)$ **阶正互反矩阵的** RI **值**

矩阵阶数	1	2	3	4	5	6	7	8	9	10	11
RI	0	0	0.58	0.9	1.12	1.24	1.32	1.41	1.45	1.49	1.51

(3)计算一致性比例 CR(consistency ratio):

$$CR = \frac{CI}{RI} \tag{4.28}$$

当 $CR < 0.1$ 时,认为判断矩阵的一致性是可以接受的;否则应对判断矩阵作适当修正。

4. 计算层次总排序权重并做一致性检验

计算出某层元素对其上一层中某元素的排序权重向量后,还需要得到各层元素,特别是最底层中各方案对于目标层的排序权重,即层次总排序权重向量,再进行方案选择。层次总排序权重通过自上而下地将层次单排序的权重进行合成而得到。

考虑 3 个层次的决策问题:第一层只有 1 个元素,第二层有 n 个元素,第三层有 m 个元素。设第二层对第一层的层次单排序的权重向量为

$$\boldsymbol{w}^{(2)} = (\omega_1^{(2)}, \omega_2^{(2)}, \cdots, \omega_n^{(2)})^T$$

第三层对第二层的层次单排序的权重向量为

$$\boldsymbol{w}_k^{(3)} = (w_{k1}^{(3)}, w_{k2}^{(3)}, \cdots, w_{kn}^{(3)})^T, k = 1, 2, \cdots, n$$

以 $\boldsymbol{w}_k^{(3)}$ 为列向量构成矩阵:

$$\boldsymbol{W}^{(3)} = (w_1^{(3)}, w_2^{(3)}, \cdots, w_n^{(3)}) = \begin{pmatrix} w_{11}^{(3)} & w_{21}^{(3)} & \cdots & w_{n1}^{(3)} \\ w_{12}^{(3)} & w_{22}^{(3)} & \cdots & w_{n2}^{(3)} \\ \vdots & \vdots & & \vdots \\ w_{1m}^{(3)} & w_{2m}^{(3)} & \cdots & w_{nm}^{(3)} \end{pmatrix}_{m \times n} \tag{4.29}$$

则第三层对第一层的层次总排序权重向量为

$$\boldsymbol{w}^{(3)} = \boldsymbol{W}^{(3)} \boldsymbol{w}^{(2)}, \tag{4.30}$$

一般地,若层次模型共有 s 层,则第 k 层对第一层的总排序权重向量为

$$\boldsymbol{w}^{(k)} = \boldsymbol{W}^{(k)} \boldsymbol{w}^{(k-1)}, k = 3, 4, \cdots, s \tag{4.31}$$

其中$\boldsymbol{W}^{(k)}$是以第k层对第$k-1$层的排序权向量为列向量组成的矩阵,$\boldsymbol{w}^{(k-1)}$是第$k-1$层对第一层的总排序权重向量。按照上述递推公式,可得到最下层(第s层)对第一层的总排序权重向量为

$$\boldsymbol{w}^{(s)} = \boldsymbol{W}^{(s)}\boldsymbol{W}^{(s-1)}\cdots\boldsymbol{W}^{(3)}\boldsymbol{w}^{(2)} \tag{4.32}$$

同样,对层次总排序权重向量也要进行一致性检验。具体方法是从最高层到最低层逐层进行检验。

如果所考虑的层次分析模型共有s层。设第$l(3\leq l\leq s)$层的一致性指标与随机一致性指标分别为$CI_1^{(l)}, CI_2^{(l)}, \cdots, CI_n^{(l)}$($n$是第$l-1$层元素的数目)与$RI_1^{(l)}, RI_2^{(l)}, \cdots, RI_n^{(l)}$,令

$$CI^{(l)} = [CI_1^{(l)}, \cdots, CI_1^{(l)}]w^{(l-1)} \tag{4.33}$$

$$RI^{(l)} = [RI_1^{(l)}, \cdots, RI_1^{(l)}]w^{(l-1)} \tag{4.34}$$

则第l层对第一层的总排序权向量的一致性比率为

$$CR^{(l)} = CR^{(l-1)} + \frac{CI^{(l)}}{RI^{(l)}},$$

$$l = 3, 4, \cdots, s \tag{4.35}$$

其中$CR^{(2)}$为由(4.35)式计算的第二层对第一层的排序权重向量的一致性比率。

当最下层对第一层的总排序权重向量的一致性比率$CR^{(s)} < 0.1$时,就认为整个层次结构的比较判断可通过一致性检验。

5. 结果分析

通过对排序结果的分析,得出最后的决策方案。

(二)特征值在层次分析法中的应用举例

问题:在选购电脑时,人们希望花最少的钱买到最理想的电脑,即决策目标是"花最少的钱买到最理想的电脑"。为了实现这一目标,需要考虑的主要准则有五个,即性能、价格、质量、外观、售后服务,并假定有三种品牌的电脑可供选择。试通过层次分析法建立数学模型,并以此确定欲选购的电脑。

1. 建立选购电脑的层次结构模型

该层次结构模型共有三层:目标层(用符号z表示最终的选择目标)、准则层(分别用符号y_1、y_2、y_3、y_4、y_5表示性能、价格、质量、外观、售后服务五个判断准则)、方案层(分别用符号x_1、x_2、x_3表示品牌1、品牌2、品牌3三种选择方案)。具体如图4.3所示。

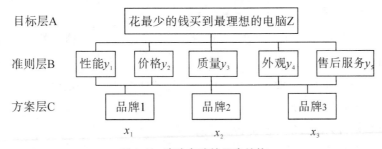

图4.3 选购电脑的层次结构

2. 构造成对比较判断矩阵

(1)建立准则层对目标层的成对比较判断矩阵。根据表 4.10 的定量化尺度,从建模者的个人观点出发,设准则层对目标层的成对比较判断矩阵为:

$$A = \begin{bmatrix} 1 & 5 & 3 & 9 & 3 \\ 1/5 & 1 & 1/2 & 2 & 1/2 \\ 1/3 & 2 & 1 & 3 & 1 \\ 1/9 & 1/2 & 1/3 & 1 & 1/3 \\ 1/3 & 2 & 1 & 3 & 1 \end{bmatrix} \tag{4.36}$$

(2)建立方案层对准则层的成对比较判断矩阵:

$$B_1 = \begin{bmatrix} 1 & 1/3 & 1/5 \\ 3 & 1 & 1/2 \\ 5 & 2 & 1 \end{bmatrix}, B_2 = \begin{bmatrix} 1 & 3 & 5 \\ 1/3 & 1 & 2 \\ 1/5 & 1/2 & 1 \end{bmatrix}, B_3 = \begin{bmatrix} 1 & 1/3 & 1/5 \\ 3 & 1 & 1/2 \\ 5 & 2 & 1 \end{bmatrix}$$

$$B_4 = \begin{bmatrix} 1 & 5 & 3 \\ 1/5 & 1 & 1/2 \\ 1/3 & 2 & 1 \end{bmatrix}, B_5 = \begin{bmatrix} 1 & 3 & 3 \\ 1/3 & 1 & 1 \\ 1/3 & 1 & 1 \end{bmatrix}$$

3. 计算层次单排序权重向量并做一致性检验

先利用 MATLAB 计算矩阵 A 的最大特征值及特征值所对应的特征向量。

得到 A 的最大特征值 $\lambda_{max} = 5.009\ 74$,及其对应的特征向量:

$x = (0.881\ 26, 0.167\ 913, 0.304\ 926, 0.096\ 055\ 7, 0.304\ 926)^{\mathrm{T}}$

作归一化处理后的特征向量为

$w^{(2)} = (0.502\ 119, 0.095\ 672\ 8, 0.173\ 739, 0.054\ 730\ 1, 0.173\ 739)^{\mathrm{T}}$

计算一致性指标 $CI = \dfrac{\lambda_{max} - n}{n - 1}$,其中 $n = 5$,$\lambda_{max} = 5.009\ 74$,故

$CI = 0.002\ 435$

查表 4.11 得到相应的随机一致性指标:

$RI = 1.12$

从而得到一致性比率:

$$CR^{(2)} = \frac{CI}{RI} = 0.002\ 174$$

因 $CR^{(2)} < 0.1$,通过了一致性检验,即认为 A 的一致性程度在容许的范围之内,可以用归一化后的特征向量 $w^{(2)}$ 作为排序权重向量。

接下来,再用 MATLAB 求矩阵 $B_j (j = 1, 2, \cdots, 5)$ 的最大特征值及特征值所对应的特征向量,从而得到 $B_j (j = 1, 2, \cdots, 5)$ 的最大特征值为 $\lambda_1 = 3.003\ 69$,$\lambda_2 = 3.003\ 69$,$\lambda_3 = 3.003\ 69$,$\lambda_4 = 3.003\ 69$,$\lambda_5 = 3.000$,以及上述特征值所对应的特征向量:

$x_1 = (0.163\ 954, 0.462\ 86, 0.871\ 137)^{\mathrm{T}}$

$x_2 = (0.928\ 119, 0.328\ 758, 0.174\ 679)^{\mathrm{T}}$

$x_3 = (0.163\ 954, 0.462\ 86, 0.871\ 137)^{\mathrm{T}}$

$$\boldsymbol{x}_4 = (0.928\ 119, 0.174\ 679, 0.328\ 758)^T$$

$$\boldsymbol{x}_5 = (0.904\ 534, 0.301\ 511, 0.301\ 511)^T$$

其中$\boldsymbol{x}_i = (x_{i1}, x_{i2}, x_{i3}), i = 1, 2, \cdots, 5$。对特征向量作归一化处理后,得到:

$$\boldsymbol{w}_1 = (0.109\ 452, 0.308\ 996, 0.581\ 552)^T$$

$$\boldsymbol{w}_2 = (0.648\ 329, 0.229\ 651, 0.122\ 02)^T$$

$$\boldsymbol{w}_3 = (0.109\ 452, 0.308\ 996, 0.581\ 552)^T$$

$$\boldsymbol{w}_4 = (0.648\ 329, 0.122\ 02, 0.229\ 651)^T$$

$$\boldsymbol{w}_5 = (0.600\ 000, 0.200\ 000, 0.200\ 000)^T$$

计算一致性指标 $CI_i = \dfrac{\lambda_i - n}{n - 1}, (i = 1, 2, \cdots, 5)$,其中 $n = 3$,可得:

$CI_1 = 0.001\ 847\ 3, CI_2 = 0.001\ 847\ 3, CI_3 = 0.001\ 847\ 3, CI_4 = 0.001\ 847\ 3, CI_5 = 0$

查表 4.11 得到相应的随机一致性指标:

$RI_i = 0.58\,(i = 1, 2, \cdots, 5)$,

计算一致性比率 $CR_i = \dfrac{CI_i}{RI_i}, i = 1, 2, \cdots, 5$,得:

$CR_1 = 0.003\ 185, CR_2 = 0.003\ 185, CR_3 = 0.003\ 185,$

$CR_4 = 0.003\ 185, CR_5 = 0$

因 $CR_i < 0.1, (i = 1, 2, \cdots, 5)$ 通过了一致性检验,即认为 $B_j(j = 1, 2, \cdots, 5)$ 的一致性程度在容许的范围之内,可以用归一化后的特征向量作为其排序权重向量。

4. 计算层次总排序权重向量并做一致性检验

购买个人电脑问题的第三层对第二层的排序权重计算结果见表 4.12。

表 4.12　　　　　　　　　　　第三层对第二层的排序权重计算结果

k	1	2	3	4	5
$w_k^{(3)}$	0.109 452	0.648 329	0.109 452	0.648 329	0.6
	0.308 996	0.229 651	0.308 996	0.122 02	0.2
	0.581 552	0.122 02	0.581 552	0.229 651	0.2
λ_k	3.003 69	3.003 69	3.003 69	3.003 69	3

以矩阵表示第三层对第二层的排序权重计算结果为

$$\boldsymbol{W}^{(3)} = \begin{bmatrix} 0.109\ 452 & 0.648\ 329 & 0.109\ 452 & 0.648\ 329 & 0.6 \\ 0.308\ 996 & 0.229\ 651 & 0.308\ 996 & 0.122\ 02 & 0.2 \\ 0.581\ 552 & 0.122\ 02 & 0.581\ 552 & 0.229\ 651 & 0.2 \end{bmatrix}$$

$\boldsymbol{W}^{(3)}$ 是第三层对第二层的权重向量为列向量组成的矩阵。最下层(第三层)对最上层(第一层)的总排序权向量为

$$\boldsymbol{w}^{(3)} = \boldsymbol{W}^{(3)} \boldsymbol{w}^{(2)},$$

用 MATLAB 的矩阵乘法,得计算结果为

$$w^{(3)} = (0.275\ 728, 0.272\ 235, 0.452\ 037)^T$$

为了对总排序权向量进行一致性检验,计算

$$CI^{(3)} = (CI_1, CI_2, \cdots, CI_5) w^{(2)}$$

输出结果为

$$CI^{(3)} = 0.001\ 526\ 35,$$

再计算 $RI^{(3)} = [RI_1, \cdots, RI_5] w^{(2)}$,输出结果为

$$RI^{(3)} = 0.58,$$

最后计算 $CR^{(3)} = CR^{(2)} + CI^{(3)} / RI^{(3)}$,可得

$$CR^{(3)} = 0.004\ 805\ 75。$$

因为 $CR^{(3)} < 0.1$,所以总排序权重向量符合一致性要求的范围。

5. 结果分析

根据层次分析法分析决策思路。

对准则层的 5 个因子,"性能"的权重最高(0.502 119),说明在决策中比较看重性能。从方案层总排序的结果 $w^{(3)}$ 看,购买品牌 3 的权重(0.452 037)大于购买品牌 1 和品牌 2 的权重,因此,最终的决策方案是购买品牌 3。

(三)特征值在生态问题中的应用举例

现实中的问题通常是连续变化的,但是我们常常只能在离散的时间点上进行观测和描述。为了表达这一类的问题,我们引入差分方程的方法,要理解由差分方程所描述的动态系统的长期行为或演化,关键在于(掌握)特征值和特征向量。差分方程可以建立人口迁移模型、种群增长模型、长染色体遗传问题模型等。为了便于理解,下面主要以生态问题为例。

在南美洲北部的亚马孙草原中,长毛狮是羚羊的主要捕食者,其多达 80% 的食物都来源于羚羊。

问题假设:

(1)如果没有羚羊做食物,每一个月只有 $\frac{2}{5}$ 的长毛狮可以存活;

(2)如果没有长毛狮作为捕食者,羚羊的数量每个月会增加 10%;

(3)如果羚羊充足,长毛狮增加的数量为羚羊数量的 0.5 倍;

(4)长毛狮的捕食所导致的羚羊的死亡数量为长毛狮数量的 r 倍。

试问:

①当捕食者参数 $r = 0.12$ 时,试确定该系统中长毛狮和羚羊的具体数量;

②当捕食者参数 $r = 0.12$ 时,试确定该系统的演化趋势;

③试确定一个具体的 r 值,使得长毛狮与羚羊终将灭绝。

解:①记长毛狮和羚羊在 n 月时的数量分别为 x_n(个)、y_n(千),则

$$\begin{cases} x_{n+1} = 0.4x_n + 0.5y_n, \\ y_{n+1} = -0.12x_n + 1.1y_n \end{cases}$$

即 $\begin{bmatrix} x_{n+1} \\ y_{n+1} \end{bmatrix} = \begin{bmatrix} 0.4 & 0.5 \\ -0.12 & 1.1 \end{bmatrix} \begin{bmatrix} x_n \\ y_n \end{bmatrix} = A \begin{bmatrix} x_n \\ y_n \end{bmatrix}$，

从而该问题转换为求 A^n 的问题。

①的系数矩阵 $A = \begin{bmatrix} 0.4 & 0.5 \\ -0.12 & 1.1 \end{bmatrix}$，其特征值为：$\lambda_1 = 1, \lambda_2 = 0.5$，

对应的特征向量为：$\alpha_1 = (5,6)^T$，　$\alpha_2 = (5,1)^T$。

令 $P = (\alpha_1, \alpha_2)$，则 $P^{-1}AP = \begin{bmatrix} 1 & 0 \\ 0 & 0.5 \end{bmatrix}$，从而

$$A^n = P \begin{bmatrix} 1 & 0 \\ 0 & 0.5^n \end{bmatrix} P^{-1} = \begin{bmatrix} -0.2 + 1.2 \times 0.5^n & 1 - 0.5^n \\ \dfrac{6}{25} \times 0.5^n & -\dfrac{0.5^n}{5} \end{bmatrix}$$

$x_{n+1} = (-0.2 + 1.2 \times 0.5^n) x_1 + (1 - 0.5^n) y_1$，

$y_{n+1} = \left(\dfrac{6}{25} \times 0.5^n \right) x_1 - \dfrac{0.5^n}{5} y_1$。

（x_1、y_1 分别为此系统中原有的长毛狮与羚羊的数量）

②因初始向量 $(x_0, y_0)^T$ 可写成 $(x_0, y_0)^T = c_1 \alpha_1 + c_2 \alpha_2$，

且矩阵 A 的特征值为：$\lambda_1 = 1, \lambda_2 = 0.5$，

所以 $n \geqslant 0$ 时，$(x_n, y_n)^T = c_1 \alpha_1 + c_2 (0.5)^n \alpha_2$。

当 $n \to \infty$，$(0.5)^n \to 0$，设 $c_1 > 0$，则对于足够大的 n，$(x_n, y_n)^T$ 近似等于 $c_1 \alpha_1$，说明了当 $r = 0.12$ 时，长毛狮和羚羊每个月均处于稳定状态，即 0 增长，且系统中长毛狮和羚羊的比例为 5:6，即 5 只长毛狮对应 6000 只羚羊。

③ $|\lambda E - A| = \begin{vmatrix} \lambda - 0.4 & -0.5 \\ r & \lambda - 1.1 \end{vmatrix} = \lambda^2 - 1.5\lambda + 0.44 + 0.5r$，则

$$\lambda_{1,2} = \dfrac{1.5 \pm \sqrt{0.49 - 2r}}{2}$$

令 $r = 0.24$，则 $\lambda_1 = 0.8 (<1), \lambda_2 = 0.7 < 1$

对应的特征向量为：$\alpha_1 = (5,4)^T, \alpha_2 = (5,3)^T$

故 $(x_n, y_n)^T = c_1 (0.8)^n \alpha_1 + c_2 (0.7)^n \alpha_2$

当 $n \to \infty$ 时，$(0.8)^n \to 0$，$(0.7)^n \to 0$，则当 n 无穷大时，长毛狮与羚羊均趋于零，即终将灭绝，此时为了保证此生态系统平衡，需对其做出适当调整，引进羚羊或者引进长毛狮的天敌，等等。

由此可以看出：特征问题对于生态问题，有着很大的作用，可以利用其确定系统中物种的演化、系统中某一物种的具体数量，可以通过一些数据来预测物种的状态（趋于增长、稳定状态或者处于下降并趋于灭绝的状态），从而适时地对其做出调整，使生态平衡。

（四）特征值在经济问题中的应用举例

投入产出分析是研究国民经济体系中各个部门之间投入与产出相互依存关系的一

种数量分析方法,其主要部分是投入产出表,它说明了生产产品的去向,以及原料来源的一种棋盘式表格。表格由三个象限组成,其中最主要的象限是第一象限,象限中的数据从横行看,反映某一种产品提供给各个产业部门生产使用的数量;从纵列看,反映某一产业部门生产过程中消耗的各种产品数量。第一象限的数据经过简单处理后,即每一列的每一个数据,除以这一列对应的产业部门的总产出,就得到直接消耗系数,或者称为中间投入系数,所有的消耗系数构成直接消耗系数矩阵,它反映了部门之间的生产技术经济联系。所以直接消耗系数的经济意义是单位总产品生产中消耗劳动对象和生产性服务产品的数量,中间产品与总产品之间的数量联系正是通过消耗系数表现出来的。直接消耗系数含义清楚,计算简单,在投入产出分析中占有重要的地位,系数的准确与否,决定着投入产出分析的成败。

如果将整个国民经济系统划分为 n 个不同的产业部门,那么直接消耗系数矩阵包含 n^2 个元素。

在中国投入产出学会和国家统计年鉴网站,以及其他有关网站和文献上,能够找到中国 1987 年、1990 年、1992 年、1995 年、1997 年、2000 年、2002 年、2005 年和 2007 年的直接消耗系数数据,利用数学软件 MATLAB,计算出不同年份、国民经济系统划分的部门个数不同,而得到的直接消耗系数矩阵的最大正特征值,如表 4.13 所示。

表 4.13　　　　　中国不同年份直接消耗系数矩阵的最大正特征值

年份	部门个数	最大正特征值
1987 年	3	0.576 301
1990 年	33	0.598 351
1992 年	33	0.621 923
1995 年	33	0.630 630
1997 年	6	0.630 431
2000 年	17	0.652 756
2002 年	42	0.623 914
2005 年	42	0.689 704
2007 年	42	0.684 582

下面建立增加了消费的投入产出模型。

设国民生产过程中,有产出、消费和投入。如果国民经济系统划分为 n 个产品部门,$X(t)$ 表示第 t 年的产出,产出的一部分 $\alpha_t \boldsymbol{x}(t)$ 作为第 $t+1$ 年的投入 $\boldsymbol{Y}(t)$,余下的部分作为第 t 年的消费 $\boldsymbol{C}(t)$,即

$$C(t) = (1 - \alpha_t) X(t)$$

其中 α_t 为介于 0 和 1 之间的小数,称之为总投入系数。

设 $\boldsymbol{A}$ 是直接消耗系数矩阵,则增加了消费的动态投入产出模型为:

$$\begin{cases} \boldsymbol{A}\boldsymbol{X}(t+1) + \boldsymbol{C}(t) = \boldsymbol{X}(t) \\ \boldsymbol{C}(t) = (1 - \alpha_t)\boldsymbol{X}(t) \\ \boldsymbol{Y}(t) = \boldsymbol{X}(t) \cdot \boldsymbol{C}(t) \end{cases}$$

从数学应用的角度来讲,矩阵的特征值,尤其是非负矩阵的最大正特征值具有重要的意义。

对于上述模型,我们不加证明地引入以下结论:

定理4.1　对于增加了消费的投入产出模型,设 $\boldsymbol{A}$ 是直接消耗系数矩阵,其最大正特征值设为 λ,只有当总投入系数 α_t 大于最大特征值 λ 时,产出才会逐年增加。

定理说明矩阵特征值的经济含义是它表示一个界限,总投入系数必须大于矩阵的最大正特征值,是保证国民经济总产出不断增长的条件之一。同时,定理也说明特征值和生产率有关。特征值越小,为了保持经济持续增长,只需要较小的中间投入就能达到目的,国民经济系统的生产率越高。

定理4.2　对于增加了消费的投入产出模型,总投入系数 α_t 和总产出增长率 r 以及最大特征值 λ 的关系为:

$$\alpha_t = (1 + r)\lambda$$

消费系数 β_t 为:

$$\beta_t = 1 - (1 + r)\lambda$$

假设国内生产总值增长率为10%,消耗系数矩阵的最大正特征值为0.6,则利用定理4.2的公式计算得出的总投入系数为0.66,消费系数为0.34。也就是说,假设生产出三块钱人民币的总产值,其中的一块钱用于消费,两块钱用于中间使用。

根据定理4.2,以2004年为例,GDP 的增长率 $r = 10.1\% = 0.101$,不妨设2004年直接消耗系数矩阵的最大正特征值和2002年的近似相等,即 $\lambda = 0.623\,914$,则计算得出的总投入系数为:

$$\alpha_{2004} = (1 + r)\lambda = 1.101 \times 0.623\,914 \approx 0.686\,93$$

因而,消耗系数为0.313。实际上,2004年的 GDP 为159 878.3亿元,居民消费支出为63 833.5亿元,所以实际的总投入系数为0.601,消费系数为0.399,实际的总投入系数比理论计算出来的总投入系数小,实际的消费系数要比理论计算出来的消费系数大。产生计算误差的原因是模型没有考虑投资和进出口,只是把产出中除去消费后余下的部分作为总的投入来处理,所以模型算出的总投入系数比实际要大一点。

根据矩阵特征值的经济意义,以及实际计算得到的数据结果,可以了解中国近20年来经济发展的情况。为了使得经济不断增长,中国需要中间投入的比例系数不断增大,说明中间投入的原材料占总产出的比重不断加大,因此最终消费产品比重不断减小。由于社会生产的根本目的是满足人们不断增长的物质和文化生活的需要,所以将来中国经济发展需要降低中间消耗比例,减小消耗系数数据,从而减小直接消耗系数矩阵的最大正特征值。

第五章　概率论与数理统计模型与实验

概率论与数理统计是一门古老而年轻的数学分支。早在公元前 1400 年,古埃及人为了忘记饥饿,经常聚在一起玩一种类似于今天掷骰的游戏,到 17 世纪,以掷骰子作为赌博方式在许多欧洲国家的贵族之间非常盛行。1654 年费马与帕斯卡通信中关于分赌注问题的讨论被公认为是概率论诞生的标志;但直到 20 世纪 30 年代概率的公理化体系建立之后,概率论才算是一门严谨的数学学科。今天概率论与数理统计在工农业生产、经济建设、管理决策和科技进步等方面发挥着越来越重要的作用。

第一节　随机事件、概率模型与实验

一、基本概念

概率论的研究对象为随机现象。随机现象是在随机试验的结果。随机试验的全部基本结果形成的集合称为样本空间,记为 Ω。随机事件是 Ω 的子集。借用集合的符号及运算来表示随机事件的表示与运算。

随机事件 A 在一次试验中发生的可能性大小称为事件的概率,记为 $P(A)$。数学上关于概率的定义一般遵循下面三条公理化性质:(1)对于任意事件 $A,P(A)\geqslant 0$;(2)对于必然事件 $\Omega,P(\Omega)=1$;(3)若 $A_1,A_2,\cdots$ 是一列两两互不相容的事件,则 $P(A_1+A_2+\cdots)=P(A_1)+P(A_2)+\cdots$

常用的概率计算公式与性质:

$(1) P(\Phi)=0$

$(2) 0\leqslant P(A)\leqslant 1$

$(3) A\subset B,$则 $P(A)\leqslant P(B)$

$(4) P(A-B)=P(A-AB)=P(\overline{AB})=P(A)-P(AB)$

$(5) P(A+B)=P(A)+P(B)-P(AB)$

$(6) P(A+B)=1-P(\overline{A})P(\overline{B}),$当 A 与 B 独立时

$(7) P(AB)=P(A)P(B|A)$

$(8) P(AB)=P(A)P(B),$当 A 与 B 独立时

$(9) P(A)=\dfrac{|A|}{|\Omega|},$古典概率的计算公式

二、模型与实验

【例5.1】竞赛规则与法制。

人类社会充满了合作与竞争。从原始社会的氏族、部落到现代社会中的社区、企业、国家，无不按照一定的制度运行，既有合作，又有竞争。我国战国时代的"合纵""连横"，说明当时许多谋士已经能够很好地运用对策论的武器。社会制度包括各种习俗、道德、契约、法律等，它们由生产力的发展水平以及相应的生产关系等决定，社会制度能够适应生产力的发展，这个社会就能发展，否则社会就会停滞甚至崩溃。一个制度不健全的社会，就像没有交通规则的城市，迟早要出乱子。

竞赛规则（国家法律、企业制度、体育比赛规则）的制定者，如何规定规则才能达到自己的既定目标呢？ 秦始皇利用法家的理论统一中国，为了江山传万世，实行严刑峻法，焚书坑儒，结果很快被农民起义推翻。汉武帝吸取他的教训，采纳董仲舒"罢黜百家，独尊儒术"的建议，使儒家思想成为中国两千年封建社会的统治思想。这两千年中，大体上是这一思想实行较好时，国家就相对安定，否则就动乱。鸦片战争以后，封建制度严重束缚生产力的发展，在西方列强的侵略下逐步崩溃。一百多年来，爱国的人们都在探索改革变法的道路，无数革命志士为了救国救民献出了宝贵的生命。历朝历代的农民起义，起义者们虽然都抱着"均贫富"的美好理想，为此做了许多勇敢的尝试，但是并不理解社会发展规律，最终都归于失败。近代的空想社会主义者，也有许多很有价值的理论和实践，然而美好的理想往往脱离现实，这些理论付诸行动的结果往往南辕而北辙，这些教训是值得我们吸取的。改革开放以来，依法治国的方针深入人心，社会主义市场经济逐步建立。然而我们的任务仍然非常艰巨，在制定法律、执行法律当中，对策论将会起到重要的作用。

这里我们举几个简单的例子。一般的射击比赛，目的是奖励打得准的运动员。但是，如果我们采用一些"新"的比赛规则，结果将会如何呢？

问题1 某次射击比赛有甲、乙、丙三名运动员参加。三人击中目标的概率分别是0.9、0.8、0.7，且他们是否击中目标是相互独立的。比赛规则如下：每人有一个靶，如某人的靶被击中，则此人被宣布"死亡"，即出比赛。最后"幸存"者为胜。第一轮比赛三人同时射击，如未分出胜负，再进行下一轮比赛（所有幸存者同时射击），依次类推，直到有人获胜为止。试研究这一比赛中三人的策略。

解：在第一轮比赛中，甲会这样考虑问题：乙是较危险的敌人，应该先打乙。同样，乙、丙都会先射击甲的靶。结果甲被"打死"的概率为 $1-(1-0.8)(1-0.7)=0.94$。

而乙被"打死"的概率为0.9，所以丙在第一轮就获胜的概率为 $0.94 \times 0.9 = 0.846$。

这就是说，射击技术最差的丙获胜机会最大，显然和比赛的"目的"完全相反。

当然，这一模型也有实际意义。它可作为"鹬蚌相争"或"三国鼎立"的模型。历史上，在群雄逐鹿的动乱年代，弱小者利用强者之间的矛盾最后取得胜利的事例是并不少见的。

问题2 在上述问题中，假设改变射击的方法。按甲、乙、丙的次序轮流打，当然若某个人被"打死"了，就退出比赛。试研究三人的策略。

解:甲在第一轮射击前想:如果我先打乙,把乙消灭,则丙就会打我,这样取胜的可能性就会很小。同样,也不能先打丙。最好是谁也不打。这样,虽不能断定乙、丙会如何行动,至少机会要大一些。因此最好的策略是打空枪。同样,乙、丙的最好策略也是打空枪。这样一来,比赛就无法进行下去了。

这个例子可作为"假球"的模型。由于比赛规则的漏洞,"迫使"运动员不得不采用"欺骗"的办法来争取胜利。当前,在体育比赛中,"假球""黑哨"等问题困扰了整个世界,甚至有人认为,这些问题将会断送体育事业的前途。"上有政策,下有对策"这句话,通常是用来指责那些利用政策为自己谋私利的"下级",然而,那些制定政策的"上级",如果制定了有很大漏洞的"政策",甚至为了私利在政策中塞进私货,则应负更大的责任。近来,我国重视改进立法的程序,说明国家对此已经开始重视。

【例5.2】赌博问题。

均匀正方体骰子的六个面分别刻有1、2、3、4、5、6的字样,将一对骰子抛25次决定胜负。问将赌注压在"至少出现一次双六"或"完全不出现双六"的哪一种上面有利?

解:要确定把赌注压在哪一种上面有利,从数学上看是确定哪一种事件发生的概率大。由于骰子是均匀立方体,故在抛骰子时1~6这六个数字中任意一个数出现的概率均为$\frac{1}{6}$。记A为"至少出现一次双六"这一事件,则$\bar{A}$为"完全不出现双六"事件。由于A与$\bar{A}$互为对立事件,故$p(A)+p(\bar{A})=1$。一对骰子抛一次有36种情况,在这36种之中,出现双六的情况仅一种,故抛一次时双六出现的概率$\frac{1}{36}$。记A_i为第i次抛掷这对骰子时出现双六这一事件,则$p(A_i)=\frac{1}{36},p(\bar{A}_i)=\frac{35}{36},i=1,2,\cdots,25$。

一对骰子抛掷一次可视为1次随机实验,一对骰子抛掷25次可视为25次独立随机实验,所以

$$p(A)=p(\bar{A}_1\cap\bar{A}_2\cap\cdots\cap\bar{A}_{25})=1-p(\bar{A}_1)p(\bar{A}_2)\cdots p(\bar{A}_{25})$$

$$=1-\left(\frac{35}{36}\right)^{25}=0.5045>\frac{1}{2}$$

所以选取"至少出现一次双六"比较有利。

【例5.3】彩票中的数学。(2002年全国大学生数学建模竞赛B题)

近年来"彩票飓风"席卷中华大地,巨额诱惑使越来越多的人加入"彩民"的行列,目前流行的彩票主要有"传统型"和"乐透型"两种类型。

"传统型"采用"10选6+1"方案:先从6组0~9号球中摇出6个基本号码,每组摇出一个,然后从0~4号球中摇出一个特别号码,构成中奖号码。投注者从0~9十个号码中任选6个基本号码(可重复),从0~4中选一个特别号码,构成一注,根据单注号码与中奖号码相符的个数多少及顺序确定中奖等级。以中奖号码"abcdef + g"为例说明中奖等级,如表5.1所示(x表示未选中的号码)。

表 5.1   10 选 6 + 1 中奖等级表

中奖等级	10 选 6 + 1(6 + 1/10)			
	基本号码	特别号码		说明
一等奖	abcdef	g		选 7 中(6 + 1)
二等奖	abcdef			选 7 中(6)
三等奖	abcdex	xbcdef		选 7 中(5)
四等奖	abcdxx	xbcdex	xxcdef	选 7 中(4)
五等奖	abcxxx	xbcdxx	xxcdex	xxxdef	选 7 中(3)
六等奖	abxxxx	xbcxxx	xxcdxx	xxxdex	xxxxef	选 7 中(2)

"乐透型"有多种不同的形式,比如"33 选 7"的方案:先从 01 ~ 33 个号码球中一个一个地摇出 7 个基本号,再从剩余的 26 个号码球中摇出一个特别号码。投注者从 01 ~ 33 个号码中任选 7 个组成一注(不可重复),根据单注号码与中奖号码相符的个数多少确定相应的中奖等级,不考虑号码顺序。又如"36 选 6 + 1"的方案,先从 01 ~ 36 个号码球中一个一个地摇出 6 个基本号,再从剩下的 30 个号码球中摇出一个特别号码。从 01 ~ 36 个号码中任选 7 个组成一注(不可重复),根据单注号码与中奖号码相符的个数确定相应的中奖等级,不考虑号码顺序。这两种方案的中奖等级如表 5.2 所示。

表 5.2   "乐透型"两种方案中奖等级表

中奖等级	33 选 7(7/33)		36 选 6 + 1(6 + 1/36)	
	基本号码　特别号码	说明	基本号码　特别号码	说明
一等奖	●●●●●●●	选 7 中(7)	●●●●●● ★	选 7 中(6 + 1)
二等奖	●●●●●●○ ★	选 7 中(6 + 1)	●●●●●●○	选 7 中(6)
三等奖	●●●●●●○	选 7 中(6)	●●●●●○ ★	选 7 中(5 + 1)
四等奖	●●●●●○○ ★	选 7 中(5 + 1)	●●●●●○○	选 7 中(5)
五等奖	●●●●●○○	选 7 中(5)	●●●●○○ ★	选 7 中(4 + 1)
六等奖	●●●●○○○ ★	选 7 中(4 + 1)	●●●●○○○	选 7 中(4)
七等奖	●●●●○○○	选 7 中(4)	●●●○○○ ★	选 7 中(3 + 1)

注:●为选中的基本号码,★为选中的特别号码,○为未选中的号码。

以上两种类型的总奖金比例一般为销售总额的 50%,投注者单注金额为 2 元,单注若已得到高级别的奖就不再兼得低级别的奖。现在常见的销售规则及相应的奖金设置方案如表 5.3 所示,其中一、二、三等奖为高项奖,后面的为低项奖。低项奖数额固定,高项奖按比例分配,但一等奖单注保底金额 60 万元,封顶金额为 500 万元,各高项奖额的计算方法为:

[(当期销售总额 × 总奖金比例) - 低项奖总额] × 单项奖比例

（1）根据这些方案的具体情况,综合分析各种奖项出现的可能性、奖项和奖金额的设置以及对彩民的吸引力等因素评价各方案的合理性。

（2）设计一种"更好"的方案及相应的算法,并据此给彩票管理部门提出建议。

（3）给报纸写一篇短文,供彩民参考。

表5.3　　　　　　　　　　常见的销售规则及奖金设置方案

序号	方案 奖项	一等奖比例	二等奖比例	三等奖比例	四等奖金额	五等奖金额	六等奖金额	七等奖金额	备注
1	6 + 1/10	50%	20%	30%	50				按序
2	6 + 1/10	60%	20%	20%	300	20	5		按序
3	6 + 1/10	65%	15%	20%	300	20	5		按序
4	6 + 1/10	70%	15%	15%	300	20	5		按序
5	7/29	60%	20%	20%	300	30	5		
6	6 + 1/29	60%	25%	15%	200	20	5		
7	7/30	65%	15%	20%	500	50	15	5	
8	7/30	70%	10%	20%	200	50	10	5	
9	7/30	75%	10%	15%	200	30	10	5	
10	7/31	60%	15%	25%	500	50	20	10	
11	7/31	75%	10%	15%	320	30	5		
12	7/32	65%	15%	20%	500	50	10		
13	7/32	70%	10%	20%	500	50	10		
14	7/32	75%	10%	15%	500	50	10		
15	7/33	70%	10%	20%	600	60	6		
16	7/33	75%	10%	15%	500	50	10	5	
17	7/34	65%	15%	20%	500	30	6		
18	7/34	68%	12%	20%	500	50	2		
19	7/35	70%	15%	15%	300	50	5		
20	7/35	70%	10%	20%	500	100	30	5	
21	7/35	75%	10%	15%	1000	100	50	5	
22	7/35	80%	10%	10%	200	50	20	5	
23	7/35	100%	2000	20	4	2			无特别号
24	6 + 1/36	75%	10%	15%	500	100	10	5	
25	6 + 1/36	80%	10%	10%	500	100	10		
26	7/36	70%	10%	20%	500	50	10	5	

表5.3(续)

序号	方案	一等奖比例	二等奖比例	三等奖比例	四等奖金额	五等奖金额	六等奖金额	七等奖金额	备注
27	7/37	70%	15%	15%	1500	100	50		
28	6/40	82%	10%	8%	200	10	1		
29	5/60	60%	20%	20%	300	30			

模型分析:

评价一个方案,主要从彩票公司和广大彩民两方面的利益出发。事实上,公司和彩民各得销售总额的50%是确定的,双方的利益主要就取决于销售总额的大小,即双方的利益都与销售额成正比。因此,问题是怎样才能有利于销售额的增加? 即公司采用什么样的方案才能吸引广大的彩民积极踊跃购买彩票? 具体地讲,问题涉及一个方案的设置使彩民获奖的可能性有多大、奖金额有多少、对彩民的吸引力有多大、广大彩民如何看待各奖项的设置(即彩民的心理曲线)。另外,一个方案对彩民的影响程度可能与区域有关,即与彩民所在地区的经济状况以及收入和消费水平有关。为此,我们要考查一个方案的合理性问题,需要考虑以上这些因素的影响,这是我们建立模型的关键所在。

模型假设:

(1)彩票摇奖是公平公正的,各号码的出现是随机的;

(2)彩民购买彩票是随机的独立事件;

(3)对同一方案中高级别奖项的奖金比例或奖金额不应低于相对低级别的奖金比例或奖金额;

(4)根据我国的现行制度,假设我国居民的平均工作年限为 $T = 35$ 年。

符号说明:

r_j——第 j 等(高项)奖占高项奖总额的比例,$j = 1, 2, 3$;

x_i——第 i 等奖奖金额均值,$1 \leqslant i \leqslant 7$;

p_i——彩民中第 i 等奖 x_i 的概率,$1 \leqslant i \leqslant 7$;

$\mu(x_i)$——彩民对某个方案第 i 等奖的满意度,即第 i 等奖对彩民的吸引力,$1 \leqslant i \leqslant 7$;

λ——某地区的平均收入和消费水平的相关因子,称为"实力因子",一般为常数;

F——彩票方案的合理性指标,即方案设置对彩民吸引力的综合指标。

模型的准备:

(1)彩民获各项奖的概率从已给的 29 种方案可知,可将其分为四类: K_1 为 10 选 6 + 1(6 + 1/10)型, K_2 为 n 选 $m(m/n)$ 型, K_3 为 n 选 m + 1(m + 1/n)型, K_4 为 n 选 $m(m/n)$ 无特别号型。分别给出各种类型方案的彩民获各奖项的概率公式:

● K_1:10 选 6 + 1(6 + 1/10)型

$$p_1 = \frac{1}{5 \times 10^6} = 2 \times 10^{-7}, \quad p_2 = \frac{4}{5 \times 10^4} = 8 \times 10^{-7}, \quad p_3 = \frac{2 \times C_9^1}{10^6} = 1.8 \times 10^{-5}$$

$$p_4 = \frac{2C_9^1 C_{10}^1 + C_9^1 C_9^1}{10^6} = 2.61 \times 10^{-4}, p_5 = \frac{2C_9^1 C_{10}^1 C_{10}^1 + 2C_9^1 C_9^1 C_{10}^1}{10^6} = 3.42 \times 10^{-3},$$

$$p_6 = \frac{2 \times C_9^1 C_{10}^1 C_{10}^1 C_{10}^1 + 3 \times C_9^1 C_9^1 C_{10}^1 C_{10}^1 - (3 \times C_9^1 C_9^1 + 2 \times C_9^1)}{10^6} = 4.1995 \times 10^{-2}$$

● $K_2 : n$ 选 $m(m/n)$ 型

$$p_1 = \frac{1}{C_n^m}, p_2 = \frac{C_m^{m-1}}{C_n^m}, p_3 = \frac{C_m^{m-1} C_{n-(m+1)}^1}{C_n^m}, p_4 = \frac{C_m^{m-2} C_{n-(m+1)}^1}{C_n^m}$$

$$p_5 = \frac{C_m^{m-2} C_{n-(m+1)}^2}{C_n^m}, p_6 = \frac{C_m^{m-3} C_{n-(m+1)}^2}{C_n^m}, p_7 = \frac{C_m^{m-3} C_{n-(m+1)}^3}{C_n^m}$$

● $K_3 : n$ 选 $m+1(m+1/n)$ 型

$$p_1 = \frac{1}{C_n^{m+1}}, p_2 = \frac{C_{n-(m+1)}^1}{C_n^{m+1}}, p_3 = \frac{C_m^{m-1} C_{n-(m+1)}^1}{C_n^{m+1}}, p_4 = \frac{C_m^{m-1} C_{n-(m+1)}^2}{C_n^{m+1}}$$

$$p_5 = \frac{C_m^{m-2} C_{n-(m+1)}^2}{C_n^{m+1}}, p_6 = \frac{C_m^{m-2} C_{n-(m+1)}^3}{C_n^{m+1}}, p_7 = \frac{C_m^{m-3} C_{n-(m+1)}^3}{C_n^{m+1}}$$

● $K_4 : n$ 选 $m(m/n)$ 无特别号型

$$p_1 = \frac{1}{C_n^m}, p_2 = \frac{C_m^{m-1} C_{n-m}^1}{C_n^m}, p_3 = \frac{C_m^{m-2} C_{n-m}^2}{C_n^m}, p_4 = \frac{C_m^{m-3} C_{n-m}^3}{C_n^m}, p_5 = \frac{C_m^{m-4} C_{n-m}^4}{C_n^m}$$

各种方案的各个奖项获奖概率及获奖总概率 $p = \sum_{i=1}^{7} p_i$ 计算见表5.4。

表5.4　　　　　　　　　各种方案的各奖项获奖概率

方案	p_1	p_2	p_3	p_4	p_5	p_6	p_7	$P = \sum_{i=1}^{7} p_i$
6+1/10	2×10^{-7}	8×10^{-7}	1.8×10^{-5}	2.61×10^{-4}	3.42×10^{-3}	4.1995×10^{-2}	—	0.045 695
7/29	$6.407\,05 \times 10^{-7}$	$4.484\,94 \times 10^{-6}$	$9.418\,4 \times 10^{-5}$	2.8255×10^{-4}	2.8255×10^{-3}	4.7092×10^{-3}	0.029 825	0.037 742
6+1/29	$6.407\,05 \times 10^{-7}$	1.4096×10^{-5}	8.4573×10^{-5}	8.8880×10^{-4}	2.2200×10^{-3}	1.4800×10^{-2}	0.019 734	0.037 742
7/30	$4.912\,07 \times 10^{-7}$	$3.438\,45 \times 10^{-6}$	7.5646×10^{-5}	2.2694×10^{-4}	2.3828×10^{-3}	3.9714×10^{-3}	0.026 476	0.033 137
7/31	$3.802\,90 \times 10^{-7}$	$2.662\,03 \times 10^{-6}$	6.1227×10^{-5}	1.8368×10^{-4}	2.0205×10^{-3}	3.3675×10^{-3}	0.023 572	0.029 208
7/32	$2.971\,01 \times 10^{-7}$	$2.079\,71 \times 10^{-6}$	$4.099\,13 \times 10^{-5}$	1.4974×10^{-4}	1.722×10^{-3}	2.8700×10^{-3}	0.021 047	0.025 832
7/33	$2.340\,80 \times 10^{-7}$	$1.638\,56 \times 10^{-6}$	4.0964×10^{-5}	1.2289×10^{-4}	1.4747×10^{-3}	2.4578×10^{-3}	0.018 843	0.022 941
7/34	$1.858\,87 \times 10^{-7}$	$1.301\,21 \times 10^{-6}$	3.3831×10^{-5}	1.0149×10^{-4}	1.2687×10^{-3}	2.1145×10^{-3}	0.016 916	0.020 436
7/35	$1.487\,09 \times 10^{-7}$	$1.040\,97 \times 10^{-6}$	2.8106×10^{-5}	8.4318×10^{-5}	1.0961×10^{-3}	1.8269×10^{-3}	0.015 224	0.018 261
7/36	$1.197\,94 \times 10^{-7}$	$8.385\,56 \times 10^{-7}$	2.3480×10^{-5}	7.0439×10^{-5}	9.5092×10^{-4}	1.5849×10^{-3}	0.013 736	0.016 367
6+1/36	$1.197\,94 \times 10^{-7}$	$3.474\,02 \times 10^{-6}$	2.0844×10^{-5}	2.9182×10^{-4}	7.2954×10^{-4}	6.5659×10^{-3}	0.008 755	0.016 367
7/37	$9.713\,01 \times 10^{-8}$	$6.799\,11 \times 10^{-7}$	1.9717×10^{-5}	5.9152×10^{-5}	8.2813×10^{-4}	1.3802×10^{-3}	0.012 422	0.014 710
6/40	2.6053×10^{-7}	1.5632×10^{-6}	5.1584×10^{-5}	1.2896×10^{-4}	2.0634×10^{-3}	2.7512×10^{-3}	0.028 428	0.033 425
5/60	1.831×10^{-7}	9.155×10^{-7}	4.9437×10^{-5}	9.8874×10^{-5}	2.6202×10^{-3}	2.6202×10^{-3}	0.045 416	0.050 806

（2）确定彩民的心理曲线。一般说来，人们的心理变化是一个模糊的概念。在此，彩民对一个方案的各个奖项及奖金额的看法（即对彩民的吸引力）的变化就是一个典型的模糊概念。由模糊数学隶属度的概念和心理学的相关知识，根据人们通常对一件事物的心理变化一般遵循的规律，不妨定义彩民的心理曲线为：

$$\mu(x) = 1 - e^{-\left(\frac{x}{\lambda}\right)^2} \quad (\lambda > 0)$$

其中 λ 表示彩民平均收入的相关因子，称为实力因子，一般为常数。

（3）计算实力因子 λ。实力因子是反映一个地区的彩民的平均收入和消费水平的指标，确定一个地区的彩票方案应该考虑所在地区的实力因子。在我国，不同地区的收入和消费水平是不同的，因此，不同地区的实力因子应有一定的差异，目前各地区现行的方案不尽相同，要统一来评估这些方案的合理性，就应该对同一个实力因子进行研究。为此，我们以中等地区的收入水平（或全国平均水平）为例进行研究。根据相关网站的统计数据，不妨取人均年收入 1.5 万元，按我国的现行制度，平均工作年限 $T = 35$ 年，则人均总收入为 52.5 万元，于是，当 $x_0 = 52.5$ 万元时，取 $\mu(x_0) = 1 - e^{\left(\frac{x}{\lambda}\right)^2} = 0.5$（即吸引力的中位数），则有 $\lambda = \dfrac{5.25 \times 10^5}{\sqrt{-\ln 0.5}} \approx 6.305\,89 \times 10^5$。

同理，可以算出年收入 1 万元、1.5 万元、2 万元、2.5 万元、3 万元、4 万元、5 万元、10 万元的实力因子如表 5.5 所示。

表 5.5　　　　　　　　　　　　年收入与实力因子表

指标＼年收入	1 万元	1.5 万元	2 万元	2.5 万元	3 万元	4 万元	5 万元	10 万元
λ	420 393	630 589	840 786	1 050 982	1 261 179	1 681 571	2 101 964	4 203 928

模型的建立与求解：

问题（1）

要综合评价这些方案的合理性，应该建立一个能够充分反映各种因素的合理性指标函数。因为彩民购买彩票是一种风险投资行为，为此，我们根据决策分析的理论，考虑到彩民的心理因素的影响，可取 $\mu(x) = 1 - e^{-\left(\frac{x}{\lambda}\right)^2}(\lambda > 0)$ 为风险决策的益损函数，于是作出如下的指标函数：

$$F = \sum_{i=1}^{7} p_i \mu(x_i) \tag{5.1}$$

即表示在考虑彩民的心理因素的条件下，一个方案的奖项和奖金设置对彩民的吸引力。

由题意知，单注所有可能的低项奖金总额为 $L = \sum_{i=4}^{7} p_i x_i$，根据高项奖的计算公式得单注可能的第 j 项（高项）奖金额为

$$p_j x_j = (1 - L) r_j = \left(1 - \sum_{i=4}^{7} p_i x_i\right) r_j, \, j = 1, 2, 3$$

故平均值为 $x_j = \dfrac{\left[(1 - \sum\limits_{i=4}^{7} p_i x_i) r_j\right]}{p_j}, j = 1,2,3$ （5.2）

于是由(5.1)式、(5.2)式得

$$
\begin{cases}
F = \sum\limits_{i=1}^{7} p_i \mu(x_i) \\[2mm]
x_j = \dfrac{\left[(1 - \sum\limits_{i=4}^{7} p_i x_i) r_j\right]}{p_j}, j = 1,2,3 \\[2mm]
\mu(x_i) = 1 - e^{-\left(\frac{x_i}{\lambda}\right)^2}, i = 1,2,\cdots,7 \\[2mm]
\lambda = 6.305\,89 \times 10^5
\end{cases}
$$
（5.3）

利用 MATLAB 可计算出 29 种方案的合理性指标值 F 及高项奖的期望值,排在前三位的如表 5.6 所示。

表 5.6　　　　　　　　　　　F 值及高项奖期望值排前三位的方案

方案 \ 指标		F	x_1	x_2	x_3	排序
9	7/30	4.009×10^{-7}	1.086×10^6	20 679	1410	1
11	7/31	3.784×10^{-7}	1.704×10^6	32 448	2116	2
5	7/29	3.637×10^{-7}	7.557×10^5	35 984	1714	3

问题(2)

根据问题(1)的讨论,现在的问题是取什么样的方案 m/n(n 和 m 取何值)、设置哪些奖项、高项奖的比例 $r_j(j = 1,2,3)$ 为多少和低项奖的奖金额 $x_i(i = 4,5,6,7)$ 为多少时,使目标函数 $F = \sum\limits_{i=1}^{7} p_i \mu(x_i)$ 有最大值。

设以 $m,n,r_j(j = 1,2,3)$,$x_i(i = 4,5,6,7)$ 为决策变量,以它们之间所满足的关系为约束条件,则可得到非线性规划模型:

$$\max F = \sum\limits_{i=1}^{7} p_i \mu(x_i)$$

$$
\text{s. t.}
\begin{cases}
x_j = \left[\left(1 - \sum_{i=4}^{7} p_i x_i\right)\right]/p_j, j = 1,2,3 & (\text{a}) \\
\mu(x_i) = 1 - e^{-\left(\frac{x_i}{\lambda}\right)^2}(i = 1,2,\cdots,7), \lambda = 6.305\,89 \times 10^5 & (\text{b}) \\
r_1 + r_2 + r_3 = 1 & (\text{c}) \\
0.5 \leqslant r_1 \leqslant 0.8 & (\text{d}) \\
6 \times 10^5 \leqslant x_1 \leqslant 5 \times 10^6 & (\text{e}) \\
a_i \leqslant \dfrac{x_i}{x_{i+1}} \leqslant b_i, i = 1,2,\cdots,6 & (\text{f}) \\
p_i \leqslant p_{i+1}, i = 1,2,\cdots,6 & (\text{g}) \\
5 \leqslant m \leqslant 7 & (\text{h}) \\
29 \leqslant n \leqslant 60 & (\text{i}) \\
r_i > 0, x_i \geqslant 0; m,n \text{ 为正整数}
\end{cases}
$$

关于约束条件的说明：

条件(a)(b)同问题(1)。

条件(c)(d)是对高项奖的比例约束，r_1 的值不能太大或太小，(d)是根据已知的方案确定的。

条件(e)是根据题意中一等奖的保底额和封顶额确定的。

条件(f)中的 $a_i, b_i (i=1,2,\cdots,6)$ 分别为 i 等奖的奖金额 x_i 比 $i+1$ 等奖的奖金额 x_{i+1} 高的倍数，可由问题(1)的计算结果和已知各方案的奖金数额统计得：$a_1 = 10, b_1 = 233; a_2 = 4, b_2 = 54; a_3 = 3, b_3 = 17; a_4 = 4, b_4 = 20; a_5 = 2, b_5 = 10; a_6 = 2, b_6 = 10$。

条件(g)是根据实际问题确定的，实际中高等奖的概率 p_i 应小于低等奖的概率 p_{i+1}，它的值主要由 m,n 确定。

条件(h)(i)是对方案中 m、n 取值范围的约束，是由已知的方案确定的。

这是一个较复杂的非线性(整数)规划，其中概率 p_i 的取值分为四种不同的情况 K_1、K_2、K_3、K_4，且由整数变量 m、n 确定，一般的求解是困难的。为此，利用 MATLAB 可求解得最优解为 $(K_2, 6, 32, 0.8, 0.09, 0.11, 200, 10, 1, 0)$，最优值为 $F = 6.8399 \times 10^{-7}$。故对应的最优方案为：32 选 6(6/32)，一、二、三等奖的比例分别为 80%、9%、11%，四、五、六、七等奖的金额分别为 200 元、10 元、1 元、0 元。

前面是针对中等收入水平的彩民情况考虑的，对于经济发达地区和欠发达地区应有所不同。这里分别对年收入 1 万元、2 万元、2.5 万元、3 万元、4 万元、5 万元、10 万元，工作年限均 35 年的情况进行讨论，给出适用于相应各种情况的最优方案，如表 5.7 所示。

表 5.7　　　　　　　　　　不同年收入对应的最优方案表

年收入 指标	1 万元	2 万元	2.5 万元	3 万元	4 万元	5 万元	10 万元
λ	420 393	840 786	1 030 982	1 261 179	1 681 571	2 101 964	4 203 928
最优方案	5 + 1/33	6/32	7/30	6/37	6 + 1/32	7/33	7/35

表5.7(续)

指标 \ 年收入	1 万元	2 万元	2.5 万元	3 万元	4 万元	5 万元	10 万元
F	8.255×10^{-7}	4.623×10^{-7}	4.103×10^{-7}	3.223×10^{-7}	2.475×10^{-7}	2.075×10^{-7}	1.828×10^{-7}
r_1	0.80	0.80	0.73	0.70	0.73	0.73	0.80
r_2	0.10	0.9	0.17	0.15	0.19	0.18	0.13
r_3	0.10	0.11	0.10	0.15	0.07	0.09	0.07
x_1	6.5×10^5	6.18×10^5	1.38×10^6	1.46×10^6	2.23×10^6	2.99×10^6	3.91×10^6
x_2	3037	120 004	47 506	52 172	22 721	1.07×10^5	94 252
x_3	607	600	1235	1739	1507	1974	1746
x_4	138	200	100	200	100	200	103
x_5	7	10	10	20	20	10	20
x_6	1	1	5	2	2	2	5
x_7	0	0	0	0	0	0	3

说明:

(1)研究此问题必须要考虑心理曲线,但心理曲线可能会有不同的形式。实力因子 λ 在不同地区可以取不同的值,对方案的评判结果也会有差别。

(2)问题的合理性指标函数一定与心理曲线有关,但应该在风险决策的意义下确定出益损函数,益损函数的确定不是唯一的。

(3)问题中的概率公式的形式应该是唯一的。

第二节　随机变量及其数字特征模型与实验

一、基本概念

表示随机试验结果的变量称为随机变量。随机变量按取值分常见的有离散型和连续型两种,按维数分有一维随机变量和多维随机向量。

对于离散型随机变量常用概率分布来刻画其信息,对于连续型则常用它的密度函数。

常见的离散型随机变量的分布有:

(1)0-1分布

$$P(X = x) = p^x (1 - p)^{1-x}, x = 0,1$$

(2)二项分布,记作 $X \sim B(n,p)$

$$P(X = k) = C_n^k p^k (1 - p)^{n-k}, k = 0,1,2,\cdots,n$$

(3)泊松分布,记作 $X \sim p(\lambda)$

$$P(X = k) = \frac{\lambda^k}{k!} e^{-\lambda}, k = 0,1,2,\cdots,n$$

常见的离散型随机变量的分布有:

（1）均匀分布，记作 $X \sim U[a,b]$

$$X \sim f(x) = \begin{cases} \dfrac{1}{b-a} & a < x < b \\ 0 & 其他 \end{cases}$$

（2）指数分布，记作 $X \sim E\lambda$

$$X \sim f(x) = \begin{cases} \lambda e^{-\lambda z} & x > 0 \\ 0 & x \leqslant 0 \end{cases}$$

（3）正态分布，记作 $X \sim N(\mu, \sigma^2)$

$$X \sim f(x) = \frac{1}{\sqrt{2\pi}\sigma} e^{-\frac{(x-\mu)^2}{2\sigma^2}}, x \in R$$

期望和方差及协方差是随机变量常见的数字特征，其计算公式为：

对于离散型：

$$EX = \sum_i x_i p_i, DX = E(X-EX)^2, Eg(X) = \sum_i g(x_i) p_i$$

$$Eg(X,Y) = \sum_{i,j} g(x_i, y_j) p_{ij}, Cov(X,Y) = E(X-EX)(Y-EY)$$

对于连续型：

$$EX = \int_{-\infty}^{+\infty} x f(x) \mathrm{d}x, Eg(X) = \int_{-\infty}^{+\infty} g(x) f(x) \mathrm{d}x$$

$$E[g(X,Y)] = \int_{-\infty}^{+\infty} \int_{-\infty}^{+\infty} g(x,y) f(x,y) \mathrm{d}x\mathrm{d}y$$

二、模型与实验

【例5.4】经济轧钢模型。

轧钢工艺由两道工序组成，第一道是粗轧，轧出的钢材参差不齐，可认为服从正态分布，其均值可由轧机调整，其方差则由设备的精度决定，不能随意改变；第二道是精轧，精轧时，首先测量粗轧出的钢材长度，若短于规定长度，则将其报废，若长于规定长度，则切掉多余部分即可。问：粗轧时怎样调整轧机的均值最经济？

问题分析：

设成品钢材的规定长度是 l，粗轧后的钢材长度为 x，x 是随机变量，它服从均值为 m、标准差为 σ 的正态分布（其中 σ 已知，m 待定）。x 的密度函数为：

$$p(x) = \frac{1}{\sqrt{2\pi}\sigma} \exp\left(-\frac{1}{2\sigma^2}(x-m)^2\right)$$

轧制过程的浪费由两部分组成：一是当 $x \geqslant l$ 时，精轧要切掉长为 $x-l$ 的钢材；二是当 $x < l$ 时，长为 x 的整根钢材报废。显然，这是一个优化模型，建模的关键是选择合适的目标函数。考虑到轧钢的最终目的是获得成品钢，故经济的轧钢要求不应以每粗轧一根钢材的平均浪费量最少为标准，而应以每获得一根成品钢的平均浪费量最少为标准，或等价于每次轧制（包括粗轧、精轧）的平均浪费量与每次轧制获得成品钢的平均长度之比最小为标准。

模型建立:

以 W 记每次轧制的平均浪费量,L 记每次轧制获得成品钢的平均长度,则

$$W = \int_{l}^{+\infty} (x-l)p(x)\mathrm{d}x + \int_{0}^{l} xp(x)\mathrm{d}x = m - lp$$

其中 $P = \int_{l}^{+\infty} p(x)\mathrm{d}x$ 表示 $x \geqslant l$ 的概率。又因为

$$L = \int_{l}^{+\infty} lp(x)\mathrm{d}x = lp$$

所以目标函数为:

$$J_1 = \frac{W}{L} = \frac{m - lP}{lP} = \frac{1}{l}\left(\frac{m}{P} - l\right)$$

模型求解:

由于 l 是常数,故等价的目标函数为:

$$J = \frac{m}{P} = \frac{m}{\int_{l}^{+\infty} p(x)\mathrm{d}x} = \frac{m}{1 - \Phi_1\left(\dfrac{l-m}{\sigma}\right)}$$

其中 $\Phi(\cdot)$ 是正态分布的分布函数。记

$$\lambda = \frac{1}{\sigma}, z = \lambda - \frac{m}{\sigma}, \Phi_1(x) = 1 - \Phi(x) = \int_{z}^{+\infty} \varphi(y)\mathrm{d}y$$

其中 $\varphi(y) = \dfrac{1}{\sqrt{2\pi}}\exp\left(-\dfrac{1}{2}y^2\right)$,则

$$J = J(z) = \frac{\sigma(\lambda - z)}{\Phi_1(z)}$$

用微分法求 $J(\cdot)$ 的极小值点,注意到 $\Phi_1'(z) = -\varphi(z)$,易知 z 的最优值 Z^* 应满足方程

$$\begin{cases} F(z) = \lambda - z \\ F(z) = \dfrac{\Phi_1(z)}{\varphi(z)} \end{cases}$$

$F(z)$ 可根据标准正态分布函数 $\Phi(\cdot)$ 和 $\varphi(\cdot)$ 制成表格或画出图形以便求解,具体计算从略。

【例 5.5】上班线路的最佳选择。

某人家住市区西郊,工作单位在东郊,上班有两条路线可选择。一条是横穿市区,路程近,花费时间少,但堵塞严重,所需时间服从 $N(30,100)$。另一条路线沿环城公路,路程远,花费时间多,但堵塞较少,所需时间服从 $N(40,16)$。问:

(1)若上班前 50 分钟出发,应选哪一条路线?

(2)若上班前 45 分钟出发,又应选哪一条路线?

解:选择路线的标准是使准时上班的概率越大越好:

(1)有 50 分钟可用,准时上班的概率分别为:

按第一条路线 $N(30,100)$,$P(X \leqslant 50) = P\left(\dfrac{X-30}{10} \leqslant \dfrac{50-30}{10}\right) = \Phi(2) = 0.9772$

按第二条路线 $N(40,16)$, $P(Y \leqslant 50) = P\left(\dfrac{Y-40}{4} \leqslant \dfrac{50-40}{4}\right) = \Phi(2.5) = 0.9938$

故应选第二条路线。

(2) 只有 45 分钟可用,准时上班的概率分别为:

按第一条路线 $P(X \leqslant 45) = \Phi\left(\dfrac{45-30}{10}\right) = \Phi(1.5) = 0.9332$

按第二条路线 $P(Y \leqslant 45) = \Phi\left(\dfrac{45-40}{4}\right) = \Phi(1.25) = 0.8944$

故应选第一条路线。

【例5.6】保险业中的风险预测。

保险业是最早使用概率论的行业之一。保险公司为了估计公司的利润,需要计算各种各样的概率问题,例如,已知一年中某种保险人群的死亡率为 0.0005,现该人群有 10 000 个人参加人寿保险,每人交保险费 5 元,若未来一年中有人死亡,则对每人赔偿 5000 元。试求:

(1) 未来一年中保险公司从该项保险中至少获利 10 000 元的概率。

(2) 未来一年中保险公司在该项目保险中亏本的概率。

解:作为初步近似,可认为参加该项保险的人群中未来一年死亡人数 $X \sim B(10\ 000, 0.0005)$,记事件 A:"保险公司至少获利 10 000 元",事件 B:"保险公司亏本",则 A 相当于"死亡人数 $\leqslant 8$",B 相当于"死亡人数 > 10"。

(1) $P(A) = P(X \leqslant 8)$

$$= \sum_{i=0}^{8} b(i,10\ 000,0.0005) = \sum_{i=0}^{8} C_{10\ 000}^{i}(0.0005)^i(0.9995)^{10\ 000-i},$$

(2) $P(B) = P(X > 10)$

$$= \sum_{i=11}^{10\ 000} b(i,10\ 000,0.0005) = \sum_{i=11}^{10000} C_{10\ 000}^{i}(0.0005)^i(0.9995)^{10\ 000-i}。$$

利用泊松分布计算本问题中的有关概率。

由于 $X \sim B(10\ 000, 0.0005)$,$np = 5$,$X$ 近似服从 $P(5)$。

此时利用相应表格可查得:

$$P(A) = P(X \leqslant 8) = \sum_{i=0}^{8}\left(\dfrac{5^i}{i!}\right)e^{-5} = 0.0067 + \cdots + 0.0653 = 0.9319$$

$$P(B) = P(X > 10) = 1 - \sum_{i=1}^{10}\left(\dfrac{5^i}{i!}\right)e^{-5} = 1 - 0.9863 = 0.0137$$

分析:当 $X \sim B(n,p)$ 时,$P(a < X \leqslant b)$ 可用泊松分布近似计算。但要注意 n 一定要很大,p 很小,使得 $np \leqslant 10$,否则误差较大。

【例5.7】如何划分高考录取线?

某年全国高考考生的总成绩(按5门计算)$X \sim N(360,60^2)$ 按高考成绩分成等级,若总分高于 420 分为一等(进入重点大学本科),总分在 360 ~ 420 分(含 420 分)之间为二等(进入大学本科),总分在 315 ~ 360 分(含 360 分)之间为三等(进入专科),总分低于等于 315 分为四等(落选),求等级分 Y 的概率分布。

解:此时 $Y = g(X)$ 为

$$Y = \begin{cases} 1, & 420 < X \\ 2, & 360 < X \leqslant 420 \\ 3, & 315 < X \leqslant 360 \\ 4, & X \leqslant 315 \end{cases}$$

从而　$P(Y = 1) = P(X > 420) = 1 - \Phi(1) = 0.1587$

$P(Y = 2) = P(360 < X \leqslant 420) = \Phi(1) - \Phi(0) = 0.8413 - 0.5 = 0.3413$

$P(Y = 3) = P(315 \leqslant X \leqslant 360) = \Phi(0) - \Phi(-\frac{3}{4}) = 0.5 - 0.2266 = 0.2734$

$P(Y = 4) = P(X \leqslant 315) = \Phi(-\frac{3}{4}) = 1 - \Phi(\frac{3}{4}) = 1 - 0.7734 = 0.2266$

所以,Y 是离散型随机变量,它的概率分布如表 5.8 所示:

表 5.8　　　　　　　　　　　　成绩等级 Y 的概率分布

Y	1	2	3	4
P_Y	0.1587	0.3413	0.2734	0.2266

【例 5.8】选择题能考出真实成绩吗?

各类标准化考试都有一些选择题,一般是每道题有 4 个可供选择的答案,其中只有一个是正确的。如目前的高考、大学英语四级与六级考试、自学考试等都有这样的选择题,而且在有的考试中这样的选择题占有相当大的比例。考生在做这类题目时,会做的当然能做对,不会做的就瞎猜,至少总能猜对一些,就看运气好坏了。笔者在监考时曾经看到个别同学把分别写有 1、2、3、4 的纸片团成纸团,用抽签的方法来选择答案。

假设考卷上有 100 道选择题,每题 1 分,A 同学有 60 道会做,另 40 道不会做,他当然不愿放弃得分的机会,于是就瞎猜。对每一道题来说,他蒙对的概率为 $\frac{1}{4} = 0.25$,各道题蒙对与否是相互独立的。如果用 X 表示 40 道题中蒙对的题数,则 X 服从 $n = 40, p = 0.25$ 的二项分布,即 $X \sim B(40, 0.25)$。40 道题全蒙对的概率很小,只有 $0.25^{-40} \approx 8.272 \times 10^{-25}$,一道也蒙不对的概率也很小,是 $0.75^{40} \approx 1.009 \times 10^{-5}$。一般来说,他能蒙对 m 道的概率为 $C_{40}^m 0.25^m 0.75^{40-m}, m = 0, 1, 2, \cdots, 40$。由于 $EX = np = 10$,即平均意义上,他能蒙对 10 道;由二项分布的最可能值 $k = [np + p] = [10.25] = 10$,他能蒙对 10 道的概率也最大。对于不同的 m 值,我们计算了蒙对 m 道题的概率如表 5.9 所示:

表 5.9　　　　　　　　　　　蒙对 m 道题的概率分布表

m	0	1	2	3	4	5	6	7	8
p	0.000 01	0.000 13	0.000 87	0.003 68	0.011 35	0.027 23	0.052 95	0.085 73	0.117 88

表 5.9(续)

m	9	10	11	12	13	14	15	16	…
p	0. 139 71	0. 144 36	0. 131 24	0. 105 72	0. 075 90	0. 048 79	0. 028 19	0. 014 68	…

从表 5.9 中可以看出,A 同学蒙对 10 道左右的可能性比较大。如果全班同学都和 A 一样,考卷上的题只有 60% 会做,那么,他们在另外 40 道上平均可得分 $EX = np = 10$,也就是说,全班同学的平均分提高了 10 分。

按此推算,如果一份考卷全班同学都会做 70% 的题,那么,平均可以提高 $30 \times 0.25 = 7.5$ 分;如果全班同学都会做 80% 的题,那么,平均可以提高 $20 \times 0.25 = 5$ 分。由此看来,选择题对水平越低的同学越有利,是考不出真实成绩的。一般来说,如果 A 的水平低于 B 的水平,A 的分数也不会高于 B 的分数,这一点也可以说是选择题仍然有生命力的原因之一。另外,在一般的考试中,选择题所占的比例不会太大,一般不超过 40%,因此也就降低了选择题的负面影响。此外,在教育评估中,教育专家建议对选择题的错题加大扣分的比例,这就把瞎猜的因素考虑在内了。至于选择题在其他方面的利弊,不属于概率论研究的范畴,留给教育专家去研究吧!

为了克服选择题的弊端,人们设计了多项选择题,每题附有 5 个答案,其中有 2 ~ 5 个是正确的,选多或选少均不得分。这就降低了单纯靠瞎猜而得分的概率。如果某人对一道多项选择题的 5 个答案都没有把握,单靠瞎猜能蒙对的概率是 $\frac{1}{26}$(因为 $2^5 - 1 - 5 = 26$)。

【例 5.9】报童的诀窍。

报童每天清晨从报社购进报纸零售,晚上将没有卖掉的报纸退回。设报纸每份的购进价为 b,零售价为 a,退回价为 c,应该自然地假设为 $a > b > c$。这就是说,报童售出一份报纸赚 $a - b$,退回一份赔 $b - c$。报童每天如果购进的报纸太少,不够卖,会少赚钱;如果购进太多,卖不完,将要赔钱。请你为报童筹划一下,他应如何确定每天购进报纸的数量,以获得最大的收入?

模型假设:

(1) $a > b > c$;

(2) 报纸每天的需求量为一随机变量 X,其概率密度函数为 $f(x)$。

模型建立与求解:

由于报童购报售报是每天重复的行为,故适宜于期望值准则,即以报童每天收入的期望值最大为目标。假定报童每天购进量为 n 份,每天的收入为 Y,则

$$Y = g(X) = \begin{cases} (a - b)X - (b - c)(n - X), & X \leqslant n \\ (a - b)n, & X > n \end{cases}$$

于是

$$EY = Eg(X) = \int_{-\infty}^{\infty} g(x)f(x)\,\mathrm{d}x = \int_{0}^{\infty} g(x)f(x)\,\mathrm{d}x$$

$$- \int_{0}^{n} [(a - b)x - (b - c)(n - x)]f(x)\,\mathrm{d}x + \int_{n}^{\infty} (a - b)nf(x)\,\mathrm{d}x$$

$$= \int_0^n \left[(a-c)x - (b-c)n \right] f(x) \, dx + \int_n^\infty (a-b)nf(x) \, dx \tag{5.4}$$

本问题归结为当 $f(x)$、a、b、c 已知时，求 n 使 EY 最大。易得

$$\frac{d(EY)}{dn} = (a-c)nf(n) - (b-c)\left[\int_0^n f(x) \, dx + nf(n) \right] + (a-b)\left[\int_n^\infty f(x) \, dx - nf(n) \right]$$

$$= -(b-c) \int_0^n f(x) \, dx + (a-b) \int_n^\infty f(x) \, dx$$

令 $\dfrac{d(EY)}{dn} = 0$，得

$$\frac{\int_0^n f(x) \, dx}{\int_n^\infty f(x) \, dx} = \frac{a-b}{b-c} \tag{5.5}$$

或

$$\int_0^n f(x) \, dx = \frac{a-b}{a-c} \tag{5.6}$$

即使报童日平均收入达到最大的购进量 n 应满足 (5.5) 式或 (5.6) 式。根据需求量 X 的概率密度 $f(x)$ 的图形很容易从 (5.5) 式确定购进量 n。在图 5.1 中分别用 P_1 和 P_2 表示密度曲线 $f(x)$ 之下 x 轴之上的两块面积，则 (5.5) 式可记作

$$\frac{P_1}{P_2} = \frac{a-b}{b-c}, \tag{5.7}$$

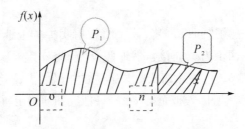

图 5.1　需求量 X 的密度 $f(x)$

显然 $P_1 = P(X \leqslant n) = \int_0^n f(x) \, dx$ 是需求量 X 不超过 n 的概率，即卖不完的概率，$P_2 = P(X > n) = \int_n^\infty f(x) \, dx$ 是需求量 X 超过 n 的概率，即不够卖的概率，所以 (5.7) 式表明，购进的份数 n 应该是卖不完与不够卖的概率之比，恰好等于卖出一份赚的钱 $a-b$ 与退回一份赔的钱 $b-c$ 之比。显然，当报童与报社签订的合同使报童每份赚的钱与赔的钱之比越大时，报童购进的份数就应该越多。

【例 5.10】商场利润的期望值。

一商店经销某种商品，每周进货的数量 X 与顾客对该种商品的需求量 Y 是相互独立的随机变量，且都服从区间 $[10, 20]$ 上的均匀分布。商店每售出一单位商品可得利润 1000 元；若需求量超过了进货量，商店可从其他商店调剂供应，这时每单位商品获得的利

润为 500 元。试计算此商店经销该种商品每周所得利润的期望值。

解:设 Z 表示商店每周所得的利润。则

$$Z = \begin{cases} 1000Y, & Y \leq X \\ 1000X + 500(Y - X) = 500(X + Y), & Y > X \end{cases}$$

由于 X 与 Y 的联合概率密度为:

$$\varphi(x,y) = \begin{cases} \dfrac{1}{100}, & 10 \leq x \leq 20, 10 \leq y \leq 20 \\ 0, & 其他 \end{cases}$$

所以 $EZ = \iint\limits_{D_1} 1000y \cdot \dfrac{1}{100} \mathrm{d}x\mathrm{d}y + \iint\limits_{D_2} 500(x + y) \cdot \dfrac{1}{100} \mathrm{d}x\mathrm{d}y$

$= 10\int_{10}^{20}\mathrm{d}y\int_{y}^{20} y\mathrm{d}x + 5\int_{10}^{20}\mathrm{d}y\int_{10}^{y}(x + y)\mathrm{d}x$

$= 10\int_{10}^{20} y(20 - y)\mathrm{d}y + 5\int_{10}^{20}\left(\dfrac{3}{2}y^2 - 10y - 50\right)\mathrm{d}y$

$= \dfrac{20\,000}{3} + 5 \times 1500 \approx 14\,166.67(元)$

【例 5.11】应该定购多少本挂历,可使总利润最大?

设某经销商正在与某出版社联系定购下一年的挂历问题,已知的有关条件如下:挂历的零售价为 80 元／本,挂历的成本价为 50 元／本(批发价),经销商可得毛利为 30 元／本,若当年的 12 月 31 日以后挂历尚未售出,该经销商不得不降价到 20 元／本全部销售出去。根据该经销商以往 10 年的销售情况,他所得出的需求概率如下:在当年 12 月 31 日以前只能售出 150 本、160 本、170 本和 180 本的概率分别为 0.1、0.4、0.3、0.2。根据以上条件,该经销商应定购多少本挂历,可使期望利润最大?

很明显,根据需求情况,低于 150 本供不应求,超过 180 本肯定有一部分销不出去,该经销商定购挂历的数量应该为 150 ~ 180 本。该经销商的定购方案有 150 本、160 本、170 本和 180 本,根据购进、售出的数量可得的利润(百元) 如表 5.10 所示:

表 5.10　　　　　　　　　　各种定购方案利润表

出售数量 ＼ 定购方案	出售 150 本（概率 0.1）	出售 160 本（概率 0.4）	出售 170 本（概率 0.3）	出售 180 本（概率 0.2）
定购 150 本获利 X_1	45	45	45	45
定购 160 本获利 X_2	42	48	48	48
定购 170 本获利 X_3	39	45	51	51
定购 180 本获利 X_4	36	42	48	54

由于各种定购方案的获利都是随机变量,我们应该选择期望利润最大的定购方案。各定购方案的期望利润分别为:

$E(X_1) = 0.1 \times 45 + 0.4 \times 45 + 0.3 \times 45 + 0.2 \times 45 = 45$

$E(X_2) = 0.1 \times 42 + 0.4 \times 48 + 0.3 \times 48 + 0.2 \times 48 = 47.4$

$E(X_3) = 0.1 \times 39 + 0.4 \times 45 + 0.3 \times 51 + 0.2 \times 51 = 47.4$

$E(X_4) = 0.1 \times 36 + 0.4 \times 42 + 0.3 \times 48 + 0.2 \times 54 = 45.6$

由于 $E(X_2) = E(X_3) > E(X_4) > E(X_1)$，所以定购160本或170本可使销售利润最大。

这种决策方法是建立在风险中性的基础上的，风险中性的决策者认为：1单位期望利润等于1单位确定利润。而大多数决策者都是风险规避型的，他们认为1单位的期望利润不如1单位的确定利润，因为它具有不确定性。一个保守的决策者可能定购150本，稳得45百元的利润，至于定购150本以上，虽然期望利润大于45百元，但也有可能出现利润低于45百元的情况。在销售市场上，机会与风险并存，不愿冒风险也不可能博取高额利润。因此，决策者对于风险型决策往往持风险中性态度，以期望利润最大原则进行决策。由于需求的不确定性，各种定购方案的利润都是随机变量，随机变量的期望值反映了它的平均水平，即期望利润；随机变量的方差反映了它取值的不确定性，因此反映了经销的风险。在期望利润相等（或很接近）的情况下，应选择利润方差（风险）最小的方案。由于定购160本和170本的期望利润相等，又是期望利润最大的方案，我们应选择获利方差最小的方案。由于 $E(X_2^2) = 2250, E(X_3^2) = 2262.6$，则

$D(X_2) = 3.24 < D(X_3) = 15.84$。

所以，定购160本挂历是最优方案。

第三节　参数估计、假设检验模型与实验

一、基本概念

数理统计以概率论为理论基础，研究如何有效地收集数据，并利用一定的统计方法对这些数据进行分析，提取数据中的有用信息，形成统计结论，为决策提供依据。

研究的对象的全体称为总体，总体中的每一个元素叫作个体。通过对总体进行抽样进行统计推断，是数理统计中的重要方法。

对抽到的样本进行加工形成统计量。设样本为 $X_1, X_2, \cdots, X_n$，常用的统计量有：样本均值：$\bar{X} = \dfrac{1}{n} \sum\limits_{i=1}^{n} X_i$，样本方差：$S^2 = \dfrac{1}{n-1} \sum\limits_{i=1}^{n} (X_i - \bar{X})^2$，样本 k 阶原点矩：$\dfrac{1}{n} \sum\limits_{i=1}^{n} X_i^k$，样本 k 阶中心矩：$\dfrac{1}{n} \sum\limits_{i=1}^{n} (X_i - \bar{X})^k$。

统计推断中的三大分布：

1. χ^2 分布

设 $X_1, X_2, \cdots, X_n$ 是来自标准正态总体 $N(0,1)$ 的样本，则统计量

$\chi^2 = X_1^2 + X_2^2 + \cdots + X_n^2$

服从自由度为 n 的 χ^2 分布，记作 $\chi^2 \sim \chi^2(n)$。

2. t 分布

设随机变量 $X \sim N(0,1)$, $Y \sim \chi^2(n)$, 且 X、Y 独立, 则随机变量 $t = \dfrac{X}{\sqrt{Y/n}}$ 服从自由度为 n 的 t 分布, 记作 $t \sim t(n)$。

3. F 分布

设随机变量 $X \sim \chi^2(n)$, $Y \sim \chi^2(m)$, 且 X、Y 独立, 则随机变量 $F = \dfrac{X/n}{Y/m}$ 服从自由度为 (n,m) 的 F 分布, 记作 $F \sim F(n,m)$。

常用的统计量的分布:

设总体 $X \sim N(\mu, \sigma^2)$, 则

(1) $\bar{X} \sim N(\mu, \dfrac{\sigma^2}{n})$;

(2) $\dfrac{\bar{X} - \mu}{\sigma / \sqrt{n}} \sim N(0,1)$;

(3) $\dfrac{n-1}{\sigma^2} S^2 \sim \chi^2(n-1)$。

通过样本对总体中的参数进行估计和检验是数理统计中的一项重要内容。常用参数估计方法有点估计法和区间估计法, 其中点估计有矩法估计和极大似然估计法。

对正态总体的区间估计常用的有:

(1) 正态总体 $X \sim N(\mu, \sigma^2)$ 的 μ 的置信水平为 $1-\alpha$ 的置信区间, 在当 σ 为已知时为:

$$\left(\bar{X} \pm u_{1-\alpha/2} \frac{\sigma}{\sqrt{n}} \right)$$

(2) 正态总体 $X \sim N(\mu, \sigma^2)$ 的 μ 的置信水平为 $1-\alpha$ 的置信区间, 在当 σ 为未知时为:

$$\left(\bar{X} \pm t_{1-\alpha/2} \frac{S}{\sqrt{n}} \right)$$

(3) 正态总体 $X \sim N(\mu, \sigma^2)$ 的 σ^2 的置信水平为 $1-\alpha$ 的置信区间为:

$$\left[\frac{n-1}{\chi^2_{1-\alpha/2}(n-1)} S^2, \frac{n-1}{\chi^2_{\alpha/2}(n-1)} S^2 \right]$$

对正态总体的参数常用的参数检验有: u 检验法、t 检验法 χ^2 检验法。

二、模型与实验

【例 5.12】零件的参数设计。(1997 年全国大学生数学建模竞赛 A 题)

一件产品由若干零件组装而成, 标志产品性能的某个参数取决于这些零件的参数。零件参数包括标定值和容差两部分。进行成批生产时, 标定值表示一批零件该参数的平均值, 容差则给出了参数偏离其标定值的容许范围。若将零件参数视为随机变量, 则标定值代表期望值, 在生产部门无特殊要求时, 容差通常规定为均方差的 3 倍。

进行零件参数设计,就是要确定其标定值和容差。这时要考虑两方面因素:一是当各零件组装成产品时,如果产品参数偏离预先设定的目标值,就会造成质量损失,偏离越大,损失越大;二是零件容差的大小决定了其制造成本,容差设计得越小,成本越高。

试通过如下的具体问题给出一般的零件参数设计方法。

粒子分离器某参数(记作 y)由 7 个零件的参数(记作 $x_1,x_2,\cdots,x_7$)决定,经验公式为:

$$y = 174.42\left(\frac{x_1}{x_5}\right)\left(\frac{x_3}{x_2-x_1}\right)^{0.85}\sqrt{\frac{1-2.62\left[1-0.36\left(\frac{x_4}{x_2}\right)^{-0.56}\right]^{3/2}\left(\frac{x_4}{x_2}\right)^{1.16}}{x_6 x_7}}$$

y 的目标值(记作 y_0)为 1.50。当 y 偏离 $y_0 \pm 0.1$ 时,产品为次品,质量损失为 1000 元;当 y 偏离 $y_0 \pm 0.3$ 时,产品为废品,质量损失为 9000 元。

零件参数的标定值有一定的容许变化范围;容差分为 A、B、C 三个等级,用与标定值的相对值表示,A 等为 $\pm 1\%$,B 等为 $\pm 5\%$,C 等为 $\pm 10\%$。7 个零件参数标定值的容许范围及不同容差等级零件的成本(元)如表 5.11 所示(符号 / 表示无此等级零件):

表 5.11　　　　　　　　　7 个零件参数标定值范围及不同容差等级零件成本

	标定值容许范围	C 等	B 等	A 等
X_1	$[0.075,0.125]$		25	—
X_2	$[0.225,0.375]$	20	50	—
X_3	$[0.075,0.125]$	20	50	200
X_4	$[0.075,0.125]$	50	100	500
X_5	$[1.125,1.875]$	50	—	—
X_6	$[12,20]$	10	25	100
X_7	$[0.565,0.935]$		25	100

现进行成批生产,每批产量 1000 个。在原设计中,7 个零件参数的标定值为:$X_1 = 0.1, X_2 = 0.3, X_3 = 0.1, X_4 = 0.1, X_5 = 1.5, X_6 = 16, X_7 = 0.75$;容差均取最便宜的等级。

请你综合考虑 y 偏离 y_0 造成的损失和零件成本,重新设计零件参数(包括标定值和容许差),并与原设计比较,说出总费用降低了多少。

模型假设:

(1) 零件参数 $x_1,x_2,\cdots,x_n$ 为相互独立的随机变量,期望值和均方差分别记作 x_{i_0} 和 $\sigma_i(i = 1,2,\cdots,n)$,(绝对)容差记作 $r_i = 3\sigma_i$,相对容差记作 $t_i = \frac{r_i}{x_{i_0}}, t = (t_1,\cdots,t_n)$。

(2) 产品参数 y 由 $x_1,x_2,\cdots,x_n$ 决定,记作 $y = f(x_1,\cdots,x_n)$。由于 x_i 偏离 x_{i_0} 很小,可在 $x^0 \overset{\Delta}{=} (x_{10},\cdots,x_{n_0})$ 处对 f 作泰勒展开,并略去二阶及以上项有 $y = f(x^0) +$

$\sum\limits_{i=1}^{n} d_i(x_i - x_{i_0})$，其中 $d_i = \dfrac{\partial f}{\partial x_i}\big|_{x^0}$。于是随机变量 y 的期望值为 $Ey = f(x^0)$，方差为 $\sigma_y^2 = \sum\limits_{i=1}^{n} d_i^2\sigma_i^2$。注意到 $t_i = \dfrac{3\sigma_i}{x_{i_0}}$，$\sigma_y^2$ 又可表示为 $\sigma_y^2 = \dfrac{1}{9}\sum\limits_{i=1}^{n} (d_i x_{i_0} t_i)^2$。

（3）y 偏离目标值 y_0 造成的（单件产品）质量损失记作 $L(y)$。由题目所给数据可设 $L(y)$ 与 $(y - y_0)^2$ 成正比。即 $L(y) = k(y - y_0)^2$，且可得 $k = 10^3/0.1^2 = 10^5$。

（4）成批生产时平均每件产品的损失为：

$$Q(x^0, t) = EL(y) = kE(y - y_0)^2$$
$$= kE[(Ey - y_0) + (y - Ey)]^2$$
$$= kE[(Ey - y_0)^2 + (y - Ey)^2]$$
$$= k[(Ey - y_0)^2 + \sigma_y^2]$$
$$= k(f(x_0) - y_0)^2 + \frac{k}{9}\sum_{i=1}^{n}(d_i x_{i_0} t_i)^2$$

（5）单件产品的零件成本仅取决于相对容差（等级）t_i，记作 $c_i(t_i)$，于是零件成本为 $c(t) = \sum\limits_{i=1}^{n} c_i(t_i)$，其数值已由题目给出。

（6）综合考虑 y 偏离 y_0 造成的损失和零件成本，将本问题的目标函数定义为成批生产时平均每件产品的总费用 $z(x^0, t) = Q(x^0, t) + c(t)$。

模型的建立：

$$P: \mathrm{Min}\, z(x^0, t) = k(f(x^0) - y_0)^2 + \frac{k}{9}\sum_{i=1}^{n}(d_i x_{i_0} t_i)^2 + \sum_{i=1}^{n} c_i(t_i)$$

s. t.　$a_i \le x_{i_0} \le b_i$，t_i 取给定值（离散）

（a_i, b_i 已由题目给出）

模型的求解：

由题目可知 $t = (t_1, \cdots, t_n)$ 的取值共有 $2 \times 3 \times 3 \times 3 \times 2 = 108$ 种，对每个固定的 $t = (t_1, \cdots, t_n)$ 值，求解子问题：

$$P_1: \mathrm{Min}\, z_1(x^0) = k[f(x^0) - y_0]^2 + \frac{k}{9}\sum_{i=1}^{n}(d_i x_{i_0} t_i)^2$$

s. t.　$a_i \le x_{i_0} \le b_i$，$i = 1, \cdots, n$

得到最优解 $x^{0*} = (x_{10}^*, \cdots, x_{n0}^*)$ 和最优值 $z_1^*(t_1, \cdots, t_n)$，然后比较 108 个 $z = z_1^*(t_1, \cdots, t_n) + \sum\limits_{i=1}^{n} c_i(t_i)$，得到问题 P 的最优解 $x^{0**} = (x_{10}^{**}, \cdots, x_{n0}^{**})$ 和 $t^* = (t_1^*, \cdots, t_n^*)$ 及最优值 z^*。

结果：

可以设计一种迭代程序求解结果。对固定的 t^0，求解 P_1 得到 x^{0*}，然后对不同的 t，比较 $z(x^{0*}, t)$，记使 $z(x^{0*}, t)$ 达到最小的 t 为 t^*；若 $t^* - t^0$，则停止，x^{0*}, t^* 即为最优解，否则以 t^* 代替 t^0，进行迭代。我们的结果是：

$x_0^{**} = (0.075, 0.375, 0.125, 0.1185, 1.1616, 19.96, 0.5625)$,

$t^* = (0.05, 0.05, 0.05, 0.1, 0.1, 0.05, 0.05)$,

（平均）每件产品的质量损失 $Q = 473.7$（元），零件成本 $c = 275$（元）。

总费用 $z = 748.7$（元）。

对原设计 $x_0 = (0.1, 0.3, 0.1, 0.1, 1.5, 16, 0.75)$,

$t = (0.05, 0.1, 0.1, 0.1, 0.1, 0.1, 0.05)$,

有 $Q = 6307$（元），$c = 200$（元），$z = 6507$（元）。

【例 5.13】 自动化车床管理。(1999 年全国大学生数学建模竞赛 A 题)

一道工序用自动化车床连续加工某种零件，由于刀具损坏等原因该工序会出现故障，其中刀具损坏故障占 95%，其他故障仅占 5%。

工序出现故障是完全随机的，假定在生产任一零件时出现故障的机会均相同。工作人员通过检查零件来确定工序是否出现故障。

现积累有 100 次刀具故障记录，故障出现时该刀具完成的零件数如表 5.12 所示。现计划在刀具加工一定件数后定期更换新刀具。

已知生产工序的费用参数如下：

故障时产出的零件损失费用 $f = 200$ 元/件；

进行检查的费用 $t = 10$ 元/次；

发现故障进行调节使恢复正常的平均费用 $d = 3000$ 元/次（包括刀具费）；

未发现故障时更换一把新刀具的费用 $k = 1000$ 元/次。

(1) 假定工序故障时产出的零件均为不合格品，正常时产出的零件均为合格品，试对该工序设计效益最好的检查间隔（生产多少零件检查一次）和刀具更换策略。

(2) 如果该工序正常时产出的零件不全是合格品，有 2% 为不合格品；而工序故障时产出的零件有 40% 为合格品，60% 为不合格品。工序正常而误认有故障停机产生的损失费用为 1500 元/次。对该工序设计效益最好的检查间隔和刀具更换策略。

(3) 在(2)的情况下，可否改进检查方式以获得更高的效益？

表 5.12　　　　　　　　100 次刀具故障记录（完成的零件数）

459	362	624	542	509	584	433	748	815	505
612	452	434	982	640	742	565	706	593	680
926	653	164	487	734	608	428	1153	593	844
527	552	513	781	474	388	824	538	862	659
775	859	755	649	697	515	628	954	771	609
402	960	885	610	292	837	473	677	358	638
699	634	555	570	84	416	606	1062	484	120
447	654	564	339	280	246	687	539	790	581
621	724	531	512	577	496	468	499	544	645
764	558	378	765	666	763	217	715	310	851

问题(1)

模型假设:

(1)刀具每加工 u 件零件后定期更换,更换费用为 k(已知);

(2)每生产 n 件零件定期进行检查,检查费用为 t(已知);

(3)在两次相邻的检查之间,生产任一零件时工序出现故障的概率均相等,记作 p;

(4)检查时工序停止生产,若发现该零件为不合格品,则进行调节使恢复正常,费用为 d(已知);

(5)工序故障时生产的零件均为不合格品,正常时均为合格品,而刀具故障占工序故障的 95%;

(6)每件不合格品的损失费为 f(已知);

(7)刀具故障(寿命)的概率分布由所给 100 次故障记录确定。

模型建立:

(1)目标函数(工序效益)为生产每个零件的平均费用 L,包括预防保全费用 L_1(刀具定期更换)、检查费用 L_2、工序故障造成不合格品的损失费用 L_3。

由假设(1),$L_1 = k/u$;由假设(2),$L_2 = t/n$;由假设(4)和(6),$L_3 = (mf+d)/c$,其中 m 为当相邻两次检查的后一次检查发现故障时,n 件零件中不合格品的平均数,c 为平均故障间隔。于是问题为确定 u,n 使

$$L(u,n) = \frac{k}{u} + \frac{t}{n} + \frac{mf+d}{c} \tag{5.8}$$

最小,下面计算 m,c。

(2)m 的计算。由假设(3),在相邻两次检查的后一次检查发现故障(概率为 $\tilde{p}$)的条件下,出现 i 件不合格品(前 $n-i$ 件合格,下一件不合格)的概率为 $(1-p)^{n-i}p/\tilde{p}$,$\tilde{p} = 1 - (1-p)^n$,于是

$$m = \sum_{i=1}^{n} i(1-p)^{n-i}p/[1-(1-p)^n] \tag{5.9}$$

(5.9)式经代数运算可得

$$m = \frac{(1-p)^{n+1} + (n+1)p - 1}{p[1-(1-p)^n]} \tag{5.10}$$

将(5.10)式在 $p = 0$ 处展开得

$$m = \frac{n+1}{2} + \frac{n^2-1}{2}p + o(p) = \frac{n+1}{2}$$

其中由于 $p = 1/c$ 很小(见后面计算结果),将 $o(p)$ 忽略。代入(5.8)式得

$$L(u,n) = \frac{k}{u} + \frac{t}{n} + \frac{(n+1)f}{2c} + \frac{d}{c} \tag{5.11}$$

(3)c 的计算。首先,根据给出的 100 个数据算出无预防性更换时刀具故障平均间隔(即 100 个数据的平均值)为 $a_0 = 600$(件)。设非刀具故障平均间隔为 b,由假设(5)刀具故障占 95%,非刀具故障占 5%,则 $\dfrac{1/600}{1/b} = \dfrac{95\%}{5\%}$,从而 $b = 11\,400$(件)。

其次,在不考虑非刀具故障的条件下,计算定期(u件)更换时刀具故障的平均间隔 $a(u)$。由100个数据统计出刀具故障的经验概率分布,例如对完成的零件数作如表5.13所示分组:

表5.13 　　　　　　　　　零件分组频率表

零件数 N_i	< 100	100 ~ 150	150 ~ 200	200 ~ 250	250 ~ 300	300 ~ 350
频率 f_i	1%	1%	1%	2%	2%	2%
零件数 N_i	350 ~ 400	400 ~ 450	450 ~ 500	500 ~ 550	550 ~ 600	600 ~ 650
频率 f_i	4%	6%	9%	11%	11%	13%
零件数 N_i	650 ~ 700	700 ~ 750	750 ~ 800	800 ~ 850	850 ~ 900	> 900
频率 f_i	9%	6%	8%	4%	4%	6%

若 $u = 300$ 件,则平均刀具故障间隔为 $a(300)$,而由表5.13可知100次更换有 $1+1+1+2+2 = 7$ 次刀具故障,相邻两次换刀之间刀具故障的平均间隔为 $50 \times 1\% + 125 \times 1\% + 175 \times 1\% + 225 \times 2\% + 275 \times 2\% + 300 \times 93\%$,显然它等于 $a(300) \times 7\%$,从而

$$a(300)$$

$$= \frac{50 \times 1\% + 125 \times 1\% + 175 \times 1\% + 225 \times 2\% + 275 \times 2\% + 300 \times 93\%}{7\%}$$

$$= \frac{1}{7}[(50 \times 1 + 125 \times 1 + 175 \times 1 + 225 \times 2 + 275 \times 2) + 300 \times 93] \approx 4179。$$

一般地,记刀具完成件数为 N_i,频率为 f_i,若对于给定的 u 有 $N_k < u, N_{k+1} > u$,则定期(u件)更换时刀具故障的平均间隔为:

$$a(u) = \frac{\sum_{i=1}^{k} N_i f_i + u(1 - \sum_{i=1}^{k} f_i)}{\sum_{i=1}^{k} f_i} \tag{5.12}$$

工序的平均故障间隔 $c(u)$ 由 $a(u)$ 和 b(b 为非刀具故障平均间隔)决定,满足 $1/c(u) = 1/a(u) + 1/b$,于是

$$c(u) = \frac{1}{1/a(u) + 1/b} \tag{5.13}$$

如若 $u = 300$ 件,则 $c = \dfrac{1}{1/4179 + 1/11\,400} \approx 3058$

模型求解:

求 u, n 使(5.11)式之 L 达到最小。给定 u 并如上计算出 c 后,则 L 是 n 的函数,由(5.11)式,显然当 $n = \sqrt{\dfrac{2ct}{f}}$ 时,L 达到最小。对于一系列的 $u = 100, 150, 200, \cdots$(比如步长取50),逐个求出 L 的极小值及相应的 n 值,其中使 L 最小者所对应的 u 和 n 即为所求。

代入数值可解出 $u = 400, n = 15$ 时 L 最小,此即有最好效益的刀具更换间隔和检查间隔。

注1:当经验概率分布的分组取得不同,或直接用100个数据为经验分布函数,或作分布拟合得一连续分布函数(根据直方图,作正态拟合较适宜),求平均故障间隔,可能会使答案稍有差异。

注2:如在假设(4)中设检查时工序不停止生产,而有 h 个不合格零件产出(h 可取一适当数值),则(5.11)式中增加一项 hf/c,这对问题的解法无影响,但可能使答案有差异。

问题(2)

要考虑两种误判:一是工序正常时检查到不合格品误判停机,将承担误判停机的损失费用 $s = 1500$ 元;二是工序故障时检查到合格品,将继续生产直到下一次检查,使不合格品的损失费增加。此时效益函数应为

$$L = \frac{k}{u} + \frac{1}{n}[t + (1-p)^n vs] + \frac{f}{c}\left(\frac{n+1}{2} + n\frac{w}{1-w}\right) + \frac{d}{c}, \tag{5.14}$$

与(5.11)式相比,(5.14)式多了两项:$\dfrac{(1-p)^n vs}{n}$ 和 $\dfrac{f}{c} \cdot n\dfrac{w}{1-w}$。

$\dfrac{(1-p)^n vs}{n}$ 是由于第一种误判停机而产生的摊在每件产品上的损失费:其中 $(1-p)^n$ 是两次检查间工序正常的概率($p = 1/c$),$v = 2\%$ 是工序正常时的不合格品率,$s = 1500$ 为第一种误判停机的损失费;$\dfrac{f}{c} \cdot n\dfrac{w}{1-w}$ 是由于第二种误判而产生的摊在每件产品上的损失费:其中 $w = 40\%$ 是工序故障时的合格品率,$n\dfrac{w}{1-w} = nw + nw^2 + \cdots$ 是第二种误判增加的不合格品数。

然后按上面的求解方法可得 $u = 350, n = 22$ 时有最好的效益。

问题(3)

由于工序故障时的合格品率相当高,可考虑检查时当检查到的那个零件为合格品时,再查一个零件,若仍是合格品则判定工序正常,若为次品则判定工序故障,这样虽然使检查费用增加,但不合格品的损失费将减少。这时效益函数为

$$L = \frac{k}{u} + \frac{1}{n}\{t + [(1-p)^n(1-v) + (1-(1-p)^n)w]t + (1-p)^n vs\}$$
$$+ \frac{f}{c}\left[\frac{n+1}{2} + n\frac{w^2}{1-w^2}\right] + \frac{d}{c} \tag{5.15}$$

其中,$\dfrac{(1-p)^n(1-v)t}{n}$ 是两次检查间工序正常且检查到合格品时,再检查一次的费用;$\dfrac{[1-(1-p)^n]wt}{n}$ 是工序故障而检查到合格品,再检查一次的费用;$\dfrac{(1-p)^n vs}{n}$ 是第一种误判的损失费用;$\dfrac{f}{c} \cdot n\dfrac{w^2}{1-w^2}$ 是第二种误判的损失费用。

按上面的求解方法可得 $u - 350, n - 32$ 时有更高的效益。

【例 5.14】钓鱼问题。

为了估计湖中鱼的数量,先从湖中钓出 r 条鱼做上记号后又放回湖中,然后再从湖中钓出 S 条鱼,结果发现 S 条中有 x 条鱼标有记号。问应该如何估计湖中鱼的数量 N?

解:该问题就是要从第二次钓出的标有记号的鱼所占的"比例"估计出湖中鱼的数量。第二次钓出的标有记号的鱼数 X 是一个随机变量,X 服从超几何分布

$$P\{X = x\} = \frac{C_r^x C_{N-r}^{s-x}}{C_N^s} \tag{5.16}$$

其中 x 为整数,且 $\max[0, s-(N-r)] \leqslant \min[r, s]$。今用 $L(x, N)$ 表示 (5.16) 式的右端,则取使 $L(x, N)$ 达到极大值的 N 作为 N 的估计量。直接对 N 求导考察极值比较困难,我们用比值法来研究 $L(x, N)$ 的变化

$$A(x, N) = \frac{L(x, N)}{L(x, n-1)} = \frac{N-r}{N} \cdot \frac{N-s}{(N-r)-(s-x)} = \frac{N^2 - (r+s)N + rs}{N^2 - (r+s)N + Nx} \tag{5.17}$$

从 (5.17) 式看出,当且仅当 $N < \dfrac{rs}{x}$ 时,$L(x, N) > L(x, N-1)$。而当且仅当 $N > \dfrac{rs}{x}$ 时,$L(x, N) < L(x, N-1)$。因此 $L(x, N)$ 在 $\dfrac{rs}{x}$ 附近取极大值,于是 N 的估计量 $\hat{N}$ 的值为 $\dfrac{rs}{x}$ 的整数部分。

【例 5.15】统计数据的整理与加工。

上海证券交易所将每天各种股票的交易价格概括为一个综合指数,称为"上证指数",如果今天的上证指数为 y_i,而上一个交易日的上证指数为 y_{i-1},则称 $x_i = y_i - y_{i-1}$ 为上证指数的涨跌值。下面的数据是上海证券交易所 1995 年头 50 个交易日上证指数涨跌的观测值(摘自《新民晚报》)$x_i (i = 1, 2, \cdots, 50)$:

13.93, -6.92, -6.13, -14.79, -15.70, -2.83, -11.01, -4.28, -9.03, -0.87, 5.70, -21.92, -0.48, -17.80, -5.87, 8.20, -2.67, -28.87, -1.23, 1.26, 19.61, -11.98, 7.46, -0.73, -5.27, -4.47, -4.61, 1.20, 6.18, 53.50, -5.51, -30.70, 2.84, -12.01, 7.70, 3.89, 16.37, 39.08, 16.66, -12.15, -15.22, -19.30, -0.06, 2.01, -15.64, 7.28, 13.64, -8.07, 6.50, 21.75。

经计算,$\sum\limits_{i=1}^{50} x_i = -41.36$,$\sum\limits_{i=1}^{50} x_i^2 = 11\,397.44$,样本均值 $\bar{x} = \dfrac{1}{50}\sum\limits_{i=1}^{50} x_i = -0.8272$,样本方差 $S^2 = \dfrac{1}{49}\left(\sum\limits_{i=1}^{50} x_i^2 - 50 \times \bar{x}^2\right) = 231.9026$,样本标准差为 $S = 15.2284$。总体来看,这段时间,股市不太景气,平均每个交易日下跌 0.8272 点。

为了研究这段时间上海证券交易所股市的变化动态,要对统计数据进一步研究。由于上证指数的涨跌值 X 是一个连续型随机变量,因而我们采用分组方法进行整理(见表 5.14)。

表 5.14　　　　　　　　　　　　上证指数分组频率表

区间	频率 f_i	累积频率 F_i 百分比
< -30.7	1	2.00%
$-30.7 \sim -18.67$	3	8.00%
$-18.67 \sim -6.64$	12	32.00%
$-6.64 \sim 5.39$	19	70.00%
$5.39 \sim 17.42$	11	92.00%
$17.42 \sim 29.44$	2	96.00%
$29.44 \sim 41.47$	1	98.00%
> 41.47	1	100.00%

由整理的数据,我们可以作出频数(频率)直方图和累积频率直方图(见图5.2)。把频率直方图中各个小矩形顶边的中点连接起来,就得到频率分布曲线,它的极限就是随机变量 X 的概率密度函数 $f(x)$。由累积频率所描述的累积频率曲线 $F_n(x)$,它称为样本分布函数或经验分布函数,它的极限就是随机变量 X 的分布函数 $F(x)$。由此我们可以研究随机变量 X 的分布规律,为证券投资决策提供可靠的理论依据。

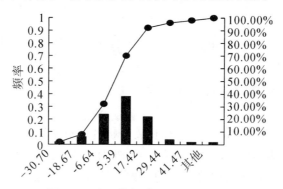

图5.2　上证指数涨跌值频率直方图

【例5.16】改变包装能使销售量增加吗?

某公司销售自己生产的某种产品,原用牛皮纸包装,定期内平均销售率为80%,现在公司试用改变包装来增加销售量。第一次在不涨价的条件下,改为白色塑料袋包装,在销售这种产品的过程中,任取 400 件作调查,结果售出 332 件;第二次价格略有提高,改为手提包式彩色塑料袋包装,在第二次改装后的商品销售销售过程中,仍任取 400 件,结果售出 338 件。以此来判断改变包装能使销售量增加吗?

为了判断改变包装是否能使销售量增加,假设该公司的产品销售率为 p,则要检验 $H_0: p \leq 0.8, H_1: p > 0.8$。由于销售频率 μ_n 是销售概率 p 的无偏估计量,且 $n = 400$ 是大样本,由中心极限定理,当 $p = 0.8$ 时,$\mu_n \sim N\left(0.8, \dfrac{0.8 \times (1 - 0.8)}{400}\right)$,所以,$U =$

$\dfrac{\mu_n - 0.8}{\sqrt{\dfrac{0.8 \times 0.2}{400}}} \sim N(0,1)$。取 $\alpha = 0.05$,$U_{0.05} = 1.64$,H_0 的拒绝域为 $(1.64, +\infty)$。

对于第一种情况,$\mu_n = \dfrac{332}{400} = 0.83$,$U = \dfrac{0.83 - 0.8}{\sqrt{\dfrac{0.8 \times 0.2}{400}}} = 1.5 < 1.64$,接受 H_0。在检验

水平 $\alpha = 0.05$ 之下,将牛皮纸改为白色塑料袋包装,虽然价格没有提高,但销售量(销售率)并没有显著增加。

对于第二种情况,$\mu_n = \dfrac{338}{400} = 0.845$,$U = \dfrac{0.845 - 0.8}{\sqrt{\dfrac{0.8 \times 0.2}{400}}} = 2.25 > 1.64$,拒绝 H_0,即认

为 $p > 0.8$。在检验水平 $\alpha = 0.05$ 之下,将牛皮纸改为手提包式彩色塑料袋包装,尽管价格略有上涨,但销售量(销售率)却明显地增加了。

在消费者心里,手提包式彩色塑料袋可以重复使用。包装精美实用可以使消费者对商品产生好感,虽然价格略有上涨,人们愿意购买。公司在保证产品质量的同时,还应该注意研究消费者的心理,在包装装潢上下功夫有时也是出奇制胜的一招。

第四节　回归分析模型

一、基本概念

回归分析(regression analysis)是指在相关分析的基础上,找出一个能够反映变量间具体变化关系的函数表达式,并据此进行估计和推算。

回归分析是研究变量之间相关关系的一种统计推断技术,主要分析内容包括:①从一组数据出发确定某些变量之间的定量关系式,即建立数学模型并估计其中的未知参数。②对这些关系式的可信程度进行检验。③在许多自变量共同影响着一个因变量的关系中,判断哪个(或哪些)自变量的影响是显著的,哪些自变量的影响是不显著的,将影响显著的自变量选入模型中,而剔除影响不显著的变量,通常用逐步回归、向前回归和向后回归等方法。④利用所求的关系式对某一生产过程进行预测或控制。

(一)线性回归模型

下面将主要讨论响应变量 y 与控制变量 $X(x_1, x_2, \cdots, x_n)$ 的函数 $f_1(X)$,$f_2(X), \cdots, f_k(X)$ 呈现线性相关关系的线性回归模型(linear regression models),即假定

$$y = F(X) = \beta_1 f_1(X) + \beta_2 f_2(X) + \cdots + \beta_k f_k(X) \tag{5.18}$$

则估计回归函数 $F(X)$ 就转化为估计系数 $\beta_i (i = 1, 2, \cdots, k)$。

当线性回归模型只有一个控制变量时称之为一元线性回归模型,有多个控制变量时

称之为多元线性回归模型。

1. 回归系数估计

在一元回归分析中,可通过散点图或计算相关系数判定 y 与 x 之间是否存在着显著的线性相关关系,即 y 与 x 之间存在如下关系:

$$y = \beta_0 + \beta_1 x + \varepsilon \tag{5.19}$$

通常认为 $\varepsilon \sim N(0,\sigma^2)$ 且假设 σ^2 与 x 无关。将观测数据 $(x_i, y_i)(i = 1, \cdots, n)$ 代入 (5.19) 同时注意到样本为简单随机样本得:

$$\begin{cases} y_i = \beta_0 + \beta_1 x_i + \varepsilon_i (i = 1, \cdots, n) \\ \varepsilon_1, \cdots, \varepsilon_n \text{独立同分布} N(0, \sigma^2) \end{cases} \tag{5.20}$$

称 (5.19) 式或 (5.20) 式所确定的模型为一元 (正态) 线性回归模型。

由 $y = \beta_0 + \beta_1 x = \begin{bmatrix} 1, x \end{bmatrix} \begin{bmatrix} \beta_0 \\ \beta_1 \end{bmatrix}$,可得如下近似方程:

$$Y = \begin{bmatrix} y_1 \\ y_2 \\ \vdots \\ y_n \end{bmatrix} = \begin{bmatrix} 1 & x_1 \\ 1 & x_2 \\ \vdots & \vdots \\ 1 & x_n \end{bmatrix} \begin{bmatrix} \beta_0 \\ \beta_1 \end{bmatrix} = X\beta$$

利用 MATLAB 软件实现对其进行统计分析非常简单。可直接用 $B = X \backslash Y$ 的形式求得截距和斜率的最小二乘估计:

$$\hat{\beta} = \begin{bmatrix} \hat{\beta}_0 \\ \hat{\beta}_1 \end{bmatrix} \tag{5.21}$$

【例 5.17】用最小二乘法求一个形如 $y = a + bx^2$ 的经验公式,数据如表 5.15:

表 5.15　　　　　　　　　　　　　　　　X 与 Y 已知数据

X	19	25	31	38	44
Y	19.0	32.3	49.0	73.3	98.8

解:用矩阵除法(因为要拟合的多项式缺了 1 次幂项,所以不能直接用 polyfit 函数,但可将 x^2 用 t 代换,转换为 t 的一次多项式,可用 polyfit 拟合)实现待定系数的二维线性回归分析,MATLAB 源代码如下:

```
clear;clc;close all;
x = [19 25 31 38 44];
y = [19.0 32.3 49.0 73.3 98.8];
x1 = x.^2;x1 = [ones(5,1),x1'];
ab = x1\y'
x0 = [19:0.2:44];
y0 = ab(1) + ab(2) * x0.^2;
clf;plot(x,y,'o', x0,y0,'-r');
```

legend('原始数据点', '拟合曲线', ' location ', ' southeast ')

由此得待定系数 a = 0.5937, b = 0.0506，拟合曲线与数据点的耦合效果如图5.3所示。

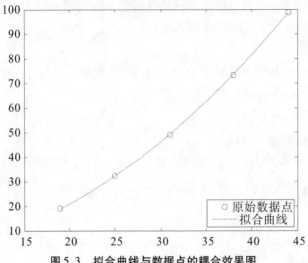

图5.3 拟合曲线与数据点的耦合效果图

一般地，多元线性回归模型的一般形式为：

$$y = \beta_0 + \beta_1 x_1 + \beta_2 x_2 + \cdots + \beta_p x_p + \varepsilon \tag{5.22}$$

式中，Y 称为因变量，$x_1, x_2, \cdots, x_p$ 是 p 个可以精确测量并可控制的一般变量，称为自变量。$\beta_0, \beta_1, \cdots, \beta_p$ 是 $p+1$ 个未知参数，称为回归系数。这里 ε 是随机误差，我们常假定其期望值为零、方差为 σ^2 的正态分布 $N(0, \sigma^2)$。

对一个实际问题，如果我们获得 n 组观测数据 $(x_{i1}, x_{i2}, \cdots, x_{ip}; y_i)$, $i = 1, 2, \ldots, n$, 把这些观测值代入(5.22)式可得多元线性回归模型：

$$\begin{cases} y_1 = \beta_0 + \beta_1 x_{11} + \beta_2 x_{12} + \cdots + \beta_p x_{1p} + \varepsilon_1 \\ y_2 = \beta_0 + \beta_1 x_{21} + \beta_2 x_{22} + \cdots + \beta_p x_{2p} + \varepsilon_2 \\ \qquad\qquad\qquad\qquad \cdots \\ y_n = \beta_0 + \beta_1 x_{n1} + \beta_2 x_{n2} + \cdots + \beta_p x_{np} + \varepsilon_n \end{cases} \tag{5.23}$$

写成矩阵形式为：

$$Y = X\beta + \varepsilon \tag{5.24}$$

其中：$Y = \begin{bmatrix} y_1 \\ y_2 \\ \cdots \\ y_n \end{bmatrix}$; $X = \begin{bmatrix} 1 & x_{11} & x_{12} & \cdots & x_{1p} \\ 1 & x_{21} & x_{22} & \cdots & x_{2p} \\ \cdots & \cdots & \cdots & \cdots & \cdots \\ 1 & x_{n1} & x_{n2} & \cdots & x_{np} \end{bmatrix}$; $\beta = \begin{bmatrix} \beta_0 \\ \beta_1 \\ \cdots \\ \beta_p \end{bmatrix}$; $\varepsilon = \begin{bmatrix} \varepsilon_1 \\ \varepsilon_2 \\ \cdots \\ \varepsilon_n \end{bmatrix}$

更一般地，多元线性回归模型可表示为如下形式：

$$y = \beta_0 + \beta_1 f_1(x) + \beta_2 f_2(x) + \cdots + \beta_p f_p(x) + \varepsilon \tag{5.25}$$

此时，只需把任意函数 $f_i(x)$ 看成观测向量 x_i 即可。

$$
\begin{bmatrix} y_1 \\ \cdots \\ y_n \end{bmatrix}_y = \underbrace{\begin{bmatrix} f_1(x_1) & \cdots & f_p(x_1) \\ \cdots & \cdots & \cdots \\ f_1(x_n) & \cdots & f_p(x_n) \end{bmatrix}}_{X} \underbrace{\begin{bmatrix} \beta_1 \\ \cdots \\ \beta_n \end{bmatrix}}_{\beta} + \underbrace{\begin{bmatrix} \varepsilon_1 \\ \cdots \\ \varepsilon_n \end{bmatrix}}_{\varepsilon} \tag{5.26}
$$

对未知参数 β 的估计,所选择的估计方法应该使得估计值 $\hat{y}$ 与观测值 y 之间的残差在所有样本点上达到最小,即使 $Q(\hat{\beta})$ 达到最小。所以求 $\hat{\beta}$,使得

$$
Q(\hat{\beta}) = e'e = \min_{\beta} \| y - \hat{y} \|^2 = \min_{\beta} \| y - X\hat{\beta} \|^2 = \min_{\beta} \sum_{i=1}^{n} (y_i - x_i \beta)^2 \tag{5.27}
$$

由多元函数求极值点的方法知 $y - X\hat{\beta}$ 必须与 X 的列空间正交,即 $X'(y - X\hat{\beta}) = 0$,或 $X'X\hat{\beta} = X'y$ 可求得回归系数的最小二乘估计值

$$
\hat{\beta} = (X'X)^{-1} X'Y \tag{5.28}
$$

2. 回归模型的评价

线性回归模型的评价包括拟合优度检验和方程显著性检验,它利用统计学中的抽样理论来检验回归方程的可靠性。

(1)拟合优度检验。

总离差平方和 SST(Total Deviation Sum of Squares):

$$
SST = \sum_{i=1}^{n} (y_i - \bar{y})^2 = \sum_{i=1}^{n} (y_i - \hat{y}_i)^2 + \sum_{i=1}^{n} (\hat{y}_i - \bar{y})^2 \tag{5.29}
$$

其中,$\sum_{i=1}^{n} (\hat{y}_i - \bar{y})^2$ 称为回归平方和 SSR(Regression Sum of Squares),$\sum_{i=1}^{n} (y_i - \bar{y}_i)^2$ 称为残差平方和 SSE(Residual Sum of Squares),简记为:$SST = SSR + SSE$,若两边同除以 SST 得:

$$
\frac{SSR}{SST} + \frac{SSE}{SST} = 1 \tag{5.30}
$$

把回归平方和与总离差平方和之比定义为决定系数,又称判定系数,即:

$$
R^2 = \frac{SSR}{SST} = \frac{\sum_{i=1}^{n} (\hat{y}_i - \bar{y})^2}{\sum_{i=1}^{n} (y_i - \bar{y})^2} \tag{5.31}
$$

决定系数越大,回归模型拟合程度越高。R^2 具有非负性,取值范围在 0 到 1 之间,它是样本的函数,是一个统计量。等价地,$1 - R^2 = \frac{SSE}{SST}$ 也可以作为反映回归直线与样本观察值拟合好坏的一个指标。不同于决定系数的是,其值小,说明回归方程的偏离度小,即回归方程的代表性好。

在一元线性回归方程中,判定系数便可以直接作为评价一元线性回归方程拟合程度的尺度,在多元线性回归分析中,通常采用"修正自由度判定系数"来判定现行多元回归方程的拟合优度:

$$
r_a^2 = 1 - (1 - R^2) \times \frac{n-1}{n-p-1} \tag{5.32}
$$

其中 p 是自变量的个数,n 为样本容量。可以看出:对于给定的 R^2 值和 n 值,p 值越大 r_a^2 越小。在进行回归分析时,一般总是希望以尽可能少的自变量去达到尽可能高的拟合程度。r_a^2 作为综合评价这方面情况的一个指标显然比 R^2 更为合适。但要注意:当 n 为小样本,自变量数很大时,r_a^2 为负。

统计学已证明,在 p 元线性回归分析中,因为 p 元回归模型有 $p+1$ 个参数,求解该回归方程时将失去 $p+1$ 个自由度,所以偏离回归平方和的自由度为 $(n-p-1)$。回归方程偏离度参数 σ^2 的一个无偏估计为 $\hat{\sigma}^2 = \dfrac{\sum\limits_{i=1}^{n}(y_i - \hat{y}_i)^2}{n-p-1} = \dfrac{SSE}{n-p-1}$,实际就是残差均方和(MSE)。从而,我们可以导出多元回归模型标准误差的计算公式

$$S_{y(x_1 x_2 \ldots x_p)} = \sqrt{\dfrac{\sum\limits_{i=1}^{n}(y_i - \hat{y}_i)^2}{n-p-1}} \tag{5.33}$$

这里的 $n-p-1$ 是自由度,

(2)线性回归模型的显著性检验。

显著性检验包括两个方面:一是对整个回归方程的显著性检验(F 检验),另一个是对各回归系数的显著性检验(t 检验)。在一元线性回归方程的检验时,这两个检验是等价的,但在多元线性回归模型的检验时两者却不同。

①回归方程的显著性检验步骤。

●提出假设:$H_0 : \beta_1 = \beta_2 = \cdots = \beta_p = 0$;$H_1 : \beta_i$ 不全为 $0, i = 1, 2, \cdots, p$。

●根据表 5.16 构建 F 统计量。

表 5.16　　　　　　　　　　线性回归模型的方差分析表

方差来源	平方和	自由度	均方和	F 值
回归	SSR	P	$MSR = \dfrac{SSR}{p}$	
误差	SSE	$n-p-1$	$MSE = \dfrac{SSE}{n-p-1}$	$F = \dfrac{MSR}{MSE}$
总计	SST	$n-1$		

●给定显著性水平 α,查 F 分布表,得临界值 $F_{\alpha}(p, n-p-1)$。

●若 $F \geq F_{\alpha}(p, n-p-1)$,则拒绝 H_0,接受备择假设,说明总体回归系数 β_i 不全为零,即回归方程是显著的;反之,则认为回归方程不显著。

②回归系数的显著性检验步骤。

●提出假设:$H_0 : \beta_i = 0$;$H_1 : \beta_i \neq 0 (i = 1, 2, \cdots, p)$。

●t 检验的计算公式为:$t_{\beta_i} = \dfrac{\hat{\beta}_i}{S_i}$,其中 $S_i = \sqrt{Var(\hat{\beta}_i)} = \sqrt{c_{ii}}\,\hat{\sigma}$ 是回归系数标准差,c_{ii} 是 $(X^T X)^{-1}$ 中第 $i+1$ 个主对角线元素。t 值应该有 p 个,对每一个 $i = 1, \cdots, p$ 可以计算

一个 t 值。

●给定显著性水平 α,确定临界值 $t_{\alpha/2}(n-p-1)$。

●若 $|t_{\beta_i}| \geq t_{\alpha/2}(n-p-1)$,则拒绝 H_0,接受备择假设,即总体回归系数 $\beta_i \neq 0$。

有多少个回归系数,就要做多少次 t 检验。

通过检验后的模型也可以用来进行预测。

3. 线性回归模型的 MATLAB 工具

(1)求回归系数的点估计和区间估计并检验回归模型。

$[b, bint, r, rint, stats] = regress(Y, X, alpha)$ 其中 b 是回归方程 $Y = XB + \varepsilon$ 中 B 的参数估计值,bint 是 b 的置信区间,r 和 rint 分别表示残差及残差对应的置信区间,stats 包含四个数字:分别是 R^2 值、F 统计量及对应的概率 q 值和误差方差的估计。

相关系数 r^2 越接近 1,说明回归方程越显著;$F > F_{1-\alpha}(p, n-p-1)$ 时拒绝 H_0,F 越大,说明回归方程越显著;与 F 对应的概率 $q < \alpha$ 时拒绝 H_0,回归模型成立。

(2)画出残差及其置信区间。

$rcoplot(r, rint)$

(3)多项式拟合。

多项式曲线拟合函数:polyfit

调用格式:$p = polyfit(x, y, n)$

$\qquad [p, s] = polyfit(x, y, n)$

$\qquad [p, s, mu] = polyfit(x, y, n)$

说明:x, y 为数据点,n 为多项式次数,返回 p 为幂次从高到低的多项式系数向量 p。结构 s 用于 polyval 生成预测值的误差估计:$s. R$ 为 x 的范德蒙德矩阵的 QR 分解,$s. df$ 为自由度,$s. normr$ 为残差的范数(见下一函数 polyval)。mu(1)和 mu(2)分别为 x 的均值与标准差。

多项式曲线求值函数:polyval( )

调用格式:$y = polyval(p, x)$

$\qquad [y, DELTA] = polyval(p, x, s)$

说明:$y = polyval(p, x)$ 为返回对应自变量 x 在给定系数 p 的多项式的值。

$[y, DELTA] = polyval(p, x, s)$ 使用 polyfit 函数的选项输出 s 得出误差估计 Y ± DELTA。它假设 polyfit 函数数据输入的误差是独立正态的,并且方差为常数。则 Y ± DELTA 将至少包含 50% 的预测值。

多项式曲线拟合的评价和置信区间函数:polyconf( )

调用格式:$\qquad [Y, DELTA] = polyconf(p, x, s)$

$\qquad\qquad [Y, DELTA] = polyconf(p, x, s, alpha)$

说明:$[Y, DELTA] = polyconf(p, x, s)$ 使用 polyfit 函数的选项输出 s 给出 Y 的 95% 置信区间 Y ± DELTA。它假设 polyfit 函数数据输入的误差是独立正态的,并且方差为常数。1 - alpha 为置信度。

(4)稳健回归函数:robustfit( )

稳健回归是指此回归方法相对于其他回归方法而言,受异常值的影响较小。

调用格式:$b = \mathrm{robustfit}(x,y)$

$$[b, \mathrm{stats}] = \mathrm{robustfit}(x,y)$$

$$[b, \mathrm{stats}] = \mathrm{robustfit}(x, y, '\,\mathrm{wfun}\,', \mathrm{tune}, '\,\mathrm{const}\,')$$

说明:b 返回系数估计向量;stats 返回各种参数估计;'wfun'指定一个加权函数;tune 为调协常数;'const'的值为'on'(默认值)时添加一个常数项;为'off'时忽略常数项。

【例5.18】由离散数据(见表5.17)拟合出多项式 $y = f(x)$。

表5.17　　　　　　　　　　　　　　　　X 与 Y 数据表

X	0	0.1	0.2	0.3	0.4	0.5	0.6	0.7	0.8	0.9	1
Y	0.3	0.5	1	1.4	1.6	1.9	0.6	0.4	0.8	1.5	2

程序:

```
x = 0:.1:1;
y = [.3 .5 1 1.4 1.6 1.9 .6 .4 .8 1.5 2]
n = 3;
p = polyfit(x,y,n)
xi = linspace(0,1,100);
z = polyval(p,xi);  % 多项式求值
plot(x,y,'o',xi,z,'k:',x,y,'b')
legend('原始数据','3 阶曲线')
```

结果:

p = 16.7832　　-25.7459　　10.9802　　-0.0035

多项式为:$y = 16.7832x^3 - 25.7459x^2 + 10.9802x - 0.0035$

曲线拟合图形如图5.4所示。

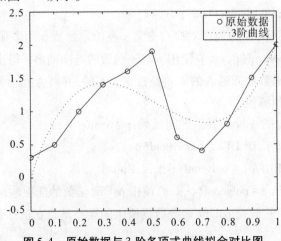

图5.4　原始数据与3阶多项式曲线拟合对比图

给出上面例的预测值及置信度为 90% 的置信区间。

程序：　　x = 0:. 1:1;

y = [.3 .5 1 1.4 1.6 1.9 .6 .4 .8 1.5 2]

n = 3;

[p,s] = polyfit(x,y,n)

alpha = 0.05;

[Y,DELTA] = polyconf(p,x,s,alpha)

结果：　　p = 16.7832　　−25.7459　　10.9802　　−0.0035

s =

R：[4x4 double]

df：7

normr：1.1406

Y = −0.0035,0.8538,1.2970,1.4266,1.3434,1.1480,0.9413,0.8238,0.8963, 1.2594,2.0140

DELTA = 1.3639,1.1563,1.1563,1.1589,1.1352,1.1202,1.1352,1.1589,1.1563, 1.1563,1.3639

【例 5.19】用多项式拟合函数 $y = x + 3\sin(x)$。

程序：

x = 1:20;

y = x + 3 * sin(x);

p = polyfit(x,y,6)

xi = linspace(1,20,100);

z = polyval(p,xi);% 多项式求值函数

plot(x,y,'o',xi,z,'k:',x,y,'b')

legend('原始数据','6 阶曲线')

多项式拟合结果：

$y = −0.0021 x^5 + 0.0505 x^4 − 0.5971 x^3 + 3.6472 x^2 − 9.7295x + 11.3304$

多项式拟合图形如图 5.5 所示。

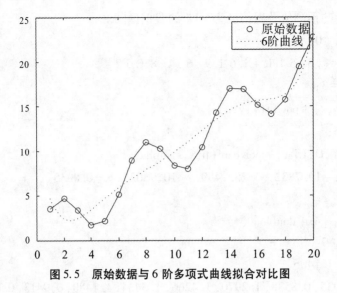

图 5.5　原始数据与 6 阶多项式曲线拟合对比图

再用 10 阶多项式拟合，程序如下：

$x = 1 : 20$ ；

$y = x + 3 * \sin(x)$ ；

$p = \text{polyfit}(x, y, 10)$

$xi = \text{linspace}(1, 20, 100)$ ；

$z = \text{polyval}(p, xi)$ ；

$\text{plot}(x, y, 'o', xi, z, 'k:', x, y, 'b')$

$\text{legend}('原始数据', '10 阶多项式')$

多项式拟合结果：

$y = 0.0004x^8 - 0.0114x^7 + 0.1814x^6 - 1.8065x^5 + 11.2360x^4 - 42.0861x^3 + 88.5907x^2 - 92.8155x + 40.2671$

多项式拟合图形如图 5.6 所示。

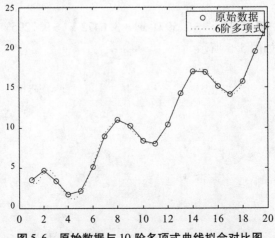

图 5.6　原始数据与 10 阶多项式曲线拟合对比图

可用不同阶的多项式来拟合数据,但也不是阶数越高拟合得越好。

【例 5.20】演示一个异常数据点如何影响最小二乘拟合值与稳健拟合。首先利用函数 $y = 10 - 2x$ 加上一些随机干扰的项生成数据集,然后改变一个 y 的值形成异常值。调用不同的拟合函数,通过图形观察影响程度。

程序:

```
x = (1:10)';
y = 10 - 2 * x + randn(10,1);
y(10) = 0;
bls = regress(y,[ones(10,1) x])  % 线性拟合
brob = robustfit(x,y)  % 稳健拟合
scatter(x,y)
hold on
plot(x,bls(1) + bls(2) * x,':')
plot(x,brob(1) + brob(2) * x,'r')
legend('原始数据','线性拟合', '稳健拟合')
```

　　　线性拟合结果:$y = 8.4452 - 1.4784x$

　　　稳健拟合结果:$y = 10.2934 - 2.0006x$

稳健拟合与最小二乘拟合对比如图 5.7 所示。

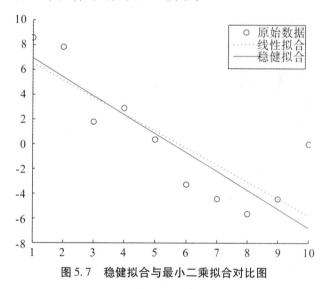

图 5.7　稳健拟合与最小二乘拟合对比图

分析:稳健拟合(实线)对数据的拟合程度好些,忽略了异常值。最小二乘拟合(点线)则受到异常值的影响,向异常值偏移。

(二)非线性回归模型

常常称线性回归模型为经验模型,因为它们仅仅建立在观测数据基础上,典型的特点是,模型参数与产生数据的机理没有任何关系。在观测数据范围内,要提高一个线性

模型的准确性,只有通过增加项数实现。非线性回归模型的典型特点是,模型与具有特定物理解释的参数密切相关,同时它们需要数据产生过程的先验假设,比线性回归模型更加内敛,而且在观测数据范围之外更加准确。

非线性参数回归模型以 $y = f(X, \beta) + \varepsilon$ 的形式代表了一个连续响应变量与一个或多个自变量间的对应关系,其中:

y 是一个 $n \times 1$ 的因变量的观察数据的向量;

X 是一个 $n \times p$ 的由预测器确定的矩阵;

β 是一个 $p \times 1$ 的待估计的未知参数的向量;

f 为 X 和 β 的任意函数;

ε 是一个 $n \times 1$ 的独立、同分布的随机干扰向量。

1. 可线性化的非线性回归模型

由于非线性的种类繁多,这里讨论可以化为线性拟合问题。例如在函数 $y = ae^{bx}$ 中,两边取对数,得 $\ln y = \ln a + bx$,再令 $a_1 = \ln a, z = \ln y$,则要拟合的函数就成 $z = a_1 + bx$,这样就变成线性拟合问题了。但也有不能化成线性拟合问题的情况,如函数 $y = ax + e^{bx}$ 就是这样。

非线性模型的线性化的一般方法是:先对两个变量 x 和 y 作 n 次试验观察得 (x_i, y_i),$i = 1, 2, \cdots, n$ 画出散点图,根据散点图确定须配曲线的类型。然后由 n 对试验数据确定每一类曲线的未知参数 a 和 b。采用的方法是通过变量代换把非线性回归化成线性回归,即采用非线性回归线性化的方法。

通常选择的六类曲线如下:

(1) 双曲线 $\dfrac{1}{y} = a + \dfrac{b}{x}$;

(2) 幂函数曲线 $y = ax^b$(其中 $x > 0, a > 0$);

(3) 指数曲线 $y = ae^{bx}$(其中 $a > 0$);

(4) 倒指数曲线 $y = ae^{b/x}$(其中 $a > 0$);

(5) 对数曲线 $y = a + b\ln x$(其中 $x > 0$);

(6) S 型曲线 $y = \dfrac{1}{a + be^{-x}}$

2. 非线性回归模型的 MATLAB 工具

(1) 确定回归系数的命令。

①非线性最小二乘拟合函数 lsqcurvefit。

在 MATLAB 中以最小二乘方的方法求解非线性拟合问题的函数是 lsqcurvefit,其解决问题的形式化描述如下:

$$\min_x \| F(x, xdata) - ydata \|_2^2 = \min_x \sum_i (F(x, xdata_i) - ydata_i)^2$$

其中,x 为待求系数,$xdata$ 为函数的给定输入数据,$ydata$ 为观察到的输出数据。

指令格式: $[x, \text{ResNorm}, \text{residual}] = \text{lsqcurvefit}(\text{fun}, x0, xdata, ydata, LB, UB)$

说明:参数 fun 为目标函数句柄;x0 为任意指定的搜索初始值;LB、UB 为 x 的下、上界。返回值:x 为待求系数,ResNorm 为残差的 2 - 范数 sum {(fun(x,xdata) - ydata)^2},
residual 为残差 fun(x,xdata) - ydata。

【例 5.21】xdata = [5;4;6];   % example xdata

ydata = 3 * sin([5;4;6]) + 6; % example ydata

x = lsqcurvefit(@(x,xdata) x(1) * sin(xdata) + x(2),[2 7],xdata,ydata)

当函数含确定参数时,你也可以用匿名函数捕获问题相关参数。假设你想解决由函数 myfun 给定的曲线拟合问题,函数由第二个参数 c 参数化,这里 myfun 为如下的 MATLAB 文件函数:

function F = myfun(x,xdata,c)

F = x(1) * exp(c * xdata) + x(2)

为解决函数含确定参数 c 的曲线拟合问题,首先,给 c 赋值;然后创建双参数匿名函数捕获 c 的值,并用 3 个参数调用 myfun;最后,把该匿名函数传给 lsqcurvefit:

xdata = [3; 1; 4];   % example xdata

ydata = 6 * exp(-1.5 * xdata) + 3; % example ydata

c = -1.5;   % define parameter

x = lsqcurvefit(@(x,xdata) myfun(x,xdata,c),[5;1],xdata,ydata)

【例 5.22】在区间[-1,3]内拟合函数 $y = ax + e^{bx}$。

解:用非线性拟合函数 lsqcurvefit 来拟合。

先建立拟合函数。

% 建立拟合模型函数,文件名是 nlfun.m,必须与函数名相同。

% 要拟合的函数中参数用 x 表示,即 x(1) = a,x(2) = b。

% 而拟合函数中 x 的值则用 xdata 表示。

function v = nlfun (x,xdata)

v = x(1) * xdata + exp(x(2) * xdata);

以下指令在命令窗中进行。

clear all; clc; clf;

x = linspace(-1,3,20);

y1 = 2 * x + exp(-2.1 * x); %原型函数

plot(x,y1,' - k ')

hold on

y = y1 + 1.2 * (rand(size(x)) - 0.5);   %将原型函数加一些扰动

plot(x,y,' bo ')

x0 = [2.5, -2.5];

a = lsqcurvefit(@ nlfun,x0,x,y)   % 用扰动数据拟合函数 nlfun (x),

vpa([a(1),a(2)],8)   % nlfun (t)表达式中各项的系数。

y2 = nlfun (a,x);

plot(x,y2,'-r')

legend('原型函数','含扰动的数据','用扰动数据拟合的结果',4);

效果图见图 5.8。

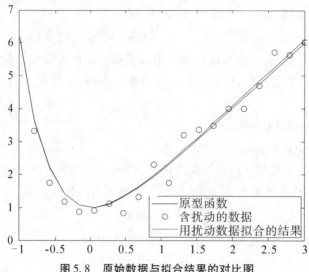

图 5.8　原始数据与拟合结果的对比图

②非线性回归函数 nlinfit。

nlinfit 利用 Levenberg-Marquardt 非线性最小二乘方算法来计算非鲁棒拟合。对于鲁棒拟合,nlinfit 利用反复重新拟合一个赋权的非线性回归实现,其中每次重复时的权是建立在每次的观察值与前次重复时的观察值的残差的基础上的。这些权起到一个对离群点降低权值的作用。重复到权收敛为止,其反复重新赋权的方法与用于线性模型鲁棒拟合的 robustfit 所用方法相同。

指令格式:[beta,r,J,COVB,mse] = nlinfit(X,y,fun,beta0)

说明:参数 X 为对应于 n 个观察值 y 的 p 个预测变量的一个 $n \times p$ 矩阵,y 为一个 $n \times 1$ 观察值向量,beta0 为任意指定的系数初始值向量,fun 为一如下形式目标函数句柄:

yhat = modelfun(b, X)

其中,b 为一个系数向量。

返回值:beta 与 beta0 长度相同均为系数,r 为残差,fun 的 Jacobian 矩阵 J,对拟合的系数估计的协方差矩阵 COVB,误差项的方差估计 mse。你可以用这些输出于 nlpredci 产生关于估计系数的误差估计。

【例 5.23】在化工生产中获得的氯气的级分 y 随生产时间 x 下降。假定在 $x \geqslant 8$ 时,y 与 x 之间有如下形式的非线性模型:

$$y = a + (0.49 - a)e^{-b(x-8)}$$

现收集了 44 组数据(见表 5.18),利用该数据通过拟合确定非线性模型中的待定常数。

表 5.18 氯气级分 y 与时间 x 的数据表

x	y	x	y	x	y	x	y	x	y	x	y
8	0.49	12	0.45	18	0.46	24	0.42	30	0.40	38	0.40
8	0.49	12	0.43	18	0.45	24	0.40	30	0.40	38	0.40
10	0.48	14	0.45	20	0.42	24	0.40	30	0.38	40	0.36
10	0.47	14	0.43	20	0.42	26	0.41	32	0.41	42	0.39
10	0.48	14	0.43	20	0.43	26	0.40	32	0.41		
10	0.47	16	0.44	20	0.41	26	0.41	34	0.40		
12	0.46	16	0.43	22	0.41	28	0.41	36	0.41		
12	0.46	16	0.43	22	0.40	28	0.40	36	0.36		

首先定义非线性函数的 m 文件：chlorine. m

function yy = chlorine (beta0 , x)

yy = beta0(1) + (0.49 − beta0(1)) * exp(− beta0(2) * (x − 8));

程序：

x = [8.00 8.00 10.00 10.00 10.00 10.00 12.00 12.00 12.00 14.00 14.00 14.00...

16.00 16.00 16.00 18.00 18.00 20.00 20.00 20.00 20.00 22.00 22.00 24.00...

24.00 24.00 26.00 26.00 26.00 28.00 28.00 30.00 30.00 30.00 32.00 32.00...

34.00 36.00 36.00 38.00 38.00 40.00 42.00]';

y = [0.49 0.49 0.48 0.47 0.48 0.47 0.46 0.46 0.45 0.43 0.45 0.43 0.43 0.44 0.43...

0.43 0.46 0.42 0.42 0.43 0.41 0.41 0.40 0.42 0.40 0.40 0.41 0.40 0.41 0.41...

0.40 0.40 0.40 0.38 0.41 0.40 0.40 0.41 0.38 0.40 0.40 0.39 0.39]';

beta0 = [0.30 0.02];

betafit = nlinfit(x , y , @ chlorine , beta0)

结果：betafit =

    0.3896

    0.1011

即 $a = 0.3896$, $b = 0.1011$ 拟合函数为：

$y = 0.3896 + (0.49 − 0.396) e^{−0.1011(x−8)}$

（2）求非线性回归预测置信区间。

指令格式：

[ypred , delta] = nlpredci(modelfun , x , beta , resid , ' covar ' , sigma)

[ypred , delta] = nlpredci(modelfun , x , beta , resid , ' jacobian ' , J)

求 nlinfit 所得的非线性回归函数 modelfun 在 x 处的预测值 ypred 及预测值在显著性水平为 95% 的置信区间的半宽 delta。参数 resid 为残差，sigma 为拟合系数 beta 的协方差矩阵，J 为 Jacobian 矩阵。

【例 5.24】对例 5.22 用 nlinfit 进行拟合。

clear all; clc; clf;

x = linspace(-1,3,20);

y1 = 2 * x + exp(-2.1 * x); %原型函数

plot(x,y1,'-k')

hold on

y = y1 + 1.2 * (rand(size(x)) -0.5); % 将原型函数加一些扰动

plot(x,y,'bo')

x0 = [2.5, -2.5];

[beta, resid,J, sigma,mse] = nlinfit(x,y, @nlfun,x0)   % 用扰动数据拟合函数 nl-

fun (x),

vpa([beta (1), beta (2)],8)   % nlfun (t)表达式中各项的系数。

[ypred,delta] = nlpredci(@nlfun,x,beta,resid,'covar',sigma)

y2 = nlfun (beta,x);

plot(x,y2,'-r', x,ypred,'g. ')

legend('原型函数','含扰动的数据','用扰动数据拟合的结果','用拟合预测的结果',

4);

效果图见图 5.9。

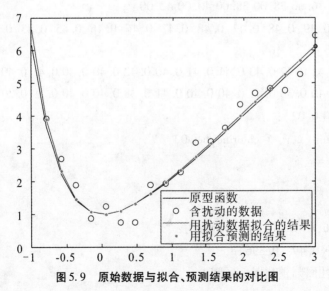

图 5.9　原始数据与拟合、预测结果的对比图

二、模型与实验案例

【例 5.25】合成纤维的强度与其拉伸倍数关系模型。

某种合成纤维的强度与其拉伸倍数有关。表 5.19 是 24 个纤维样品的强度与相应的拉伸倍数的实测记录。试求这两个变量间的经验公式。

表 5. 19　　　　　　　　　合成纤维的强度与其拉伸倍数的实测数据

编号	1	2	3	4	5	6	7	8	9	10	11	12
拉伸倍数 x	1.9	2.0	2.1	2.5	2.7	2.7	3.5	3.5	4.0	4.0	4.5	4.6
强度 y（Mpa）	1.4	1.3	1.8	2.5	2.8	2.5	3.0	2.7	4.0	3.5	4.2	3.5
编号	13	14	15	16	17	18	19	20	21	22	23	24
拉伸倍数 x	5.0	5.2	6.0	6.3	6.5	7.1	8.0	8.0	8.9	9.0	9.5	10.0
强度 y（Mpa）	5.5	5.0	5.5	6.4	6.0	5.3	6.5	7.0	8.5	8.0	8.1	8.1

解：将观察值 (x_i, y_i), $i = 1, \cdots, 24$ 在平面直角坐标系下用点标出，所得的图称为散点图（图 5.10）。

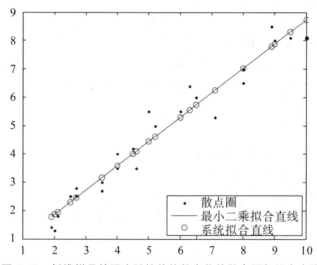

图 5.10　纤维样品的强度随拉伸倍数变化的散点图与拟合直线

从散点图看出，强度 y 与拉伸倍数 x 之间大致呈线性相关关系，一元线性回归模型适用于 y 与 x。用最小二乘估计公式求 $\hat{\beta}_0$、$\hat{\beta}_1$，得 $\hat{\beta}_1 = 0.8587$，$\hat{\beta}_0 = 0.1505$，进一步计算得决定系数 $R^2 = 0.952$，$F = 436.337\ 012$，$F_A = 4.300\ 95$，标准误差 $S_{yx} = 0.507\ 282$。由此得强度 y 与拉伸倍数 x 之间的经验公式为 $\hat{y} = 0.1505 + 0.8587x$。

以上作图和拟合计算的 MATLAB 实现代码如下：

```
clear;clc;close all;
x = [1.9 2.0 2.1 2.5 2.7 2.7 3.5 3.5 4.0 4.0 4.5 4.6 5.0 5.2 6.0 6.3 6.5 7.1 8.0 8.0 8.9 9.0 9.5 10.0]';
y = [1.4 1.3 1.8 2.5 2.8 2.5 3.0 2.7 4.0 3.5 4.2 3.5 5.5 5.0 5.5 6.4 6.0 5.3 6.5 7.0 8.5 8.0 8.1 8.1]';
n = length(x); r = corrcoef(x,y);
```

```
disp(sprintf('x 与 y 的相关系数 r = %f', r(2)));
mx = mean(x);    my = mean(y);
a = (mean(x. * y) - mx * my)/(mean(x. ^2) - mx^2);
b = my - a * mx;
disp(['回归方程 1:',char(vpa(poly2sym([a b],'x'),4))])
B = [ones(n,1) x]\y;
disp(['回归方程 2:',char(vpa(poly2sym([B(2),B(1)],'x'),4))])
yhat0 = polyval([a b],x); R = yhat0 - my; e = y - yhat0;
MSE = e' * e/(n - 2); R2 = sum(R. ^2)/sum((y - my). ^2);
disp(sprintf('回归偏离标准误差 σ = %f \n 回归决定系数 R^2 = %f', MSE^0.5,
R2));
F = (R' * R/MSE);Fa = finv(0.95,1,n - 2);
disp(sprintf('F = %f, Fa = %f', F, Fa));
yhat1 = polyval([B(2),B(1)],x);
plot(x,y,'. ',x,yhat0,x,yhat1, 'o ');
legend('散点图','最小二乘拟合直线','系统拟合直线',' location ',' southeast ');
xlabel('拉伸倍数');ylabel('纤维强度');
title('散点图 vs 拟合直线');
```

运用 MATLAB 工具的回归分析程序代码如下：

```
x = [1.9 2.0 2.1 2.5 2.7 2.7 3.5 3.5 4.0 4.0 4.5 4.6 5.0 5.2 6.0 6.3 6.5 7.1 8.0
8.0 8.9 9.0 9.5 10.0];
y = [1.4 1.3 1.8 2.5 2.8 2.5 3.0 2.7 4.0 3.5 4.2 3.5 5.5 5.0 5.5 6.4 6.0 5.3 6.5
7.0 8.5 8.0 8.1 8.1];
alpha = .05;
Fa = finv(1 - alpha, 2,length(x) - 3)
[b, bint,r,rint,stats] = regress(y', [ones(length(x),1) x'],alpha)
rcoplot(r,rint)
```

由程序计算结果可得，$F_a = 3.4668, \beta_0 = 0.1505, \beta_1 = 0.8587$，其置信区间分别为 $[-0.3508, 0.6517]$ 和 $[0.7735, 0.9440]$；R^2 值为 0.9520，F 统计量 436.3370 及对应的概率 p 值为 0.0000，误差方差的估计为 0.2573。其回归残差及置信区间的直观图如图 5.11 所示。

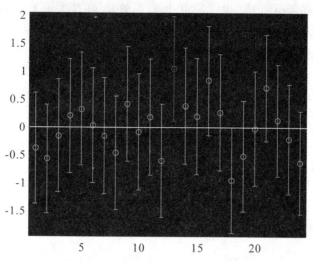

图 5.11　残差及其置信区间的直观图

【例 5.26】商品需求与价格和收入的关系模型。

某种商品十个地区的需求量与其价格以及消费者收入的资料如表 5.20 所示,推算若价格在 4000 元、消费者收入为 1700 万元时,该商品的需求量。

表 5.20　　　　　　　　　十个地区某商品的需求量与相关资料

地区编号	需求量 y(吨)	价格 x_1(百元)	收入 x_2(万元)
1	5919	23.56	762
2	6545	24.44	912
3	6236	32.07	1067
4	6470	32.46	1116
5	6740	31.15	1190
6	6440	34.14	1292
7	6800	35.3	1434
8	7240	38.7	1596
9	7571	39.63	1800
10	7068	46.68	1930

解:分析表所提供的数据,可设商品的需求量与其价格以及消费者收入的模型为二元线性回归模型 $y = \beta_0 + \beta_1 x_1 + \beta_2 x_2$。

利用表所提供的数据可拟合得到方程 $y = 6265.5530 - 97.9926x_1 + 2.8634x_2$,$\hat{\sigma} = 174.4818$,$r_a^2 = 0.8736$,$F$ 统计量为 32.0894,其对应的概率为 0.9997,若 $\alpha = 0.05$,则 $F_\alpha = 4.7374$,拒绝 H_0,方程是有意义的。

$t_{\beta_1} = -3.0541$(对应概率为 0.0185);$t_{\beta_2} = 4.8834$(对应概率为 0.0018),即若 $\alpha =$

0.05,两个 t 检验都是拒绝 H_0,也就是说,回归系数 $\hat{\beta}_1$ 和 $\hat{\beta}_2$ 是有意义的。

当 $x_1 = 40, x_2 = 1700$ 时,代入方程可得:$y = 7213.633($ 吨 $)$。

以上拟合计算的 MATLAB 实现代码如下:

```
clear;clc;close all;
y = [ 5919 6545 6236 6470 6740 6440 6800 7240 7571 7068 ]';
x1 = [ 23.56 24.44 32.07 32.46 31.15 34.14 35.3 38.7 39.63 46.68 ]';
x2 = [ 762 912 1067 1116 1190 1292 1434 1596 1800 1930 ]';
n = length( x1 );
X = [ ones( n,1 ),x1,x2 ];
Bhat = ( X'*X )\X'*y
yhat = X*Bhat;
e = y - yhat;
s = y - mean( y );
Q = e'*e;
S = s'*s;
p = length( Bhat ) - 1;
sigma __ hat = ( Q/( n - p - 1 ) )^.5
U = S - Q;
F = U*( n - p - 1 ) /( Q * p )
pf = fcdf( F,p,n - p - 1 )
Fa = finv( .95,p, n - p - 1 )
r2 = U/S;
r2 = 1 - ( 1 - r2 )*( n - 1 )/( n - p - 1 )
y = [ 1 40 1700 ]*Bhat
```

【例 5.27】人口变化模型。

表 5.21 给出了某地区 1971—2000 年的人口数据。试给出该地区的人口变化规律。

表 5.21　　　　　　　　　　　　　**某地区人口变化数据**

年份	t = 年份 - 1970	人口 y/人	年份	t = 年份 - 1970	人口 y/人
1971	1	33 815	1986	16	34 520
1972	2	33 981	1987	17	34 507
1973	3	34 004	1988	18	34 509
1974	4	34 165	1989	19	34 521
1975	5	34 212	1990	20	34 513
1976	6	34 327	1991	21	34 515
1977	7	34 344	1992	22	34 517

表5.21(续)

年份	$t=$ 年份-1970	人口 y/人	年份	$t=$ 年份-1970	人口 y/人
1978	8	34 458	1993	23	34 519
1979	9	34 498	1994	24	34 519
1980	10	34 476	1995	25	34 521
1981	11	34 483	1996	26	34 521
1982	12	34 488	1997	27	34 523
1983	13	34 513	1998	28	34 525
1984	14	34 497	1999	29	34 525
1985	15	34 511	2000	30	34 527

解:根据表 5.21 中的数据,作出散点图,见图 5.12。

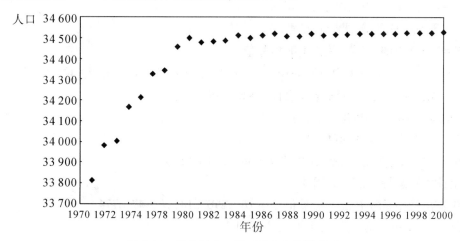

图 5.12　某地区人口随时间变化的散点图

从图 5.12 可以看出,人口随时间的变化呈非线性过程,而且存在一个与横坐标轴平行的渐近线,故可以用 Logistic 曲线模型进行拟合。

因为 Logistic 曲线模型的基本形式为:

$$y = \frac{1}{a + be^{-t}}$$

所以,只要令 $y' = \dfrac{1}{y}$,$x' = e^{-t}$,就可以将其转化为直线模型

$$y' = a + bx'$$

用 MATLAB 软件进行回归分析拟合计算,源程序如下:

```
clear; clc; close all;
% 读入人口数据(1971—2000 年)
y = [33815 33981 34004 34165 34212 34327 34344 34458 34498 34476 34483 ...
```

34488 34513 34497 34511 34520 34507 34509 34521 34513 34515 34517 …

34519 34519 34521 34521 34523 34525 34525 34527]';

% 读入时间变量数据(t＝年份－1970)

t＝1:30; plot(t＋1970,y,'b * ')

% 线性化处理

x＝exp(－t'); y(t)＝1./y(t);

% 计算,并输出回归系数 B

c＝ones(30,1); X＝[c,x]; B＝(X'*X)\X'*y

z＝B(1,1)＋B(2,1)*x; % 计算回归拟合值

s＝y－mean(y); % 计算离差

w＝z－y; % 计算误差

S＝s'*s; % 计算离差平方和 S

Q＝w'*w; % 回归误差平方和 Q

U＝S－Q; % 计算回归平方和 U

F＝28*U/Q% 计算,并输出 F 检验值

Y＝1./(B(1,1)＋B(2,1)*exp(－t)); % 计算非线性回归模型的拟合值

% 输出非线性回归模型的拟合曲线(Logistic 曲线)

hold on; plot(t＋1970,Y,'r');

xlabel('年份'); ylabel('人口');

legend('源数据点','拟合结果','Location', 'SouthEast')

上述程序运行后,进行如下操作:

①输出回归系数 B 及 F 检验值如下: $B＝2902.182; F＝47.8774$;

②输出 Logistic 模型拟合曲线(见图 5.13)。

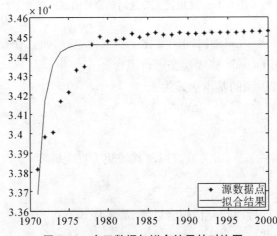

图 5.13 人口数据与拟合结果的对比图

附录1 专科优秀数学建模论文

论文1 基于风电场评价优化模型

段嘉源 肖文华 李朝

摘要：

本文主要研究风电场运行状况的问题。本文利用统计学知识分析建立了回归曲线模型，借助 SPSS、MATLAB、Excel 等软件，解决了风电场风能资源和利用情况评估、资源匹配和最优化的问题。

针对问题一，通过对数据的预处理，删除缺失值和异常值，筛选出有效的数据。本文分三步对风电场风能资源和利用情况进行评估。第一步是对风能资源进行评估，求出了一年中风速的平均值 5.675m/s 和中位数 5.2m/s、众数 4.5m/s，通过每月平均风速，求出了风速较大的时节集中在 12 月至 次年 2 月，风速较小的时节集中在 7 月到 8 月。四季中，春季和冬季的风速最大，夏季的风速最小。第二步是对风电场可利用率进行求解，采用输出功率的数据与数据的总量之比为可利用率，求出风电场的可利用率为 86.23%，说明风电场的可利用率偏低，利用情况较差。第三步，通过回归曲线模型，拟合出一年中风速与实际输出功率呈三次方函数，说明该风电场风能资源分布差异大，稳定性较差，实际输出功率受风速影响大，可利用率偏低。

针对问题二，建立回归曲线模型，拟合出两机型风速-功率的函数曲线，得到机型Ⅰ、机型Ⅱ两组分段函数，通过两组公式求出两种机型每天的总功率，利用配对样本 T 检验检测出两机型有显著性差异，并且机型Ⅱ好于机型Ⅰ，通过 MATLAB 拟合出两机型风速-功率的函数曲线，发现功率与风速的比值越小，机型越好。找出风能资源和风机匹配的相关关系，建立速度与功率的差分模型，得出机型评价标准 F，对新旧机型进行对比，得到新机型比现有机型更合适。

针对问题三，对于排班方案与风机维护计划，进行合理分析。考虑风电场 124 台风机一年需要 248 次维护，每台风机第一次维护与第二次维护的间隔时间不能超过 270 天，每组人员不能连续维护或值班 6 天，全年维护天数为 365 天，并且有需要休息的小组，引入 0-1 规划模型，求出最佳人员排班分配方案与风机维修方案，并对风电场最佳经济效益做出评价。

最后,对模型的优缺点以及推广进行分析。

关键词:回归曲线模型;配对样本;T 检验;优化

1. 问题的重述

风能是一种可再生能源,而风力发电则是风能的主要应用形式。我国某风电场进行了一、二期建设,现有风机 124 台,总装机容量约为 20 万千瓦。

请针对问题进行分析,建立数学模型,解决以下问题:

(1)附件 1 给出了该风电场一年内每隔 15 分钟的各风机安装处的平均风速和风电场日实际输出功率。试利用这些数据对该风电场的风能资源及其利用情况进行评估。

(2)附件 2 给出了该风电场几个典型风机所在处的风速信息,其中 4 #、16 #、24 #风机属于一期工程,33 #、49 #、57 #风机属于二期工程,它们的主要参数见附件 3 。风机生产企业还提供了部分新型号风机,它们的主要参数见附件 4 。试从风能资源与风机匹配角度判断新型号风机是否比现有风机更为适合。

(3)为安全生产需要,风机每年需进行两次停机维护,两次维护之间的连续工作时间不超过 270 天,每次维护需一组维修人员连续工作 2 天。同时风电场每天需有一组维修人员值班以应对突发情况。风电场现有 4 组维修人员可从事值班或维护工作,每组维修人员连续工作时间(值班或维护)不超过 6 天。请制定维修人员的排班方案与风机维护计划,使各组维修人员的工作任务相对均衡,且风电场具有较好的经济效益,试给出你的方法和结果。

2. 问题分析

2.1 问题一

该问题要求对该风电场的风能资源及其利用情况做出综合评估。那么首先要了解风能资源的概念和利用情况的求解方法,然后对数据做预处理,分析出缺失值和异常数据。一般而言,风力发电机组有一个启动风速,当风速达到这个值之后,风叶才开始转动,机组开始发电,而当风速达到某一值时,风机将会自动侦测并停止运转,以降低对机体本身的伤害。第一步,将筛选后的数据进行统计,求出风速的中位数、众数,一年中每个月的平均风速,四季的平均风速。第二步,对风电场利用情况进行评估,筛选出没有产生实际输出功率的数据,求出风电场的可利用率。第三步,把每个月的平均风速和平均功率进行回归方程拟合,得到风速与功率的函数关系式。

2.2 问题二

本题要求根据附件 2 和附件 3 所给的数据进行分析,然后从风能资源匹配的角度判断三种新机型是否比现有的旧机型更为合适。首先,对附件 2 的数据进行处理、整合,然后将附件 3 中实测数据导入 SPSS,运用回归曲线做出实测风速与功率的分段函数,再把附件 2 中的实测风速代入该分段函数公式中,求出每天机型 I 和机型 II 各自的总功率,采用配对样本 T 检验评估两种机型是否存在显著性差异,用 MATLAB 制作出机型 I 和机型 II 的函数图像,根据函数中功率与风速的比值,拟定出机型的评判标准,最后通过对比得出哪种机型更适合。

2.3　问题三

根据题意,要求对人员排班与对风机维护拟订方案计划。首先分析题目,风机每年需要进行两次维护,所以一年的工作时间可以定为 365 天,而现有风机为 124 台,则共需要 248 次维护,每次维护需要一组维修人员连续工作两天,并且每天都要有一组人员值班,且人员连续工作时间不超过 6 天。这是一个线性规划问题,应该建立最优模型,通过 LINGO 软件求出最优解,拟定出排班方案与风机维护计划。

3. 基本假设与符号说明

3.1　基本假设

(1)假设风电场的机组都能正常运转,没有发生故障。

(2)假设风电场的实际输出功率不受温度影响。

(3)假设风电场的大气压强不变。

(4)假设风机不受自然环境影响发生故障。

3.2　符号说明

相关符号说明见表 1。

表 1　　　　　　　　　　　　　　符号说明

符号	意义
V	风电场年平均风速
M_0	中位数计算公式
$\bar{x}$	平均数计算公式
P_1	机型 I 的功率
P_2	机型 II 的功率
H_0	配对样本 T 检验的原假设
F	机型的评价标准
a_{ij}	第 i 组人员在第 j 天工作
b_{ij}	第 i 台风机在第 j 天维修

4. 模型的建立与求解

4.1　风能资源及利用情况的评估

4.1.1　数据的预处理

在分析数据后,我们首先对所有数据进行集中,然后用 Excel 筛选出缺失值和异常值,接着删除这些数据,将有用的数据进行整理分析,如表 2 所示。

表2   缺失值和异常值分析

缺失值			异常值		
0:00	7		22:45	4	4. 74.9
......	......	......	......	......	......
合计	3		合计	9	

4.1.2 最大承受风速与最小启动风速

通过 Excel 筛选出功率为 0 的数据然后对这些数据中的风速做出柱状分布图,如图 1 所示。

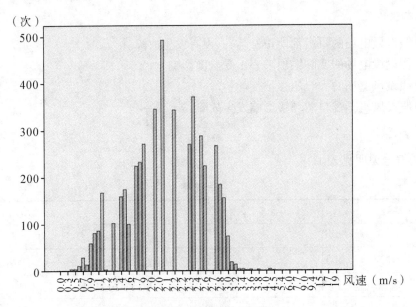

图 1 功率为 0 的风速分布

通过观察,当风速为 3.2m/s 时,出现次数远大于相邻的 3.4m/s,所以我们可以近似地取 3.2m/s 为风电机组的启动速度。从图 1 中还可以发现功率为 0 时风速的分布很广,所以考虑实际输出功率的大小是否受到风向的影响。

当风吹来的方向与风机正面转向不同,带有角度吹向风机,那么无论速度有多大,甚至超过启动速度,风电机组也有可能不转或者发电量很小。切入风的方向如图 2 所示。

背面风力方向　　　　　　　　　　正面风力方向

图2　切入风的方向

在确定风电机组的启动速度后，用 Excel 筛选出一年中速度大于 20m/s 的风速，然后找出最大速度，这个速度就接近于风电机组最大承受速度。

从表3中我们可以看出，一年中9月某日的最大风速为 24.1m/s，而理论风电机组所能承受的最大风速为 28～34m/s，则可以将该风电场风机的最大承受速度定为 25m/s。

表3　　　　　　　　　　**风电机组最大承受速度**

月份	时间	功率（kW）	速度（m/s）
9 月	17:30	13	20.1
9 月	18:00	13	23.1
9 月	18:15	16	20.2
9 月	18:30	3	20.3
9 月	18:45	1	24.1

4.1.3　对风能资源的评估

评价一个风电场的风能资源，主要是求该风电场的年平均风速，并且满足公式：

$$V = \frac{1}{n}\sum_{i=1}^{n} v_i \tag{1}$$

其中 V 表示统计周期内平均风速，n 表示该周期内风速的样本，v_i 表示该周期内第 i 个样本的平均风速。根据数据做出每月平均风速折线图如图3所示。

根据图3可以发现2月份的风速为一年中最大，8月份的风速为一年中最小，并且冬季的风速最大，夏季的风速最小，根据已知的月平均风速代入公式（1）可得：

$$V = \frac{1}{12}\sum_{i=1}^{12} v_i = 5.675 \text{ m/s}$$

通过 SPSS 对一年中所有实测风速的数据进行统计（表4），求出一年中风速的中位数、众数、平均数，如表5所示。

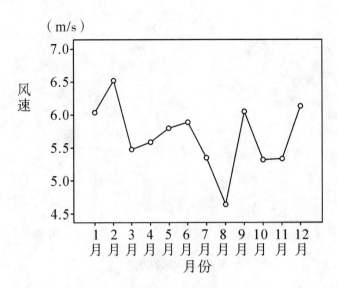

图3 每月平均风速

表4   描述性统计资料

	N	平均数	标准偏差	标准错误	平均值的95%信赖区间		最小值	最大值
					下限	上限		
1	1	6.032	—	—	—	—	6.0	6.0
2	1	6.519	—	—	—	—	6.5	6.5
3	1	5.477	—	—	—	—	5.5	5.5
4	1	5.586	—	—	—	—	5.6	5.6
5	1	5.795	—	—	—	—	5.8	5.8
6	1	5.893	—	—	—	—	5.9	5.9
7	1	5.346	—	—	—	—	5.3	5.3
8	1	4.641	—	—	—	—	4.6	4.6
9	1	6.044	—	—	—	—	6.0	6.0
10	1	5.313	—	—	—	—	5.3	5.3
11	1	5.331	—	—	—	—	5.3	5.3
12	1	6.132	—	—	—	—	6.1	6.1
总计	12	5.676	0.4973	0.1436	5.360	5.992	4.6	6.5

注:表中标准偏差、标准错误、平均值的95%信赖区间详细数据省略。

表5   一年中风速的统计数据资料

N	有效	35 028
	遗漏	0
平均数		5.668
标准错误		0.0146

表5(续)

N	有效	35 028
中位数		5.200
众数		4.5
变异数		7.466
最小值		0
最大值		24.1

(1)中位数计算公式。

$$\begin{cases} M_e = X_{\frac{N+1}{2}} & (当 N 为奇数) \\ M_e = \frac{1}{2}\{X_{\frac{N}{2}} + X_{\frac{N+1}{2}}\} & (当 N 为偶数) \end{cases} \tag{2}$$

(2)平均数计算公式。

$$\bar{x} = \frac{x_1 + x_2 + \cdots + x_n}{n} = \frac{\sum_{i=1}^{n} x_i}{n} \tag{3}$$

根据表5,可以得到一年中风速的众数为4.5m/s,中位数为5.2m/s,平均数为5.668m/s。综合上述数据,可以得出结论,该风电场的风能资源在12月至次年2月最为丰富,平均风速最大;7月和8月的风能资源最少,平均风速最小。并且在全年中,风速较为集中在4.5m/s,这一数值低于年平均风速,说明该风电场的风能资源分布不均匀,误差太大,实际输出功率很受影响,发电量很不稳定。

4.1.4 对有效利用情况评估

风电场可利用率是描述统计期内风电场整体处于可用状态的时间占总时间比例的指标,所以,我们要筛选出那些停运状态的数据,留下有效的功率,然后对这些停运状态的数据进行集中,统计出样本数量,然后根据总容量的大小做出比值。有效利用率可根据下面的公式计算:

$$风电场可利用率 = \frac{\sum(风电场可用小时 \times 机组发电设备平均容量)}{\sum(机组发电设备平均容量 \times 统计期小时)} \times 100\% \tag{4}$$

本文通过对数据进行筛选,选出了功率为0的数据样本,并统计出样本容量,然后再通过 Excel 统计出总容量,列出表6。

表6　　　　　　　　　　功率为0的数据样本

时间	功率(kW)	风速(m/s)	时间	功率(kW)	风速(m/s)
20:45	0	2.2	19:30	0	2.5
18:15	0	1.5	19:45	0	2.7
18:45	0	1.5	20:00	0	2.4

时间	功率（kW）	风速（m/s）	时间	功率（kW）	风速（m/s）
19:00	0	1.2	20:15	0	2.5
……	……	……	……	……	……
20:50	0	1.3	19:45	0	5.4
20:15	0	1.3	20:00	0	5.7
20:30	0	1.3	18:15	0	3.2
合计样本容量	4826		总容量	35 028	

根据公式（4）可以知道，风电场可利用率实际上是风电场可用小时与统计期小时数的比值，但是问题一所给的数据中没有可用小时数，所以把每15分钟观测数据看作一个样本，统计出有多少可用样本，然后再与总容量中的所有样本作比，但是所有可用样本的数据比较大，所以采用下面这个公式计算可利用率：

$$可利用率 = 1 - \frac{功率为 0 的样本数量}{总容量的样本数量} \times 100\% \tag{5}$$

将表6中的样本容量以及总容量代入公式（5）可求解为：

$$可利用率 = 1 - \frac{4826}{35\ 028} \times 100\% \approx 86.22\%$$

则该风电场可利用率约为86.22%，风电场的利用情况不太可观，比国内其他风电场的可利用率要低，所以风电场应该选择更为合适的风机提高利用率。

4.1.5　速度－功率的关系

经过筛选、处理数据，得到了风电场一年内每个月平均风速和平均功率的数据，用SPSS将这些数据通过回归模型中的曲线估计进行拟合，得到如表7所示的模型汇总和参数估计值。

表7　　　　　　　　　　　　　模型总计及参数评估

方程式	模型摘要					参数评估			
	R^2	F	$df1$	$df2$	显著性	常数	$b1$	$b2$	$b3$
线性	0.708	881.027	1	363	0.000	-36.790	13.244		
对数	0.672	742.074	1	363	0.000	-87.208	73.906		
二次曲线模型	0.712	447.136	2	362	0.000	-20.861	7.707	0.447	
三次曲线模型	0.712	297.269	3	361	0.000	-20.143	7.339	0.506	-0.003

注：因变数为功率（kW），自变数为风速（m/s）。

从表7所示的参数中我们可以看到，决定系数 R^2 的值分别是0.708、0.712、0.712，而在 F 值中，三次曲线模型最小，所以可以得出功率与风速成三次方函数，满足公式

$$y = a + b_1 x^3 + b_2 x^2 + b_3 x \tag{6}$$

通过回归模型分析，风电场的风速和功率呈三次方关系，所以实际输出功率受风速

的影响很大,风电场的风能资源不稳定,造成了实际输出功率也不稳定,一年中每个月的发电量变化很大,对风电场的经济效益影响也很大,风电场的经济效益来源主要是靠输出功率的大小决定,所以应该寻求新的机型,使输出功率稳定且总电量较大,或者寻找风能资源更大更稳定的地区。

4.2 问题二的模型建立与求解

4.2.1 回归模型

曲线拟合是求解反映变量间曲线关系的曲线回归方程的过程,若要对同一批资料拟合几个可能的模型,需要作曲线拟合优度检验。在实际工作中可结合几种不同形式的曲线方程并计算 R^2。

$$R^2 = 1 - \frac{\sum (y - \hat{y})^2}{\sum (y - \bar{y})^2} = 1 - \frac{SS_{残}}{SS_{总}} \tag{7}$$

通过对附件3中两种型号风机的风速－功率实测数据的筛选,得到两组数据如表8、表9所示。

表8　　　　　　　　　　　机型Ⅰ风速－功率实测数据

风速(m/s)	功率(kW)	风速(m/s)	功率(kW)
3.0	27.00	8.0	789.66
3.5	56.41	8.5	951.86
4.0	96.76	9.0	1120.18
4.5	140.10	9.5	1308.91
5.0	191.13	10.0	1516.25
5.5	254.97	10.5	1730.77
6.0	335.13	11.0	1912.29
6.5	423.64	11.5	2003.52
7.0	527.61	12.0	2010.00
7.5	650.08	—	—

表9　　　　　　　　　　　机型Ⅱ风速－功率实测数据

风速(m/s)	功率(kW)
3.5	40
4.0	74
5.0	164
6.0	293
7.0	471
8.0	702

表9(续)

风速(m/s)	功率(kW)
9.0	973
10.0	1269
11.0	1544

对机型Ⅰ的数据进行曲线估计,得到数据如表10所示:

表10　　　　　　　　　　　模型总计及参数评估

方程式	模型摘要					参数评估			
	R^2	F	$df1$	$df2$	显著性	常数	$b1$	$b2$	$b3$
线性	0.952	337.694	1	17	0.000	-1002.607	246.286		
二次曲线模型	0.991	840.734	2	16	0.000	-12.761	-58.282	20.305	
三次曲线模型	0.995	958.999	3	15	0.000	896.502	-498.184	84.038	-2.833

注:因变数为功率(kW),自变数为风速(m/s)。

观察数据,显著性数值都为0,有显著性差异,R^2依次为0.952、0.991、0.995。

从图4中可以看出,决定系数R^2三次曲线模型最大,为0.995,所以说机型Ⅰ的风速-功率函数的中间段最接近于三次曲线模型。

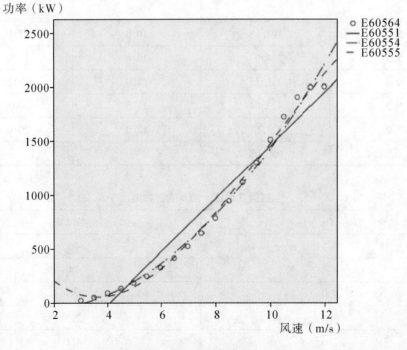

图4　机型Ⅰ回归模型

故可以拟合一个三次曲线函数,于是得到公式:

$$y_1 = -2.833v^3 + 84.038v^2 - 498.184v + 896.502 \tag{8}$$

所以机型 I 的风速－功率函数为:

$$p_1 = \begin{cases} 0 & v < 3 \\ -2.833v^3 + 84.038v^2 - 498.184v + 896.502 & 3 \leqslant v \leqslant 12 \\ 2010.00 & v \geqslant 12 \end{cases} \tag{9}$$

运用同样的方法对机型 II 的数据进行曲线估计,得到数据如表11、图5所示:

表 11　　　　　　　　　　　模型总计及参数评估

方程式	模型摘要					参数评估			
	R^2	F	$df1$	$df2$	显著性	常数	$b1$	$b2$	$b3$
线性	0.962	177.870	1	7	0.000	-808.756	201.713		
二次曲线模型	0.999	2956.055	2	6	0.000	42.855	-69.237	18.921	
三次曲线模型	1.000	5273.364	3	5	0.000	447.062	-265.334	47.981	-1.338

注:因变数为功率(kW),自变数为风速(m/s)。

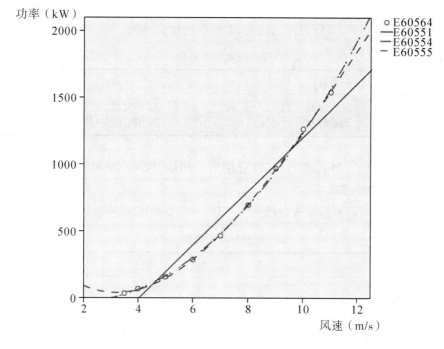

图 5　机型 II 回归模型

通过回归模型中的参考评估,我们可以看出三次曲线模型的决定系数 R^2 最大,为 1.000,所以可以得到机型 II 分段函数的公式为:

$$y_2 = -1.338v^3 + 47.981v^2 - 265.334n + 447.062 \tag{10}$$

所以机型 II 的风速－功率函数为:

$$P_2 = \begin{cases} 0 & v < 3.5 \\ -1.338v^3 + 47.981v^2 - 265.334v + 447.062 & 3.5 \leqslant v \leqslant 11 \\ 1544 & v \geqslant 11 \end{cases} \quad (11)$$

4.2.2 配对样本 T 检验

配对样本 T 检验的目的是利用来自两个不同总体的配对样本,推断两个总体的均值是否存在显著性差异。

4.2.2.1 提出原假设

两配对样本 T 检验的原假设:

H_0:两总体均值无显著性差异,即 $H_0:\mu_0 - \mu_1 = 0$。

H_1:两总体均值无显著性差异,即 $H_1:\mu_1 - \mu_2 \neq 0$。

4.2.2.2 前提要求

(1)两个样本的观察值数目相等。

(2)样本来自的两个总体应服从正态分布。

根据配对样本的性质,我们把公式(8)和(10)导入 Excel 中,然后把已经处理后的附件 2 的数据导入同一个 Excel 文件,用此方法求出 6 种机型每天各时段的功率,然后将这些时段的功率求和,得到每天机型 I 和机型 II 的总功率,将求得的每天各机型的总功率导入 SPSS 软件中,并对这些数据进行配对样本 T 检验,设定 s_1 为机型 I 每天的总功率,s_2 为机型 II 每天的总功率,运行后得到如表 12 所示的检验结果。

表 12　　　　　　　　　　　　成对样本统计资料

	平均数	N	标准偏差	标准错误平均值
对组　S_1	19 001.9840	365	14 873.222 27	778.500 03
S_2	39 201.6173	365	24 987.973 48	1307.930 31

观察数据发现 s_1 和 s_1 的平均数分别为 19 001.9840、39 201.6173,标准偏差为 14 873.222 27、24 987.973 48。

如表 13 所示,观察数据发现显著性 $p = 0$,小于 0.005,有显著性差异。

表 13　　　　　　　　　　　　成对样本相关性

		N	相关	显著性
对组 1	$s_1 \& s_2$	365	0.879	0.000

如表 14 所示,观察数据发现显著性 $p = 0$,小于 0.005,有显著性差异。而 $s_1 - s_2$ 的平均数为 -20 199.633 25,所以得出结论:机型 II 对风能资源的利用率好于机型 I,机型 II 比机型 I 更为合适。

表14　　　　　　　　　　　　　　　　　成对样本检定

	成对差异数					T	df	显著性（双尾）
	平均数	标准偏差	标准错误平均值	95%差异数的信赖区间				
				下限	上限			
对组1　$s_1 - s_2$	−20 199.633 25	13 856.562 67	725.285 64	−21 625.909 32	−18 773.357 18	−27.851	364	0.000

根据附录3给出的机型Ⅰ和机型Ⅱ的风速–功率实测数据,我们利用MATLAB拟合出机型Ⅰ与机型Ⅱ的功率–风速函数图,以便于更清晰地观察两种机型的好坏,对比出更好的机型,如图6所示:

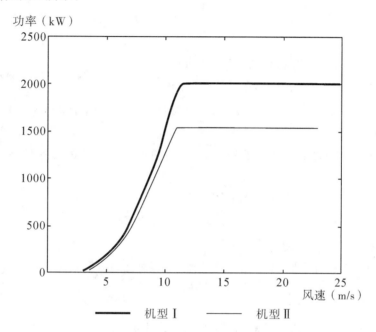

图6　两种机型的功率–风速函数图

从图6中我们可以发现,机型Ⅰ比机型Ⅱ的斜率更大,根据配对样本 T 检验得到的结果是机型Ⅱ好于机型Ⅰ,所以在函数图中斜率越小对风能资源的利用率就越高,机型越适合。此时,由于斜率是功率与风速的比值,所以我们可以假设机型的评价标准为:

$$F = \frac{\Delta p}{\Delta v} \tag{12}$$

将 $v = 3$ m/s 代入公式(8)得到功率为81.80千瓦,利用公式(12)分别得到机型Ⅰ、机型Ⅱ、机型Ⅲ、机型Ⅳ、机型Ⅴ的评价标准 F 分别为246.6、182.5、189.1、177.2、166.8,统计整理得到表15。

表15　　　　　　　　　　　　　　各机型评价标准 F 值

机型	Ⅰ	Ⅱ	Ⅲ	Ⅳ	Ⅴ
F 值	246.6	182.5	189.1	177.2	166.8

从风机匹配的角度来看,机型Ⅴ和Ⅳ好于其他机型,机型Ⅲ介于机型Ⅱ与机型Ⅰ之间,所以新机型Ⅳ和Ⅴ比现有风机更为合适。

4.3 问题三的模型建立与求解

对于本题,我们建立了线性规划模型,假设 a_{ij} 为第 i 组人员在第 j 天工作,b_{ij} 为第 i 台机器在第 j 天维修,鉴于题目中有人员休息和机器不维修的情况,我们建立 $0-1$ 规划模型:

$$a_{ij} = \begin{cases} 1 & \text{第 } i \text{ 组在第 } j \text{ 天正常工作} \\ 0 & \text{第 } i \text{ 组在第 } j \text{ 天休息} \end{cases} \quad (i = 1\cdots4, j = 1\cdots365) \tag{13}$$

由于维修或值班人员有 4 组,所以 i 的取值范围为 $1\sim4$;一年有 365 天,则 j 的取值范围为 $1\sim365$。

$$b_{ij} = \begin{cases} 1 & \text{第 } i \text{ 台机器在第 } j \text{ 天维修} \\ 0 & \text{第 } i \text{ 台机器在第 } j \text{ 天不维修} \end{cases} \quad (i = 1\cdots124, j = 1\cdots365) \tag{14}$$

由于机器一共有 124 台,所以 i 的取值范围为 $1\sim124$;一年有 365 天,所以 j 的取值范围为 $1\sim365$。

问题三要求风电场具有良好的经济效益,且分配各组人员的工作任务相对均衡,所以建立矩阵:

$(a_{ij})_{4\times365}$ 4 组人员在 365 天工作天数

$(b_{ij})_{124\times365}$ 124 台机器在 365 天中每天的总功率

接下来根据题目要求列出约束条件

(1)维护人员共有 4 组,最少有一组值班,最多有三组维修、一组值班。

$$1 \leqslant \sum_{i=1}^{4} a_{ij} \leqslant 4 \tag{15}$$

(2)每一台机器在 365 天内需要维护 2 次,共计 4 天。

$$\sum_{j=1}^{365} b_{ij} = 4 \tag{16}$$

(3)该风电场所有机组在一年内维护所花的时间为 496 天。

$$\sum_{i=1}^{124} \cdot \sum_{j=1}^{365} b_{ij} = 496 \tag{17}$$

(4)正常工作时间是维修所花时间与值班所花时间之和。

$$\sum_{i=1}^{124} b_{ij} + 1 = \sum_{i=1}^{4} a_{ij} \tag{18}$$

(5)维护风机和值班组数和不超过 3 组。

$$\sum_{i=1}^{124} b_{ij} \leqslant 3 \tag{19}$$

(6)每组维修人员连续工作时间(值班或维护)不超过 6 天。

$$a_{i(j-3)} + a_{i(j-2)} + a_{i(j-1)} + a_{ij} + a_{i(j+1)} + a_{i(j+2)} + a_{i(j+3)} \leqslant 6 \tag{20}$$

(7)风机两次维护之间的连续工作时间不超过 270 天。

$$\sum_{j=1}^{270} b_{ij} \geq 1 \quad 或 \quad \sum_{j=95}^{365} b_{ij} \geq 1 \tag{21}$$

（8）第 i 组正常工作天数在 152 和 154 这两个天数之间。

$$152 \leq \sum_{j=1}^{365} a_{ij} \leq 154 \tag{22}$$

5. 模型的优缺点分析

5.1 模型的优点

（1）问题一的模型中，通过利用 SPSS 软件对数据进行处理，分析出缺失值和异常值，软件操作简单方便。

（2）问题二的模型配对样本 T 检验的方法将新旧机型对比，并运用 MATLAB 和构建回归函数，更快捷地判断出新型风机更为适合。

（3）问题三的模型中首先利用优化的思维方法，并在 LINGO 软件实现，清晰地制定出维修人员的排班方案与风机维护计划。

5.2 模型的缺点

（1）在问题一中由于数据量较大，没有对数据进行完整的分析，导致所得出的评估不够完整。

（2）在问题三中只给出了大体的方案，没有具体的方法来实现在风电场具有较好的经济效益情况下使人员的工作任务相对均衡。

6. 模型的推广与应用

目前风能资源在世界各地都得到了应用，本文通过对某个风电场风能资源与利用情况进行评估，对不同型号和新旧机型的对比以及对人员的分配和机型的维护来使风电场具有较好的产能效率。运用模型可以提高人们对清洁能源的利用率，以减少使用矿产资源而对环境所造成的污染。

参考文献及附件（略）

论文 2　基于逐步回归模型的颜色与物质浓度辨识

王庆洋　黄德强　付琪

摘要：

比色法是目前常用的一种检测物质浓度的方法，而每个人对颜色存在着敏感差异和观测误差。通过对颜色读数与物质浓度之间的关系进行研究，建立颜色读数与物质浓度的逐步回归模型，对物质浓度的判定只需要给出相应的颜色读数即可。现针对各个问题建立模型并求解。

针对问题一，假设颜色读数与物质浓度存在线性相关，调用 MATLAB 中的 stepwise 命令，建立逐步回归模型。对数据进行作差比较，通过分析，发现给定的溴酸钾和硫酸铝钾两组数据反映出颜色读数与物质浓度之间相关，逐步分析得到线性函数关系表达式；用两两向量差的绝对值表示各项指标的波动范围，建立向量绝对值模型，通过数据拟合对向量绝对值模型进行处理，分析出数据的优劣，得出硫酸铝钾的数据在五组数据中相对较优，并得到物质的颜色读数与其物质浓度的对应关系。

针对问题二，先利用 SPSS 对附件 2 的数据进行预处理，筛除贡献比较小的自变量。发现问题二可以运用所建立的模型一，处理后得到多元回归函数，经过替代消元建立模型二。再使用逐步回归法，发现 R^2 低于理论值，但是 p 检验值小于 0.001，拟合结果与原模型相对吻合，能够表达函数关系式，但仍存在误差。为了使结果更加理想，采用替代消元的方法建立模型二，用 MATLAB 求解后，通过残差值对误差进行分析，得出模型二更加接近真实值。

针对问题三，首先，建立一个关于数据量和颜色维度的矩阵，分析所建立的自变量矩阵与因变量浓度之间存在的关系。其次，基于问题一、问题二中所建立的模型，联合三个模型假设浓度与数据量、颜色维度之间存在一个拟合函数表达式。最后，通过最小二乘法可以得出一个近似值，求出真实值与近似值之间的均残差值。通过比较数据量与颜色维度大小的关系，运用控制变量法分类讨论得出，当数据量小于颜色维度时无法拟合，当数据量大于颜色维度时可以确定函数表达式，并且维度越大拟合出来的误差越小，得出模型的最终函数表达式越理想。

关键词：逐步回归；替代消元；最小二乘法；MATLAB

1.　问题重述

1.1　问题背景

比色分析是基于溶液对光的选择性吸收而建立起来的一种分析方法，又称吸光亮度法。比色法是目前常用的一种检测物质浓度的方法，即把待测物质制备成溶液后滴在特定的白色试纸表面，等其充分反应后获得一张有颜色的试纸，再把该颜色试纸与一个标准比色卡进行对比,就可以确定待测物质的浓度档位了。

有色物质溶液的颜色与其浓度相关,溶液的浓度越大,颜色越深,利用目测对比就可以判定出溶液的浓度。每个人对颜色存在着敏感差异和观测误差,使得这一方法在精度上受到了很大的影响。随着照相技术和颜色分辨率的提高,我们希望建立一个只需要输入照片中的颜色读数就能准确地获得待测物质的浓度的一种浓度与数量关系。

1.2 问题提出

问题一:附件 1 中分别给出了 5 种物质在不同浓度下的颜色读数,要求我们解答两个问题,一是讨论从这 5 组数据中能否确定颜色读数和物质浓度之间的关系,二是给出一些准则来评价这 5 组数据的优劣。

问题二:对附件 2 中的数据分析,建立颜色读数和物质浓度的数学模型,给出模型的误差分析。

问题三:探讨数据量和颜色维度对模型的影响。

2. 问题分析

2.1 问题一分析

问题一需要分析从这 5 组数据中能否确定颜色读数和物质浓度之间的关系,并且给出一些准则来评价这 5 组数据的优劣。色度学理论认为,任何颜色都可以由红(R)、绿(G)、蓝(B)三种基本颜色按照不同的比例混合得到,因此红、绿、蓝被称为三原色。用 Excel 对数据进行预处理,通过线性回归分析的逐步回归法,调用 MATLAB 中的 stepwise 函数,对附件 1 中的数据进行分析。再与现实情况相结合,加以确定颜色读数和物质浓度之间的关系。建立同组数据相同浓度下的向量绝对值模型,通过比较分析,得出各组数据的优劣。

2.2 问题二分析

问题二要求解答两个问题:一是建立颜色读数和物质浓度之间的关系,二是对所建立的模型给出误差分析。首先,我们将附件 2 中的数据进行一个预处理,查看数据是否存在异常值、残缺值,运用拟合的方法对数据进行检验。其次,基于问题一中的逐步回归法可以得出二氧化硫颜色读数与物质浓度之间的函数表达式,并对此函数表达式进行检验,查看其能否准确表达颜色读数和物质浓度之间的关系。最后,检验模型存在的误差,并给出一个理想的解决方案来使函数表达式变得更加可行,具有准确性和说服力。

2.3 问题三分析

问题三要求研究物质的数据量和颜色维度是否对模型造成影响,根据对问题一、问题二的研究,发现在问题一中建立的模型一仍存在误差。在第二个问题中,将替代消元后的逐步回归模型称为模型二。模型二可以近似地认为是与真实值相符合的一个模型。结合模型一、模型二和向量绝对值模型来对第三问进行求解。

由于第三问中没有给出具体的数据,首先,需要假设一个以数据量和颜色维度为自变量的一个数据矩阵。其次,建立一个因变量为物质的浓度的列向量,找出自变量与因变量之间存在的关系。最后,由第一问和第二问可以知道数据量和颜色维度与物质浓度之间是存在着关系的,可以假设它们之间存在拟合函数表达式。若假设成立,则需要求出预测值满足所假设的函数表达式,由函数表达式得知数据量和颜色维度如何对模型造成影响。反之假设不成立。

3. 模型假设

(1)假设附件中所提供的数据具有可靠性。

(2)假设附件1、附件2中给出的物质的酸碱度、活性不会影响颜色读数对物质浓度的判别。

(3)假设在颜色读数提取过程中,物质不会被外界环境干扰,致使颜色读数发生改变。

4. 符号说明

相关符号说明见表1。

表1 符号说明

符号	意义
$y_i(i=1,2,3,4,5)$	表示 i 种物质浓度数据的因变量
x_1	表示自变量为 B 的数据
x_2	表示自变量为 G 的数据
x_3	表示自变量为 R 的数据
x_4	表示自变量为 H 的数据
x_5	表示自变量为 S 的数据
l_i、$l_j(i,j \in N_+)$	表示在同一物质、同一浓度下的向量
$\overline{l_n}(n \in N_+)$	表示第 n 种物质的向量的模长
$u_i(i=1,2)$	表示二氧化硫浓度
$e_i(i=1,2)$	表示第 i 个模型的残差值
A_{mn}	表示一个 m 行 n 列的矩阵
Z_m	表示为相应 m 组颜色维度所对应的物质浓度
q	自变量对因变量的贡献比

5. 模型的建立与求解

5.1 问题一的模型建立与求解

根据附件1给出的数据,分析在不同物质中的颜色读数与浓度的数据,判断颜色读数红色(R)、绿色(G)、蓝色(B)、色调(S)、饱和度(H)与浓度之间存在的关系,对此我们进行了相关性分析和运用向量绝对值模型来解决此问题。

5.1.1　确定颜色读数和物质浓度的关系

由附件 1 所给出的数据,我们假设可以通过附件 1 中任意一组数据找出自变量与因变量之间存在的关系。

在实际情况下,R、G、B 对构建颜色的贡献比是不同的,所以肉眼所见的颜色是不同的。我们通过相关性分析确定自变量与因变量的关系,由 R、G、B 贡献比的大小来确定物质中的颜色。

在此,调用 MATLAB 中的 stepwise 函数,采用逐步回归法把对颜色贡献比显著的自变量留下,对颜色改变不明显的自变量筛除,从而得到一个颜色读数的各项指标与物质浓度之间的模型。

首先,由所给数据假设因变量浓度为 y,建立自变量为 x_1、x_2、x_3、x_4、x_5 的初始集合,从集合外的变量中再引入一个对因变量影响较大的变量进行检验,调用 MATLAB 中的 stepwise 函数是为了排除人为因素对数据检验的影响,筛除对因变量影响最小的自变量,用 MATLAB 作逐步回归分析,直到不能再引入和筛除为止。

以组胺为例,将组胺数据导入 MATLAB 中,调用 stepwise 逐步回归命令,对组胺的数据编程进行分析,得到 stepwise Re gression 的初始窗口,如图 1 所示。

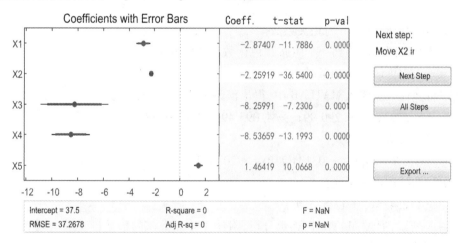

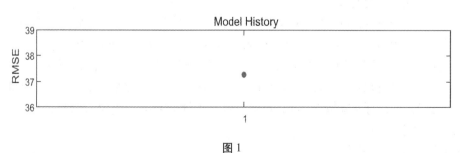

图 1

此时我需要对数据进行一个逐步回归,直到不能再引入自变 *Steps*,处理得到最后的检验后的窗口,如图 2 所示。

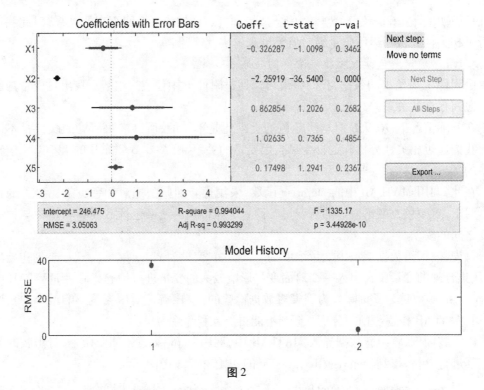

图2

其中, p 为检验值, R^2 为相关系数。

由上述两幅图可以得到一个组胺颜色读数与浓度的关系式:

$$y_1 = -2.259\,19x_2 + 246.475$$

同理将其他数据输入 MATLAB 中,得出溴酸钾的浓度关系式:

$$y_2 = -8.3703x_1 - 9.290\,99x_4 - 4.093\,49x_5 + 1396.38$$

硫酸铝钾的浓度关系式:

$$y_4 = -0.096\,450\,4x_3 - 0.134\,719x_4 + 20.0423$$

奶中尿素的浓度关系式:

$$y_5 = -112.475x_1 + 13\,575.9$$

如图 3 所示,通过 MATLAB 逐步分析,附件 1 中工业碱的数据自变量与因变量之间不相关,无法得出浓度关系式。

通过以上逐步回归分析结果可以看出 y_1、y_5 分别只与 x_1、x_2 单个自变量相关,工业碱的自变量与因变量不相关,故该数据无法得到颜色读数与物质浓度的关系。

但是在实际生活中颜色是三原色中的两者或者两者以上组合而成。所以附件 1 所给出的数据中组胺和奶中尿素的数据通过 MATLAB 逐步回归之后,只有一个自变量与浓度显著性相关,不符合实际情况,而溴酸钾与硫酸铝钾的数据变化较为明显,可以用相应浓度的关系式来判别。

溴酸钾的浓度关系式:

$$y_2 = -8.3703x_1 - 9.290\,99x_4 - 4.093\,49x_5 + 1396.38$$

硫酸铝钾的浓度关系式:

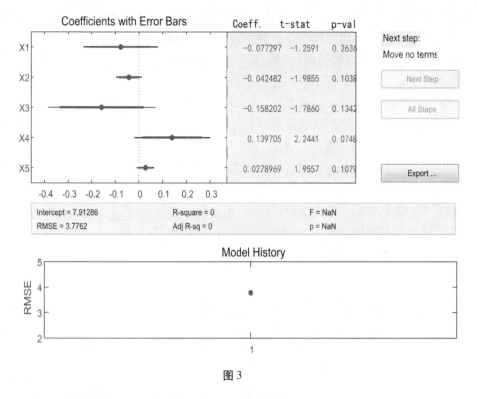

图3

$$y_4 = -0.096\ 450\ 4x_3 - 0.134\ 719x_4 + 20.0423$$

5.1.2 对数据的优劣评判

以组胺数据为例,在浓度为 0、12.5、25、50、100 各有两组数据。通过上述模型,对于同一物质相同浓度值,其颜色色度应该在一个很小的区间内波动变换,而不是一个确定值。所以可以将每一组数据都看成一个向量,将相同浓度下的不同数据作向量差,用向量相减求模长,可以近似地将模长小的看成同一个点。

假设同一物质相同浓度下的向量分别为 l_i、l_j,那么可以得到向量绝对值表达式:

$$\bar{l} = \|l_i - l_j\| \quad (i \neq j \text{且} i,j \in n)$$

$\bar{l}$ 代表同一物质在同一浓度下向量差的绝对值模长,$\bar{l}$ 的值越大,代表在该浓度下的各项指标的波动范围较大,反之,则表示波动范围较小。

通过查阅书籍,搜索资料,查得饱和度(H)与溶液浓度成正比关系。饱和度(H)的计算公式如下:

$$饱和度(H) = \frac{RGB\ 中的最大值 - RGB\ 中的最小值}{RGB\ 中的最大值}$$

饱和度(H)与溶液浓度存在一定关系,由此可以推导出 R、G、B 数值和溶液浓度也存在着相同的关系。

由所给数据分析得出,物质的颜色读数可以表示其物质的浓度,相同浓度下的各项指标趋于一个稳定值。

组胺的数据通过用上面所建立的向量模型来检验,优化后的数据只有 5 组。然而题目中的自变量有 5 个,做出来的函数表达式是一个定值,等式无法拟合,违背了线性函数的关系。在数据的处理上，我们需要给出的数据远远大于自变量的个数才可以拟合，如果相等则无法拟合。所以说组胺这组数据是一组存在问题的数据。

同理可得，溴酸钾的数据与组胺的数据相同，无法拟合。所以溴酸钾这组数据也是存在问题的数据。

工业碱的数据给出了较多的浓度梯度，但每个浓度梯度的数据只有一组，无法进行对比参照，不能确定数据的准确性，且前面已经得出，拟合的数据不相关。故工业碱这组数据也存在问题。

硫酸铝钾的数据密度大，同一浓度数据多，可以通过线性拟合得出所求结论。但该数据浓度梯度较少，只给出了 $[0,5]$ 的浓度数据，不够全面、具体。

奶中尿素的数据在同一浓度下数据较多，但浓度的梯度跨度过大，在浓度 $[0,2000]$ 中只选取了 5 组浓度值来表示浓度情形，不具有充分的说服力。

各组数据的优劣性如表 2 所示。

表 2

物质＼优劣	优势	劣势
组胺	在同一物质相同浓度下给出了两组近似的颜色读数，能够参照对比	物质的相同浓度数据量少，经过优化后的数据数量与自变量相同，无法拟合，不能反映出浓度关系的表达式
溴酸钾	在同一物质相同浓度下给出了两组近似的颜色读数，能够参照对比	物质的相同浓度数据量少，经过优化后的数据数量与自变量相同，无法拟合，不能反映出浓度关系的表达式
工业碱	该物质浓度梯度较多，便于很好地研究数据间的关系	无参照标准，在相同浓度下只有一组数据，无法确定数据的真实性、有效性
硫酸铝钾	相同浓度下给出较多数据，能够充分证实所得出的结论，具有充分的说服力	物质的不同浓度梯度数量较少，不够全面、具体
奶中尿素	相同浓度下给出较多数据，能够充分证实所得出的结论	物质的浓度跨度太大，不具有充分的说服力和准确性

通过各组数据的优劣分析，我们可以得出结论：组胺和溴酸钾数据无法准确反映颜色读数与物质浓度的函数表达式；工业碱无法确定其数据的真实性；硫酸铝钾和奶中尿素的数据总体优于其他几组数据。硫酸铝钾的颜色读数与物质浓度关系的数据在五组数据中优势最明显。

5.2 问题二的模型建立与求解

首先，对附件 2 的数据用 SPSS 进行数据预处理，检测是否存在异常值。其次，将预处理过的数据根据第一问的结果可以再次用逐步回归方法得到一个二氧化硫颜色读数和物质浓度的函数关系式。最后，再对得到的回归方程进行研究，并对得出的模型进行误差分析,得到模型二。

5.2.1 建立颜色读数和物质浓度之间的关系

把经过数据处理后的附件2中的二氧化硫的数据导入 MATLAB 中,用模型二对二氧化硫的数据分析,得到结果如图4所示。

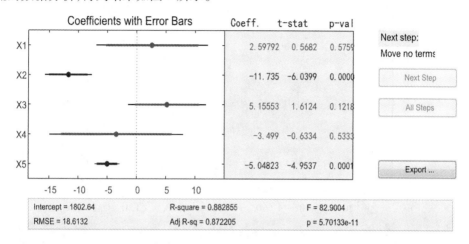

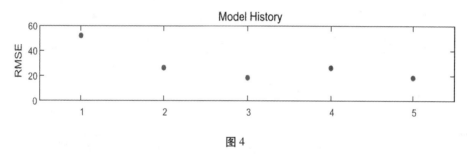

图4

由图4所显示的数据我们可以筛除贡献比较小的 x_1、x_3、x_4,同理第一问可以得出二氧化硫浓度与颜色读数的关系式:

$$u_1 = -11.735x_2 - 5.048\ 23x_5 + 1802.64$$

5.2.2 模型的误差分析

由图4可知,$R^2 < 0.9$。第一问通过研究的五种物质在相同浓度下检测出来的 R^2 应大于 0.9,所以可以认为 R^2 略小于理论值,但是 $p < 0.001$,检验符合标准,拟合结果与原模型相对吻合,能够表达函数关系式,但是还不够理想。

为了让其关系式变得更加理想,我们使用线性回归分析的逐步回归方法。因为附件2中二氧化硫浓度与 x_2、x_5 相关,用 MATLAB 做出散点图时发现此时的 x_2、x_5 是两个多元回归,无法做成线性回归,而我们需要的是一个线性回归,所以采用了替换消元的方法,消掉二次项得到模型二。

用 MATLAB 作出 x_2 与 u 和 x_5 与 u 的两个散点图。如图5所示,可以看出随着 x_2 的增大,浓度 u 呈上升趋势。如图6所示,可以明显看出随着 x_5 增大,浓度 u 呈现的是一个下降趋势。

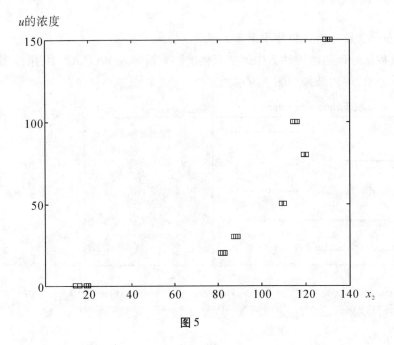

图 5

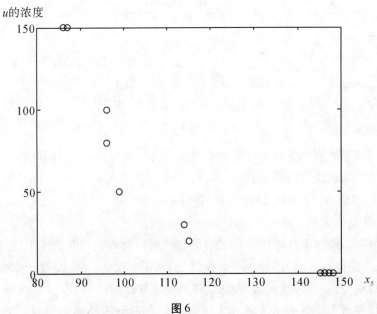

图 6

从图 5、图 6 可以看出两幅图都呈现出二次函数曲线变化,因此可以假设图像的函数表达式为:

$$u_2 = a_1 x_2^2 + a_2 x_2 + a_3 x_5^2 + a_4 x_5 + a_5 \tag{1}$$

为了方便计算,将未知量进行代换,假设:

$$\begin{cases} a_1 = b_4 \\ a_2 = b_2 \\ a_3 = b_5 \\ a_4 = b_3 \\ a_5 = b_1 \\ x_2^2 = x_6 \\ x_5^2 = x_7 \end{cases} \tag{2}$$

联立(1)、(2)得到一个新的表达式:

$$u_2 = b_1 + b_2 x_2 + b_3 x_5 + b_4 x_6 + b_5$$

通过将附件2中二氧化硫的数据用 MATLAB 编程,求解以上方程,求得:

$$b = (2069.8154, -43.4835, 0.1949, -0.0334)$$

经过未知函数换算,则可以求得分析后的关系式:

$$u_2 = 0.194\,93 x_2^2 - 0.033\,45 x_5^2 - 43.4835 x_2 + 7.2625 x_5 + 2069.815$$

得到的检验系数 $stats = 0.9641, 138.2308, 0.0000, 113.5650$

其中,相关系数 $R^2 = 0.9651$

统计值 $F = 138.2308$

检验值 $p = 0.0000$

只有当 $p \leqslant 0.05$ 时才能说明假设的函数与原数据比较符合,即证明回归模型的假设是成立的。

由以上两个模型分别得到 u_1 和 u_2,调用 MATLAB 对数据进行分析,将原始数据依次代入可以得到结果,如表3所示。

表3

u(ppm)	u_1(ppm)	u_2(ppm)	e_1(ppm)	e_2(ppm)
0	-4.82	-0.87	4.82	0.87
0	-3.18	-2.37	3.18	2.37
0	-11.63	8.24	11.63	-8.24
0	-11.63	8.24	11.63	-8.24
0	5.15	-10.96	-5.15	10.96
20	39.16	17.99	-19.16	2.01
20	44.21	16.18	-24.21	3.82
20	34.11	19.74	-14.11	0.26
30	25.65	24.91	4.35	5.09
30	15.56	27.67	14.44	2.33

表3(续)

u(ppm)	u_1(ppm)	u_2(ppm)	e_1(ppm)	e_2(ppm)
30	15.56	27.67	14.44	2.33
30	20.61	26.32	9.39	3.68
50	85.57	69.98	−35.57	−19.98
50	90.62	70.03	−40.62	−20.03
50	85.57	69.98	−35.57	−19.98
80	75.34	82.88	4.66	−2.88
80	75.34	82.88	4.66	−2.88
80	70.29	82.16	9.71	−2.16
100	95.53	85.11	4.47	14.89
100	100.58	85.50	−0.58	14.50
100	90.49	84.65	9.51	15.35
150	132.11	149.84	17.89	0.16
150	130.47	142.93	19.53	7.07
150	137.16	151.30	12.84	−1.30
150	132.11	149.84	17.89	0.16

其中,u代表原始数据浓度;u_1代表模型二的数据浓度;$e_1 = u - u_1$,代表模型一的残差值;$e_2 = u - u_2$,代表模型二的残差值。

通过模型一与模型二对比得出表4。

表4

模型一	模型二
相关系数 $R^2 = 0.8828$ 统计值 $F = 82.9004$ 检验值 $p = 0.0000$	相关系数 $R^2 = 0.9651$ 统计值 $F = 138.2308$ 检验值 $p = 0.0000$

根据表4可以得知模型二优于模型一,且残差值较小,表示所得的预测值更加接近实际值,则最终的函数关系表达式为:

$$u = 0.194\,93x_2^2 - 0.033\,45x_5^2 - 43.4835x_2 + 7.262\,754x_5 + 2069.815$$

5.3 问题三的模型建立与求解

由于第三问中没有给出数据让我们分析,所以我们假设一个数据为 $\boldsymbol{A}_{mn}$ 的矩阵,行向量 m 为数据的量,列向量 n 为每一种颜色所对应的颜色维度。

$$\boldsymbol{A}_{mn} = \begin{pmatrix} a_{11} & a_{12} & \cdots & a_{1n} \\ a_{21} & a_{22} & \cdots & a_{2n} \\ \vdots & \vdots & & \vdots \\ a_{m1} & a_{m2} & \cdots & a_{mn} \end{pmatrix}$$

假设物质的浓度为 $\boldsymbol{Z}_m$，令 x_i 为 $\boldsymbol{A}_{mn}$ 中相对应的列向量。

$$\boldsymbol{Z}_m = \begin{pmatrix} Z_1 \\ Z_2 \\ \vdots \\ Z_m \end{pmatrix}, 其中\ x_i = \begin{pmatrix} a_{i1} \\ a_{i2} \\ \vdots \\ a_{in} \end{pmatrix} \quad i \in n$$

其中，n 表示维度，m 表示数据的量，x_i 表示每一列所对应的值。

由问题一、问题二可以知道数据的量与物质浓度存在关系，令物质的浓度 $\boldsymbol{Z}_m$ 与 $\boldsymbol{A}_{mn}$ 之间的拟合函数表达式为 $f(x)$，那么

$$\bar{Z}_m = f(x_1, x_2, x_3 \cdots x_n)$$

$\bar{Z}_m$ 是预测值。

要求满足以下表达式：

$$\bar{Z}_1 = f(a_{11} \quad a_{12} \quad a_{13} \quad \cdots \quad a_{1n})$$
$$\bar{Z}_2 = f(a_{21} \quad a_{22} \quad a_{23} \quad \cdots \quad a_{2n})$$
$$\vdots \qquad \vdots \qquad \vdots \qquad \vdots$$
$$\bar{Z}_m = f(a_{m1} \quad a_{m2} \quad a_{m3} \quad \cdots \quad a_{mn})$$

对于数据的量 m 与颜色维度 n 的关系，加以分组讨论：

①当 $m < n$ 时，可以知道假设所得出的方程组为：

$$\begin{cases} f(a_{11} & a_{12} & a_{13} & \cdots & a_{1n}) = Z_1 \\ f(a_{21} & a_{22} & a_{23} & \cdots & a_{2n}) = Z_2 \\ \vdots & \vdots & \vdots & \vdots & \vdots \\ f(a_{m1} & a_{m2} & a_{m3} & \cdots & a_{mn}) = Z_n \end{cases}$$

根据代数学基本定理说明，任何复系数一元 n 次多项式方程在复数域上至少有一个根，由此推出，满足以上方程组的有无数个解，所以不能够确定其函数表达式。

②当 $m = n$ 时，代入到讨论①中的方程组，可以求得有唯一解，并且预测值 $\bar{Z}_m$ 与所求值 Z_n 是相等的，绝对误差为零。

③当 $m > n$ 时，使用最小二乘法可以求得①的方程组的一个近似解，模型近似解的表达式为：

$$\bar{Z}_1 = f(a_{11} \quad a_{12} \quad a_{13} \quad \cdots \quad a_{1n})$$
$$\bar{Z}_2 = f(a_{21} \quad a_{22} \quad a_{23} \quad \cdots \quad a_{2n})$$
$$\vdots \qquad \vdots \qquad \vdots \qquad \vdots$$
$$\bar{Z}_m = f(a_{m1} \quad a_{m2} \quad a_{m3} \quad \cdots \quad a_{mn})$$

分析可以得出一个绝对误差 $\delta = |Z - \bar{Z}|$,但是我们讨论的数据的量较多,所以在这里用一个均值误差 $\sigma = \dfrac{\|\delta\|}{m}$。

5.3.1　颜色维度对模型的影响

由于第一小问中我们对 m 与 n 进行了一个分类讨论,现在运用控制变量法,当颜色维度 n 保持不变的情况下,对数据的量 m 进行分析。

根据对问题二的分析可以知道二氧化硫这组数据比较理想,在此利用附件 2 的数据为例。我们随机将数据的量 m 控制在 $[14,25]$,颜色的维度 n 保持不变,对数据进行拟合得到表 5。

表 5

维度	R^2	F	p	均残差值
15	0.9590	52.5785	$3.0537e - 06$	2.6098
16	0.9603	60.4827	$5.766e - 07$	2.4933
17	0.9610	67.7798	$1.1185e - 07$	2.3512
18	0.9617	75.3802	$2.1286e - 08$	2.2209
19	0.9617	81.6495	$4.4644e - 09$	2.1111
20	0.9616	87.7403	$9.4500e - 10$	2.0135
21	0.9527	75.5221	$9.3915e - 10$	2.1300
22	0.9534	81.8717	$1.9123e - 10$	2.0444
23	0.9543	88.7505	$3.7049e - 11$	1.9598
24	0.9517	88.6826	$1.3665e - 11$	1.9847
25	0.9598	113.3202	$5.6020e - 13$	1.9054

根据表 5 所得的数据用 MATLAB 建立一个维度关于拟合程度的散点图和维度与残差值的散点图分别如图 7、图 8 所示。

将图 7 与表 4 的数据结合分析,可以明确地知道随着维度的增加,模型的拟合程度越来越好。图 8 表示随着维度的增加,模型的均残差值在不断减小,表明此方法是可行的,可以证明颜色维度的增加有助于我们得到一个更加准确的模型。

5.3.2　数据的量对模型的影响

当数据的量 m 保持不变,改变颜色维度 n,是否可以对模型造成影响? 通过对问题二的求解,可以得知自变量的个数之和存在一个公式:

$$q = \sum_{i=1}^{n} x_i = 1$$

其中,q 为累计贡献比,在处理这个问题的过程中,我们将对因变量影响贡献比较小的自变量进行一个筛除。当自变量的贡献比大于 85% 时,我们筛选出来的自变量即可

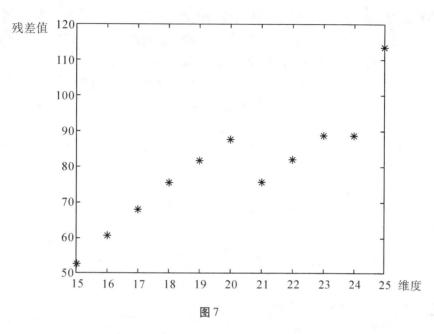

图7

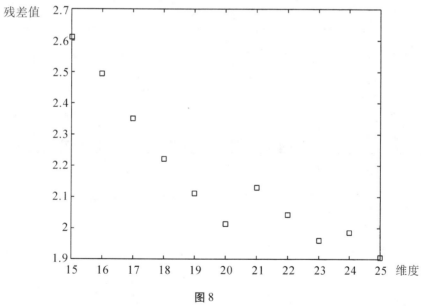

图8

认为是主变量,是对模型起决定性作用的一个因素。

　　每个自变量都有其相对应的贡献比,所有自变量的贡献比之和为100%。随着颜色维度 n 的增加,相应的自变量的贡献比也会随之减少。颜色维度会分担一部分的贡献比,所以只有当数据的量增大时贡献比才能够达到85%。这可以证明数据的量增大可以使颜色维度更加具有灵敏性,更加具有说服力。

6. 模型的检验

　　模型通过逐步回归法对附件1、附件2的数据进行回归分析,最后得到颜色读数与物质浓度有显著性相关的数据,得出线性函数表达式。

现在对附件所给出的数据,用 SPSS 进行检验。选择线性分析,使用主成分分析法,得到与物质浓度有显著性相关的颜色读数的指标。

以组胺的颜色读数数据为例,如表 6、表 7 所示,通过 SPSS 逐步回归法,得到模型中的预测变量绿色颜色值是显著性相关的变量,与 MATLAB 中的 stepwise 函数求解一致。

表6   已排除的变量[b]

模型		Beta ln	t	*Sig.*	偏相关	共线性统计量 容差
1	B 蓝色颜色值	-0.110^a	-1.010	0.346	-0.357	0.062
	R 红色颜色值	0.097^a	1.203	0.268	0.414	0.108
	H 色调	0.118^a	0.736	0.485	0.268	0.031
	S 饱和度	0.115^a	1.294	0.237	0.439	0.087

a. 模型中的预测变量:(常量),G 绿色颜色值。

b. 因变量:浓度(ppm)。

表7   残差统计量[a]

	极小值	极大值	均值	标准偏差	N
预测值	-2.04	101.89	37.50	37.157	10
残差	-5.797	2.631	0.000	2.876	10
标准预测值	-1.064	1.733	0.000	1.000	10
标准残差	-1.900	0.863	0.000	0.943	10

a. 因变量:浓度(ppm)。

同理,可得出其他几组数据,与 MATLAB 中的 stepwise 函数求解比较,显著性相关一致。

7. 模型的评价与改进

7.1 模型优点

(1)模型中采用的逐步回归法,层层递进推算出每组数据的结果,便于每一步的观察、整理、分析及计算。

(2)利用模型可以准确并快速地分析出颜色读数与物质浓度的显著性关系,通过 MATLAB 编程可以得到颜色读数与物质浓度的函数关系式。

(3)模型结果较优且与原数据的结果吻合较好。

7.2 模型缺点

(1)模型只考虑了已给出的物质数据的颜色读数对物质浓度的判别,但对于未给出数据的物质颜色读数,则无法识别。

（2）模型在颜色读数均显著性相关的情况下，若只通过一次逐步回归，会使得出的函数表达式的计算结果与实际物质浓度误差较大。

7.3 模型改进

针对模型缺点一，即无法判别未给出颜色读数的物质浓度，可以在数据收集方面收集物质的酸碱性、活性、分子结合形式、化学键等物质的各种属性，将数据通过分析研究，得出显著性相关的结果标准，为其他同种或近似属性的物质提供数据、结论的支持。

针对模型缺点二，即仅通过一次逐步回归分析，致使多元函数关系表达式误差较大，应该在已经完成逐步回归分析的基础上进行误差分析与进一步的逐步回归分析，直至函数关系表达式为线性关系，进而得出更准确的答案。

参考文献及附件（略）

附录2　本科优秀数学建模论文

论文1　交巡警服务平台的设置与调度

重庆工商大学:魏华　赵睿　杨鸿渝

（2011年高教社杯全国大学生数学建模竞赛论文）

摘要:

在市区的一些交通要道和重要部位设置交巡警服务平台,并合理地分配各平台所管辖的范围,是有效贯彻实施警察四项职能的重要体现。本文针对这一问题,研究及分析了其设置方法,即在不同情况下,利用目标规划方法,建立一个最优化模型,运用MAT-LAB及LINGO软件求解,从而得出一组最优方案。

针对问题一:我们利用Dijkstra算法,求出20个平台到各节点的最短距离矩阵,然后根据所要满足的条件,利用动态规划方法,建立最佳匹配模型,求出各平台所管辖范围的一组最优方案。

针对问题二:要实现最快封锁,即所有方案中,最迟到达路口时间最小的一种,对此建立非线性规划模型,利用LINGO编程求出局部最优方案,并得到最快封锁需要的时间为8.0155分钟,封锁方案如表1所示。

表1　　　　　　　　　　　各平台所封锁路口方案表

平台	2	4	5	6	7	10	11	12	13	14	15	16	18
路口	16	38	30	48	29	12	24	23	21	22	28	14	62

针对问题三:我们引入满意度这一概念,综合考虑任务重与出警时间长这两个问题,建立出最优化模型,通过LINGO编程进行迭代搜索求出最优方案,可知需要在A区增加五个平台,分别为29、39、58、61、91,使各平台满意度最大。

针对问题四:仔细分析设置交巡警平台的原则和任务后,将合理评价设置方案分为两类:①按实际情况因素合理分析得出一种方案,并将其与现有方案进行比较,找出现有方案的不合理性,并分析其原因及评价。②基于问题三的深入分析,建立出最优化模型,通过LINGO编程进行迭代搜索求出最优方案,及各区新增平台后的分配方案。

针对问题五:以案发地点为初始点,根据图论中的相关理论,将逃跑路网抽象为有向图,按照图的深度优先遍历算法,以调动的警力、围堵的范围及时间较小为约束条件,得到最优解。

关键词:交巡警平台;非线性规划;Dijkstra 算法;深度优先遍历算法

1. 问题重述

目前,"有困难找警察"是家喻户晓的一句流行语。警察肩负着刑事执法、治安管理、交通管理、服务群众四大职能。为了更有效地贯彻实施这些职能,需要在市区的一些交通要道和重要部位设置交巡警服务平台。由于警务资源是有限的,因此,如何根据城市的实际情况与需求合理地设置交巡警服务平台、分配各平台的管辖范围、调度警务资源是警务部门面临的一个实际课题。

现针对某市设置交巡警服务平台的相关情况,我们需要通过建立数学模型解决以下问题:

问题一:由该市中心城区 A 的交通网络和现有的 20 个交巡警服务平台的设置情况示意图及相关的数据信息,我们为各交巡警服务平台分配管辖范围,使其在所管辖的范围内出现突发事件时,尽量能在 3 分钟内有交巡警(警车的时速为 60km/h)到达事发地。

问题二:在该市中心城区 A 中,对于重大的突发事件,需要调度全区 20 个交巡警服务平台的警力资源,对进出该区的 13 条交通要道实现快速全封锁。在考虑到一个平台的警力最多封锁一个路口的实际情况下,确定该区交巡警服务平台合理的警力调度方案。

问题三:根据现有交巡警服务平台的工作量不均衡和有些地方出警时间过长的实际情况,若在 A 区内再增加 2 至 5 个平台,确定需要增加平台的具体个数和位置。

问题四:针对全市(主城 A、B、C、D、E、F 六区)的具体情况,按照设置交巡警服务平台的原则和任务,分析研究该市现有交巡警服务平台设置方案的合理性。如果有明显不合理处,通过建立数学模型,给出解决方案。

问题五:如果该市地点 P(第 32 个节点)处发生了重大刑事案件,警方在案发 3 分钟后接到报警,为了快速捉拿犯罪嫌疑人,请确定调度全市交巡警服务平台警力资源的最佳围堵方案。

2. 基本假设

(1)每个交巡警服务平台的职能和警力配备完全相同。

(2)城市中两节点之间路线为直线。

(3)接到报警后,交巡警立即出动,行驶路段畅通无阻,且每条道路皆为双行道。

(4)全程始终保持时速为 60km/h,并以最短路线到达事发地。

(5)事故发生只会出现在城市道路节点上,且事故发生率已知。

(6)同一平台所管辖区域,事故不会并行发生。

(7)各交巡警服务平台所管辖范围无重叠,正常情况下不能跨区进行管理。

(8)每个路口只需其中一个平台警力去封锁。

(9)城市繁华路段具有交叉路口数量多、人口密度高的特点。

（10）巡警通信、处理案件的时间，以及道路转弯路程等其他耗费时间忽略不计。

（11）罪犯的逃跑速度不得大于警察的追捕速度。

3. 符号定义

n：交通路口节点（以下称节点）总数；

N：交巡警平台（以下称平台）总数；

d_{ij}：节点 i 到节点 j 的距离；

v：警车行驶速度，$v=60\text{km/h}$；

x：节点横坐标，单位为 mm；

y：节点纵坐标，单位为 mm；

t_{ij}：平台 i 到节点 j 的最短时间，$i=1,2,\cdots,n,j=1,2,\cdots,n$；

T_j：节点 j 到所有平台的最短时间，$j=1,2,\cdots,n$；

k_i：平台 i 管辖的节点集合；

w_{ij}：平台 i 管辖节点 j，$w_{ij}=0$ 或 1；

l_j：节点 j 的发案数；

$\overline{l_M}$：M 区各平台每天的平均发案数，$M=\text{A,B,C,D,E,F}$；

r_{ij}：节点 j 每天发案数占平台 i 每天发案数总和的比重；

θ：各平台发案数与全区平台的平均发案数的允许差值；

$S_{ij}(t)$：节点 j 对平台 i 的满意度；

a_i：i 区人口总数；

A：全市人口总数；

α_i：i 区人口所占比重；

c_i：i 区任务总数；

C：全市任务总数；

χ_i：i 区任务所占比重；

b_i：i 区节点总数；

B：全市节点总数；

δ_i：i 区节点所占比重；

f_{v_i}：调整前 i 区平台数占全市平台总数的比重；

f_{v_i}'：调整后 i 区平台数占全市平台总数的比重；

$\tilde{a}$：人口因素的权重；

$\tilde{c}$：任务量因素的权重；

$\tilde{b}$：节点因素的权重；

g_i：i 区合理平台数；

A_i：增加的新平台编号；

e_i：增加的新平台个数；

$\hat{T}$:某平台交巡警赶到所管辖的 k 个节点的时间总和;

ε:交巡警及时赶到事发点的灵敏度。

4. 问题分析

4.1　问题的分析

本题是一个讨论某市交巡警服务平台的设置及调度的问题。如何使交巡警在肩负着刑事执法、治安管理、交通管理、服务群众这四大职能的条件下,在资源有限的情况下,合理地设置交巡警服务平台、分配各平台的管辖范围、调度警务资源是目前需要解决的问题。

对于问题一:经过仔细分析,我们建立 Dijkstra 算法模型,找出各节点间的最短路径,然后通过最佳匹配模型,将各节点合理地分配到各个交巡警服务平台。

对于问题二:要封锁住所有路口,即从 20 个平台中选出 13 个平台进行封锁,从而需在 A_{20}^{13} 种方案中选出一组最优解使封锁时间最短,对此建立了动态规划模型,确定变量及约束条件,利用 LINGO 编程进行迭代搜索找出最优解。

对于问题三,考虑现有平台设置的合理与否,我们从局部到整体进行分析。我们引入了满意度的概念,建立非线性规划的数学模型。通过建立关于平台满意度的目标函数和约束条件,利用 LINGO 编程求解可以得到满意度最优方案。

对于问题四,为了分析该市现有交巡警服务平台的合理性,我们引入了人口比、任务比和节点比的概念,并赋予这三个变量不同的权重,建立了线性规划的数学模型,通过 MATLAB 软件编程可以得到现有 80 个服务平台下主城六个区的最优平台分配方案,比较该市现有的各区平台的分配方案,分析其合理性;对于不合理方案的解决,可以基于问题三的方法求出使满意度最大的最优方案。

对于问题五:为了快速捉拿犯罪嫌疑人,需制定出围堵的最佳方案,即派出警力最少。对比可通过无向赋权图,运用深度优先遍历算法逐路线、逐点分析需要围堵的节点。

4.2　思路流程图

本文思路流程图如图 1 所示。

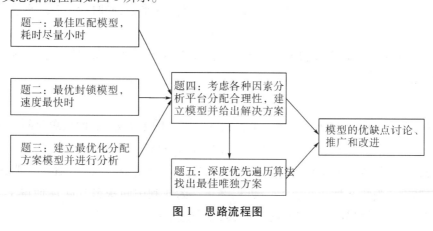

图 1　思路流程图

5. 模型的建立与求解

5.1 问题一的模型建立与求解

5.1.1 服务平台分配管辖范围模型的建立

5.1.1.1 管辖范围的定义

问题一中,要求各交巡警平台到对应事发点时间保持在 3 分钟以内并尽可能最少,该问题可以转换为求解使每一辆警车所能管辖的范围尽量地大。根据题目所给的时间限制,转化为距离限制,这样方便求解。为了明确交巡警平台管辖范围这一概念,我们通过图 2 所示的具体实例来阐述。我们假设 A 平台停驻在 O_1 点,以 O_1 点为圆心的实心圆是该平台所管辖的最大范围,因为它在 O_1 点时能向四周任意方向进行作业。但是,B 平台停驻在 O_2 点,所管辖范围与 A 平台有重叠,对于图中 O_1O_2 的连接点 C,易看出 O_1 到 C 点的距离比 O_2 到 C 点的距离更短,可知 C 点应属于 A 平台的管辖范围。

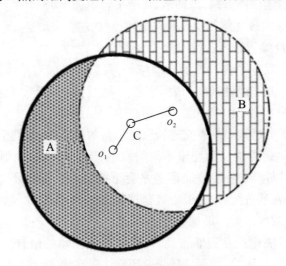

图 2 管辖范围的示意图

5.1.1.2 分配管辖范围

分配范围的原则即各节点分配到距离该节点最近的平台,同时找出各平台管辖的节点集合。

首先,由题目给出的数据可知,我们需要求出 A 区中所有节点间的距离。易得出节点 i 到节点 j 的距离:

$$d_{ij} = \sqrt{(x_i - x_j)^2 + (y_i - y_j)^2} \tag{1}$$

其次,利用 Dijkstra 算法找出每个平台到各个节点的最短路径,即最短时间。要求从平台 $i(x_i, y_i)$ 到节点 $j(x_j, y_j)$ 的最短时间,我们采用动态规划方法,将所在的点 $i(x_i, y_i)$ 表示状态,决策集合就是除 $i(x_i, y_i)$ 以外的点,选定一个点 $m(x_m, y_m)$ 后,得到距离 d_{mj} 并转入新状态,当状态是 $j(x_j, y_j)$ 时,过程终止。为找到中间状态节点 m 使得平台 i 到节点 m 的最短时间与节点 m 到节点 j 的时间之和最小:

令 $t_{ii} = 0$

$$t_{ij} = \min_{m} \{ d_{mj}/v + t_{im} \} \tag{2}$$

在这些时间中可得到最小值,即节点 j 到所有平台的当中的最短时间:

$$T_j = \min_{i} \{ t_{ij} \}$$

由节点 j 到所有平台的当中的最短时间与平台 i 到节点 j 的时间对应相等确定平台 i 管辖的节点集合,这样我们建立出最佳匹配模型:

$$k_i = \{ j | t_{ij} = T_j \}$$

5.1.2　服务平台分配管辖范围模型的求解

对于(1)式通过用 MATLAB 编程求得任意两点间距离,截取部分距离矩阵,得到一组 92×92 阶的矩阵,同时得到无向赋权图 $G = (V, E)$,从中截取一部分,如图3所示。

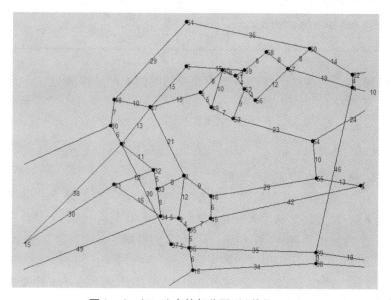

图3　$G = (V, E)$ 中的部分图形(单位:mm)

并将距离矩阵导入(2)式,利用 Dijkstra 算法最终得出各平台所管辖的节点的集合,结果见表2。

表2　　　　　　　　　　　　　A 区各平台所管辖节点

平台	管辖节点(时间/分)	平台	管辖节点(时间/分)
1	1(0)、67(1.62)、68(1.21)、69(0.5)、71(1.14)、73(1.03)、74(0.63)、75(0.93)、76(1.28)、78(0.64)	10	10(0)
		11	11(0)、26(0.9)、27(1.64)
2	2(0)、39(3.68)、40(1.91)、43(0.8)、44(0.95)、70(0.86)、72(1.61)	12	12(0)、25(1.79)
		13	13(0)、21(2.71)、22(0.91)、23(0.5)、24(2.39)
3	3(0)、54(2.27)、55(1.27)、65(1.52)、66(1.84)	14	14(0)

表2(续)

平台	管辖节点(时间/分)	平台	管辖节点(时间/分)
4	4(0)、57(1.87)、60(1.74)、62(0.35)、63(1.03)、64(1.94)	15	15(0)、28(4.75)、29(5.7)
		16	16(0)、36(0.61)、37(1.12)、38(3.41)
5	5(0)、49(0.5)、50(0.85)、51(1.23)、52(1.66)、53(1.17)、56(2.08)、58(2.3)、59(1.52)	17	17(0)、41(0.85)、42(0.99)
		18	18(0)、80(0.81)、81(0.67)、82(1.08)、83(0.54)
6	6(0)	19	19(0)、77(0.99)、79(0.45)
7	7(0)、30(0.58)、32(1.14)、47(1.28)、48(1.29)、61(4.19)	20	20(0)、84(1.18)、85(0.45)、86(0.36)、87(1.47)、88(1.29)、89(0.95)、90(1.3)、91(1.6)、92(3.6)
8	8(0)、33(0.83)、46(0.93)		
9	9(0)、31(2.06)、34(0.5)、35(0.42)、45(1.1)		

由表2可知,各平台到其所管辖节点所耗费的时间大部分都满足在3分钟内,只有个别节点超过了3分钟,比如:28、29、38、39、61、92。同时,也有少数平台无其他管辖节点。

5.2 问题二的模型建立与求解

5.2.1 服务平台警力调度模型的建立

在A区中,由于资源的有限性,当发生重大事件时,我们既不能出动全部警力,也不能漏掉任何一个路口。因此,对于A区中的13个路口,我们将从20个平台中选出13个去封锁,经此分析可得出共有A_{20}^{13}种方案。对此,我们将问题转化为建立一个目标为所消耗时间最少的最优化模型,从而得到封锁方案。

首先引入0-1变量$w_{ij}(i=1,2,\cdots,20,j=1,2,\cdots,13)$,控制平台$i$封锁节点$j$的变化过程:

$$w_{ij}=\begin{cases}1,当i平台被j路口选中\\0,当i平台未被j路口选中\end{cases},i=1,2,\cdots,20;j=1,2,\cdots,13$$

目标函数:

$$\min\{\max\sum_{i=1}^{20}d_{ij}w_{ij}\}$$

其中约束条件为:

$$\begin{cases}\sum_{i=1}^{20}w_{ij}=1,j=1,2,\cdots,13,对于每个节点有且仅有一个平台封锁,\\\sum_{j=1}^{13}w_{ij}\leqslant1,i=1,2,\cdots,20,对于每个平台至多封锁一个节点。\end{cases}$$

对于其中选定的一种调度方案,求出需要调度的13个平台到其距离最近的一个封锁路口的距离,并求出最大值$\max\sum_{i=1}^{20}d_{ij}w_{ij}$,即最晚到达案发现场的平台到节点的距离,通过调度方案的迭代变化，即 w_{ij} 的变化使最大距离最小，最终得到最优调度方案。

5.2.2 服务平台警力调度模型的求解

将上述目标函数和约束条件通过 LINGO 编程求解可得到局部最优解，通过 $0-1$ 变量 w_{ij} 的结果，若 $w_{ij}=1$，即用平台 i 封锁节点 j，这样可得到平台封锁节点的全部分配方案（结果见图4），同时可得到到达案发现场最晚的平台距案发现场的距离为 8015.5 米，及总共消耗时间为 8.015 分钟。

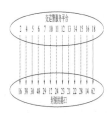

图4 交巡警服务平台警力的调度方案

5.3 问题三的模型建立与求解

5.3.1 增加服务平台模型的建立

首先我们将 A 区现有交巡警服务平台的工作量不均衡和有些地方出警时间过长的问题，转化为平台所管辖节点对此平台的满意度的问题，平台到达所管辖节点花费的时间越少，节点对该平台的服务越满意，由此，我们引入满意度函数 $S(t)$：

$$S_{ij}(t_{ij}) = \begin{cases} 1, & 0 \leq t_{ij} < 3 \\ \dfrac{576}{55t_{ij}^2} - \dfrac{9}{55}, & 3 \leq t_{ij} < 8 \\ 0, & t_{ij} \geq 8 \end{cases} \tag{3}$$

其中，我们定义出警时间超过 8 分钟，节点对平台的满意度为 0。

因此 $S_{ij}(t)$ 即为节点 j 对平台 i 的满意度，然后平台所管辖节点对此平台的满意度为：$S_{ij}(t_{ij}) \cdot w_{ij}$。

为了解决需要增加平台的具体个数和分配位置的情况，我们利用非线性规划建立出最优化模型：

第一：我们先假设增加平台的个数为 2 个，新增平台所在位置有 C_{72}^2 种选择，建立目标函数：

$$\max_{x} \min_{i} \left[\sum_j w_{ij} r_{ij} S_{ij}(t_{ij}) \right]$$

其中，权重 r_{ij} 为节点 j 的发案数占其对应平台 i 所有工作量的比重，即

$$r_{ij} = \frac{l_j}{\sum\limits_k w_{ik} l_k}$$

约束条件为：

$$\text{s. t.} \begin{cases} w_{ij} = 0 \text{ 或 } 1 \\ \sum\limits_i w_{ij} = 1 \\ \overline{l_M} - \theta \leqslant \sum\limits_i w_{ij} l_j \leqslant \overline{l_M} + \theta \end{cases}$$

由上述最优化模型可得一组最优分配方案,并可得到目标满意度,具体过程如下：

(1)对于选定的方案,将这组方案中平台 i 到节点 j 的最短时间代入(3)式,可得这组分配方案中各平台的加权满意度为 $\sum\limits_j w_{ij} r_{ij} S_{ij}(t_{ij})$,比较得到其中加权满意度最低的平台。

(2)通过上述方法,搜索出另外 $C_{72}^2 - 1$ 种选择,每种方案下通过比较得到加权满意度的最小值,然后,通过对这 C_{72}^2 个最小满意度取最大值,即 $\max\min \sum\limits_j w_{ij} r_{ij} S_{ij}(t_{ij})$,从而得到新增加平台数为 2 个时的满意度最优方案,判断该方案中平台到各节点的最短时间及平台的工作量是否符合标准。

第二：同理,当增加的平台个数为 3、4、5 时,重复上述步骤,即可求出增加不同平台个数时,它的最小满意度中的最大值,即 $\max\min \sum\limits_j S_{ij}(t_{ij}) \cdot w_{ij}$,比较增加每种平台数中的 $\max\min \sum\limits_j S_{ij}(t_{ij}) \cdot w_{ij}$ 值,由最大值所对应的方案即可确定应增加的平台个数和增加后的分配情况。

5.3.2 增加服务平台模型的求解

通过 MATLAB 编程我们建立了满意度函数并求解可得节点 j 对平台 i 的满意度,并将结果用于后续非线性规划的求解;通过 LINGO 编程,我们建立了目标函数和约束条件,求解可得增加平台数分别为 2、3、4、5 时的最小满意度中的最大值以及最优分配方案,通过比较 4 个满意度,找到最大满意度的分配方案,同时确定新增平台个数。最优结果为增加 5 个平台(分别为 29、39、58、61、91),具体分配方案如表 3 所示。

表 3　　　　　　　　　　新增平台后分配方案

平台	管辖节点(时间/分)	发案数	平台	管辖节点(时间/分)	发案数
1	1(0)、67(1.62)、68(1.21)、71(1.14)、73(1.03)、74(0.63)、75(0.93)	6	14	14(0)、21(3.27)	3.9
2	2(0)、44(0.95)、70(0.86)、72(1.61)、69(1.4)	6	15	15(0)、31(2.51)	5
3	3(0)、54(2.27)、55(1.27)、65(1.52)、66(1.84)	5.6	16	16(0)、36(0.61)、37(1.12)	3.8
4	4(0)、62(0.35)、63(1.03)、64(1.94)	5.1	17	17(0)、41(0.85)、42(0.99)、43(1.79)	7
5	5(0)、49(0.5)、53(1.17)	4.7	18	18(0)、80(0.81)、81(0.67)、82(1.08)、83(0.54)	6.1

表3(续)

平台	管辖节点(时间/分)	发案数	平台	管辖节点(时间/分)	发案数
6	6(0)、50(2.28)、47(1.49)	5.2	19	19(0)、77(0.99)、79(0.45)、76(1.43)、78(1.12)	5.3
7	7(0)、30(0.58)、32(1.14)	6	20	20(0)、85(0.45)、86(0.36)、84(1.18)	5.5
8	8(0)、33(0.83)、46(0.93)	5	29	29(0)、28(0.95)	2.7
9	9(0)、35(0.42)、45(1.1)	4.9	39	39(0)、38(0.3)、40(1.77)	4.3
10	10(0)、34(4.9)	2.8	58	58(0)、51(1.07)、52(1.5)、56(1.93)、57(0.75)、59(0.78)、60(1.56)	5.4
11	11(0)、26(0.9)、27(1.64)	4.6	61	61(0)、48(2.9)	2
12	12(0)、25(1.79)、24(3.59)	5.1	91	91(0)、87(0.71)、88(0.3)、89(0.71)、90(0.47)、92(2)	6
13	13(0)、22(0.91)、23(0.5)	6			

5.4　问题四的模型建立与求解

5.4.1　对现有平台设置合理性分析模型的建立

为了分析该市现有交巡警服务平台的合理性,我们引入了人口比、任务比和节点比三个概念,并赋予这三个变量不同的权重,建立线性规划的数学模型。

因为警力资源有限,全市80个交巡警平台的警力配备相同,要分析研究该市现有交巡警服务平台设置方案是否合理,就要考虑到每个平台所管辖的任务基本相同。因此,每个区域其人口、发案数、节点的差异,决定了我们给各区分配的平台数量也有所差异。于是,我们定义:

人口比:$\alpha_i = \dfrac{a_i}{A}$

任务比:$\chi_i = \dfrac{c_i}{C}$

节点比:$\delta_i = \dfrac{b_i}{B}$

$\tilde{a}$、$\mathring{c}$、$\breve{b}$ 分别为人口比、任务比、节点比所占的权重,我们建立了各区平台个数比率关于 $\tilde{a}$、$\mathring{c}$、$\breve{b}$ 的函数:

$$f_{v_i}(\tilde{a},\mathring{c},\breve{b}) = \tilde{a}\alpha_i + \mathring{c}\chi_i + \breve{b}\delta_i \tag{4}$$

将(4)式进行归一化:

$$f_{v_i}{}' = \frac{f_{v_i}}{\sum\limits_{i=1}^{6} f_{v_i}} \tag{5}$$

$$\sum f_{v_i}' = 1 \tag{6}$$

由此可得,分配到 i 区的平台数量为:

$$g_i = f_{v_i}'N$$

5.4.2　对现有平台设置合理性分析模型的求解

首先我们对六个城区的人口、发案数、节点数进行统计得到如表 4 所示的数据。

表 4　　　　　　　　　　各区人口、发案数、节点数情况

全市六个城区	城区的人口	人口比重	发案数	发案比重	城市节点	节点比重
A	60	18.07%	124.5	18.46%	92	15.81%
B	21	6.33%	66.4	9.84%	73	12.54%
C	49	14.76%	187.2	27.75%	154	26.46%
D	73	21.99%	67.8	10.05%	52	8.93%
E	76	22.89%	119.4	17.70%	103	17.70%
F	53	15.96%	109.2	16.19%	108	18.56%

我们认为在实际情况中,人口、发案数、节点应占的比重由大到小依次为发案数、节点、人口。

在此,我们令 $(\tilde{a}, \tilde{c}, \tilde{b}) = (0.2, 0.5, 0.3)$,通过 MATLAB 计算,可以得到各区的平台数占总平台数的比重如表 5 所示。

表 5　　　　　　　　　各区的平台数占总平台数的比重

区	A	B	C	D	E	F
f_{v_i}'	0.1499	0.0937	0.2279	0.1267	0.1883	0.1635

再由此结果求得平台分配方案如表 6 所示。

表 6　　　　　　　　　现有方案与合理方案的对比情况

	A 区	B 区	C 区	D 区	E 区	F 区
原有的平台个数	20	8	17	9	15	11
合理的平台个数	23	7	19	7	16	8
改变量	+3	-1	+2	-2	+1	-3

由表 6 可知现有分配方案的不合理性。例如,C 区发案比重占 27.75%,节点比重占 26.46%,然而平台总数只有 17 个,明显地,其中最优分配方案并不能完全保证 C 区中每个平台最小满意度尽量大。因此,需在 C 区中增加 2 个新平台。

进一步深化,按照新的平台分配方案,依据问题一和问题三的思路我们可确定各区平台管辖节点范围的分配方案:

首先,求出各个区平台到节点的最短距离矩阵(转化为最短时间矩阵)。

然后,重复问题三的算法,求出各区的每个平台的最小满意度中的最大值,即 $\max\min\sum_j S_{ij}(t_{ij})\cdot w_{ij}$,此方案即每个区应该增加平台的位置和增加后所分配的情况。在各区内部重新运行问题一、三等模型,重新设置平台位置,可得各区最优分配方案。

5.5　问题五的模型建立与求解

5.5.1　最佳围堵方案模型的建立

求最佳围堵方案可转化为求利用最少的交巡警在犯罪嫌疑人到达之前到达某些节点封锁路口从而封锁犯罪嫌疑人的所有出路。时间的比较可转化为距离的比较,在犯罪嫌疑人的极限速度与交巡警平台的到达速度相同的速度条件下,由于在案发3分钟后出警,即转化为交巡警平台到堵截点的距离大于犯罪嫌疑人到封锁点的距离与嫌疑人3分钟路程之差。具体算法如下。

搜索的中心思想为从案发节点32出发,按照与始点连通的路径逐点尝试,并遍历所有路径,同时将犯罪嫌疑人到封锁点的距离减去以犯罪嫌疑人的上限速度3分钟所走的路程(3千米)与交巡警平台到封锁点的距离进行比较,来确定封锁点与平台,下面分两个步骤讨论:

(1)由节点32出发以路程最短的方案走遍可到达A区平台的所有路径,若节点32到平台的最短距离大于3千米则该平台所在点为堵截点并由该平台自己围堵,即在发案到接到报警的3分钟内犯罪嫌疑人还未通过平台所在节点,若存在一条路径上包括多个距离大于3千米的平台,取距离节点32最近的平台为堵截点。

例如:存在路径 32→33→8→46→55→3→44→2→43→…,其中节点32到平台3的距离为6.47千米,节点32到平台2的距离为8.57千米,均满足距离大于3千米,以更近的平台3作为堵截点。

(2)排除上述步骤确定的路径,在剩余可选路径中以节点32为起点逐点分析,例如分析到第 i 个点时,节点32到第 i 个点的路程为 d_i,对于第 i 个点距离其最近的交巡警平台到第 i 个点的路程为 s_i。

若满足条件:$\begin{cases} d_i - 3 \geqslant s_i; \\ \min s_i \end{cases}$

则第 i 个点可作为堵截点,对应交巡警平台为参与围堵的交巡警平台,即交巡警早于犯罪嫌疑人到达第 i 个点,重复此过程找遍所有可选路径。

例如:存在路径 32→33→8→46→55→54→63→64→76→77→19,其中从33开始作为堵截点,依次尝试,到节点54时计算32到54的距离 $d_5 = 6.2$ 千米,以及54与距离54最近的平台8(前一步骤中已排除平台3)的距离 $s_5 = 3.8$ 千米,再验证节点63,$d_6 = 8.6$ 千米,$s_6 = 3.6$ 千米,满足 $d_6 - 3 \geqslant s_6$ 且 $s_6 < s_5$,当验证节点64时发现不满足 $d_7 - 3 \geqslant s_7$,因此节点63为堵截点,由平台19围堵为此路线上的最佳围堵方案。

5.5.2　最佳围堵方案模型的求解

依据以距离赋权的交通网络示意图,我们从节点32出发,逐路线、逐点针对节点32

到堵截点距离和堵截点到最近的平台距离,依次分析,找到了最佳围堵方案,结果如图5所示。

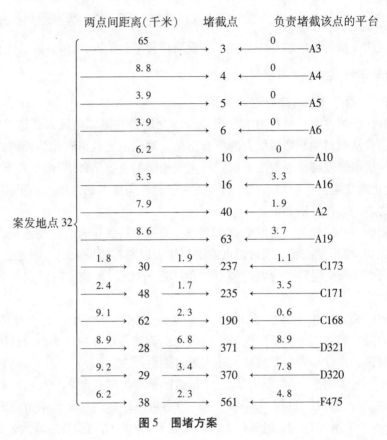

图5　围堵方案

6. 模型的优缺点讨论

6.1　模型的优点

通过对模型的分析,验证了其可靠性,该模型计算过程清晰简单,并且可以通过 MATLAB 和 LINGO 快速求解,为交巡警平台的设置方案提供了方便可行的设计方法,具有重要的实际意义和较高的应用价值。

模型一研究的是为交巡警平台分配管辖范围,我们将时间作为匹配对象,根据就近原则,建立节点与平台一对多对应,使结果更精确可靠,考虑原则是为节点分配到距离它最近的平台,更符合实际情况并易于理解。

模型二研究的是选13个交巡警平台封锁13个路口,我们选定时间最短为目标函数,从 A_{20}^{13} 种分配方案中找到局部最优解,条件无疏漏,结果相对更合理,更具有现实意义。

模型三研究的是新增平台的分配,我们引入满意度函数,建立平台的加权平均满意度最优化模型,使得增加不同平台个数所对应的结果具有可比性,同时根据满意度最优可得到增加新平台状态下的分配方案,综合考虑了时间最短和任务量最均衡,使得分配方案更合理、更精确。

模型四是针对全市给各区分配平台,我们通过对影响各区平台个数的因素赋权重来确定各区分配的平台数,将抽象的因素具体化,并通过合理的权重确保了不同因素的影响程度更符合实际情况,具有实际意义。

模型五通过以距离赋权的交通网络示意图,运用网络搜索方法逐路线、逐点分析需要围堵的节点,此算法简单易操作,结果明了。

6.2 模型的缺点

模型一中根据实际情况只考虑以时间最短为分配标准,未考虑以3分钟为界限进行微调节点,所得结果不完全满足条件。模型二只找到局部最优解,所得结果不够精确。模型四中对于不合理的平台分配方案有多种优化方案,如:减少平台、移动平台、新增平台或它们的组合,计算过程过于复杂。为了模型的简洁性,我们忽略了一些次要的因素,因此存在一定误差。

7. 模型的推广和改进

在实际生活当中,某些平台到其管辖节点距离较近,从而使警车发动时间或路程中耽误时间占整个行驶时间比重过大,因此耽搁的时间不可忽略。在建立模型时我们往往还要考虑警车的反应灵敏度。

定义:反应灵敏度是指,警察所处在该平台处,当接到来自该位置处任何方向的报警信息之后,能够及时赶到案发地点的能力。

一般而言,这种能力可以通过时间来度量,反应所花的时间越短,其反应灵敏度越高。因为对于交巡警来讲,其速度为v,该平台所管辖的节点有k个,这些节点都有可能成为事发现场,因而,从该平台赶到这k个节点的时间总和记为$\tilde{T}$,其表达式为:

$$\tilde{T} = \frac{\sum\limits_{k} d_k}{v}$$

其中,d_k为从平台到节点k的路段距离。因为v一定,$\tilde{T}$越大,说明平台离其附近的节点的距离总和越大,当案件发生时能够赶到案发现场的可能性越低。

由此,我们可以获得交巡警反应灵敏度的数学模型:

$$\varepsilon = \frac{1}{\tilde{T}} = \frac{v}{\sum\limits_{k} d_k} \tag{7}$$

该模型中,ε可以看出反应灵敏度,它应当与时间成反比,当时间$\tilde{T}$一定时,反应灵敏度与该节点到相邻节点距离之和成反比。而我们可以证明在一定范围中,平台密集度越大,其反应灵敏度越高,对于各个区域的安全情况都能够做到兼顾。为此,在考虑选定平台的满意度是否显著时,同样还需要考虑反应灵敏度这一指标。

限于本文诸多参数或比例系数等为假设数值或自定义,针对题目中问题的求解结果可能会出现一定误差。文中假设的数值限于本文计算和讨论,而针对某一实际路网,其行驶速度限制值一定,不需要假设。另外,文中所用的部分数值已将现实问题简化,实际中影响车辆行驶路线的因素很多,因此在应用中需要对该模型做适当修正或调整部分参数,并加以改进。

参考文献及附录(略)

论文 2　眼科病床的合理安排

重庆工商大学:王文彪　吴博　张杨
（2009 年高教社杯全国大学生数学建模竞赛论文）

摘要:

本文研究的是医院眼科病床的合理安排问题。首先由眼科手术的种类对病人进行分类,以为不同类型的病人根据具体情况安排合理的方案。考虑到白内障病人的特殊时间要求,所以时间周期选择的是一个星期。为了尽量缩短病人等待入院的排队的队长,我们采取了"谁住院时间短谁优先"的原则。

因此,对于不同的问题,分别有:

(1)评价指标体系,即问题一:从病人和医院两方面进行分析,得出用于数据量化分析的三个指标,分别是:病床周转次数(正指标)、平均逗留时间(负指标)、队列长(负指标)。这时只要对不同模型的相应指标值进行比较即可选出最合理的方案。

(2)最优选择模型,即问题二:除急诊病人具有最高优先权外,以病人的入院等待手术时间长短为依据赋予不同类型的病人在不同时间具有不同的优先权,然后以优先权为基础对病人的入院安排进行建模,得出最优选择模型。通过 Excel 和 SPSS 等数据统计分析软件对此模型进行求解,根据题目中的原始数据得出各类病人在最优选择模型下的入院时间,然后再利用(1)中的评价指标体系对 FCFS 模型和最优选择模型进行比较,得出如表 1 所示的结果。

表 1　　　　　　　　　　　两种模型各指标值对比情况

	病床周转次数(次/50 天)	平均逗留时间(天)	队列长(人)
FCFS 模型	3.27	20.61	100.6286
最优选择模型	4.47	18.15	80.3333

由此可知,最优选择模型确实比原模型要优。

(3)入院等待时间估计模型,即问题三:利用问题二的模型,得到各类病人等待住院的时间序列,根据等待住院时间的频率分布,选择出适当区间,使得病人能够在小区间里以大概率入院,求得结果如表 2 所示。

表 2　　　　　　　　　　　各类病人入院时间区间

	白内障(单眼)	白内障(双眼)	青光眼	视网膜疾病
入院时间区间值	[9,14]	[9,14]	[8,13]	[9,13]

(4)对(2)中模型进行调整,即得问题四:针对医院手术时间安排的不同情况,我们都

只需要改变问题二中的优先权等级矩阵,然后用相同于问题二中的求解思路对它进行求解,对不同情况的结果进行比较选出最优。根据结果,最终选择该医院在星期二、星期四做白内障手术。

(5)排队模型,即问题五:统计出各类病人的平均逗留时间,然后以综合逗留时间为目标函数,以病床的分配比例为约束变量,以病床数为约束条件,做一个优化模型,求解即可。

最后,本文讨论了该模型的优点、缺点,并应用所得数据给医院提出了几点合理化建议。

关键词: 评价指标体系;动态最优选择模型;时间估计模型;排队论;医院病床分配

1. 问题重述

医院就医排队是大家都非常熟悉的现象,它以这样或那样的形式出现在我们面前。例如,患者到门诊就诊、到收费处划价、到药房取药、到注射室打针、等待住院等,往往需要排队等待接受某种服务。

我们考虑某医院合理安排眼科病床的数学建模问题。

该医院眼科门诊每天开放,住院部共有病床79张。该医院眼科手术主要分四大类:白内障、视网膜疾病、青光眼和外伤。附录中给出了2008年7月13日至2008年9月11日这段时间里各类病人的情况。

白内障手术较简单,而且没有急症。目前该院是每周星期一、星期三做白内障手术,此类病人的术前准备时间只需1~2天。做两只眼的手术的病人比做一只眼的手术的病人要多一些,大约占到60%。如果要做双眼的手术是星期一先做一只,星期三再做另一只。

外伤疾病通常属于急症,病床有空时立即安排住院,住院后第二天便会安排手术。

其他眼科疾病比较复杂,有各种不同的情况,但大致在住院以后2~3天内就可以接受手术,而术后的观察时间较长。这类疾病手术时间可根据需要安排,但一般不安排在星期一、星期三。

在考虑病床安排时可不考虑手术条件的限制,但考虑到手术医生的安排问题,通常情况下白内障手术与其他眼科手术(急症除外)不安排在同一天做。当前该住院部对全体非急症病人是按照FCFS(First Come, First Serve)规则安排住院,但等待住院的病人队列却越来越长,因此我们需要建立模型来帮助该住院部解决病床合理安排的问题,以提高对医院资源的利用效率。

问题一:分析确定合理的评价指标体系,用以评价该问题的病床安排模型的优劣。

问题二:就该住院部当前的情况,建立合理的病床安排模型,以根据已知的第二天拟出院病人数来确定第二天应该安排哪些病人住院,并对你们的模型利用问题一中的指标体系作出评价。

问题三:根据当时住院病人及等待住院病人的统计情况,在病人门诊时即告知其大致入住时间。

问题四:若该住院部星期六、星期日不安排手术,重新回答问题二,并考虑对手术安排的调整。

问题五:从便于管理的角度,建立使得所有病人在系统内的平均逗留时间(含等待入院及住院时间)最短的病床比例分配模型。

2. 问题的分析

在病床的安排问题中,逗留的时间、等待住院的队长、病床的周转次数都是病人和医院所关心的问题,所以需从病人和医院两方面综合考虑,确定出病床合理安排模型。逗留时间与病床的周转次数存在一定的正相关,所以在确定我们的最优选择模型时,是以逗留时间最短为原则进行的建立,同时对不同类型的病人进行分类,并可用周转次数对模型进行检验,建立出最优选择标准。

为此,根据本题提出的问题,我们分以下五个步骤进行解决:

(1)由前面的分析可得,病床周转次数、逗留时间和队列长都是对病床安排模型的评价指标,所以根据这三个指标可以对病床安排模型进行评价。

(2)针对第二个问题,考虑到白内障手术对时间要求的特殊性,我们以一个星期为时间周期,制定出时间周期里每一天的不同类型病人之间的优先权等级,再由优先权的异同对时间周期进行分类。为了使平均逗留时间最短,假设对同一类型的病人是按照FCFS的原则进行服务,则我们先按照不同类型病人之间的优先权等级对病人进行排序,再在同种类型病人中按照到达的先后顺序对病人进行排序,这时就可以按照该顺序根据出院人数依次让病人入院,得出病人入院时间。而这个排序过程就是最优选择模型。关于此问题的分析思路可由图1进行诠释。

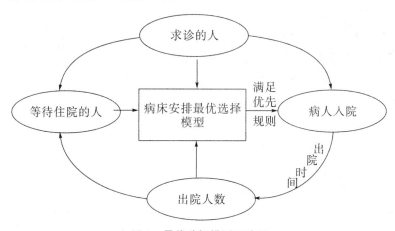

图1 最优选择模型思路图

(3)求等待时间的大致区间,即问题三,根据问题二中求得的等待时间,希望能用等待时间的分布,在给定概率的情况下,估计出病人的入院区间。

(4)对问题二中的最优选择模型进行推广,即得问题四的模型,只需要改变在问题二中的优先权规则,根据问题二的思想,即解决问题四。

(5)用排队论解决问题五,当病床各类病人占用病床的比例固定的时候,这就是一个典型的排队论的问题。我们只需要统计出各类病人的平均逗留时间,然后以综合逗留间为目标函数,以病床的分配比例为约束变量,以病床数为约束条件,做一个优化模型,求解即可。

3. 基本假设和符号定义

3.1 基本假设

(1)病人种类按照病情种类分为五类,同类型病人按照 FCFS 入院,而在同一天到达的同类型病人是无差异的。

(2)具有相同优先权等级的不同类型的病人按照 FCFS 入院。

(3)医院对病床安排的满意度用医院经济效益衡量,病人对病床安排的满意度用入院等待时间衡量。

(4)不同类型病人入院的优先等级是根据等待手术时间最短确定的。

(5)白内障手术和其他眼科手术不安排在同一天的前提下,医生是充足的,即在此条件下,安排在今天做手术的人都能全部完成。

(6)把一天的时间作为一个时间点考虑,即在今天出院和需要入院的人是同时到达的,当一个病人出院,马上就可以让另一个病人入院。

(7)病人能够承受的等待入院时间有一个极大值。

3.2 符号定义

(1)π——某时期内床位实际周转次数;

(2)q——某时期内的出院人数;

(3)p——某时期内平均开放的床位数;

(4)t_i——第 i 类病人平均逗留时间;

(5)α_i——第 i 类病人平均等待住院时间;

(6)β_i——第 i 类病人平均住院时间;

(7)H_j——第 j 天该住院系统的队长;

(8)K——病人排队等待能够接受的最大天数;

(9)n_j——第 j 天 5 个病类的优先权等级个数;

(10)F_j——第 j 天各类病人优先权等级矩阵($5 \times n_j$);

(11)A_j——第 j 天等待着住院的人数矩阵($k_j \times 5$);

(12)B_j——第 j 天等待着住院的人按照优先级排列之后的矩阵。

4. 模型的建立与求解

4.1 问题一的模型建立与求解

4.1.1 评价指标体系的建立

从医院和病人两方面的满意程度,可以分别对病床的安排模型优劣性进行评价。

4.1.1.1 评价医院满意程度的指标

根据医院的目标是使医院经济效益最高的假设,可用床位实际周转次数对医院满意

程度进行衡量,而期内床位实际周转次数(π)是由期内出院人数(q)与期内平均开放病床数(p)之比构成,即

$$\pi = \frac{q}{p} \tag{1}$$

而病床的周转次数(π)是一个正指标,所以 π 值越大,说明此模型越好。

4.1.1.2　评价病人满意程度的指标

病人在系统内的平均逗留时间(t_i)是评价病人满意度的主要指标,它由平均等待入院时间(α_i)和住院时间(β_i)之和构成的,即

$$t_i = \alpha_i + \beta_i \tag{2}$$

而平均逗留时间(t_i)是一个负指标,它的值越小,说明此模型越好。

4.1.1.3　衡量排队等待服务系统的一个重要指标

队列长(H_j)是每天求诊人数与出院人数之差的代数和。队列长(H_j)是一个负指标,即 H_j 的值越小越好。

4.1.2　指标体系的求解

对医院在当前 FCFS 规则下的三个指标值进行求解。

4.1.2.1　对效率指数的求解

在本问题中,我们选择 7 月 13 日到 8 月 31 日这一段时间作为一个时期。

利用 Excel 对题目中的所给数据的出院人数进行相加,即可得出表 3 的数据。

表3　　　　　　　　　该医院出院人数的情况

期内总天数(天)	总出院人数(人)
50	258

由表 3 知出院人数 $q = 258$,而该医院平均开放病床数 $p = 79$。

根据以上的数据利用公式(2)求得期内床位的实际周转次数 $\pi \approx 3.27$。

4.1.2.2　对逗留时间的求解

利用 Excel 用出院时间减去门诊时间即得病人在系统内的平均逗留时间。再利用 MATLAB 对不同类型的病人之间的平均时间进行加权求和,如表 4 所示。

表4　　　　　　　　　病人在系统内的逗留时间

	白内障(单眼)	白内障(双眼)	外伤	青光眼	视网膜疾病	平均时间
病人逗留时间(天)	17.92	21.24	8.04	23.8	25.26	20.61
权重	0.188	0.251	0.121	0.119	0.321	1

*权重是此类型病人的人数占总人数的比例。

由此,病人在系统内的平均逗留时间为 20.61 天。

4.1.2.3　队长的计算

根据原始数据,利用 Excel 即可算出每天求诊人数与出院人数之差,再把所得差进行

求和,即得出平均等待队长为 100.6286。

4.2 问题二的模型建立与求解

4.2.1 模型的建立

4.2.1.1 病人入院的优先级划分

根据手术种类,我们把眼科病人分为了五类,即:白内障(单眼)、白内障(双眼)、外伤、青光眼和视网膜疾病。由此对病人优先级的划分有两种:①不同类型病人之间;②同类型病人之间。

(1)不同类型病人之间。根据假设(4)对病人的优先级进行排列,由于时间周期为一个星期,则对一个星期内的每一天列出一个关于对不同类型病人入院的先后顺序,由此根据假设和题意就得出一个关于优先级排列顺序的表格(见表5)。

表5　　　　　　　　　　不同类型病人在每一天的优先级顺序表

	星期一	星期二	星期三	星期四	星期五	星期六	星期日
白内障(单眼)	2	2	4	4	4	2	3
白内障(双眼)	3	4	3	3	3	2	2
外伤	1	1	1	1	1	1	1
青光眼	2	3	2	2	2	3	4
视网膜疾病	2	3	2	2	2	3	4

*其中的1、2、3、4表示的是优先顺序。

对于表5中数据的得来,就星期一为例来进行说明。在每一天中,外伤属于急诊,它比其他任何类型的疾病都具有更高的优先权,所以对应于外伤的数据是1;然后考虑剩下类型的术前观察时间,白内障(单眼)为 1~2 天,青光眼和视网膜疾病为 2~3 天,另外星期三只做白内障和急诊手术,所以刚好白内障(单眼)病人可以今天入院星期三做手术,青光眼和视网膜疾病的病人也可以今天入院星期四做手术,所以它们具有相同的优先级,对应于表格中的2;针对白内障(双眼),如果病人今天住院,则他要等待 7 天才能做手术,所以他的优先级是最低的,对应于表格中的3。表格中的其他数据也类似得出,并且我们在建模的过程中因为对问题的深入分析,还对此优先级表格做了动态调整,使现在所得的这个表格具有动态最优性。

(2)同类型病人之间。根据假设(1),同类型病人之间按照 FCFS 进行入院,即在同一类型中,谁先来谁就先住院。

(3)对以上优先级的其他约束条件。

①考虑到病人不可能无限地等待下去,所以设一个等待天数的上界值 k,只要有病人的等待天数大于 k,则让他最先入院,即他具有比外伤还高的优先权。

②在不同类型的病人具有相同优先级的情况下,也是按照 FCFS 规则进行入院。

4.2.1.2 最优选择模型

根据分析,此模型是以病人在系统内的平均逗留时间最短为基础建立的,而服务时间一般是一个稳定值,我们假设它是固定的。则由公式(2)可知,影响平均逗留时间的因素完全是由入院等待时间所引起的,所以我们需要建立与等待时间相关的模型,让它与优先级联系,得出病床安排模型。

(1)把等待住院的病人进行类内排序。假设时间在 t 日期,由于等待天数上界值 k 的限制,所以在日期 t 前面 k 天就来求诊的人,现在已经全部入院,对此我们只需要考虑 k 天就可以知道关于现在系统中等待入院的病人的全部信息。设 θ_{ij} 为在 j 日期求诊的第 i 类病人到现在还在等待住院的人数,φ_{ij} 为在 j 日期到来的第 i 类病人到现在的等待天数,设 $\varphi_{it}=1$,即只要病人来求诊就至少有一天的等待时间,如果病人在 t 日期之前就已经出院,则令 $\varphi_{ij}=0$,否则 $\varphi_{ij}=t-j+1$,即

$$\varphi_{ij}=\begin{cases}t-j+1, & \text{当病人在 } t \text{ 日期还在等待住院的时候}\\0, & \text{其他}\end{cases} \tag{3}$$

令 $\boldsymbol{A}_t=(\theta_{ij})_{k\times5}$,有:

$$\boldsymbol{A}_t=\begin{bmatrix}\theta_{1(t-k)} & \theta_{2(t-k)} & \theta_{3(t-k)} & \theta_{4(t-k)} & \theta_{5(t-k)}\\\theta_{1(t-k+1)} & \theta_{2(t-k+1)} & \theta_{3(t-k+1)} & \theta_{4(t-k+1)} & \theta_{5(t-k+1)}\\\cdots & \cdots & \cdots & \cdots & \cdots\\\theta_{1(t-1)} & \theta_{2(t-1)} & \theta_{3(t-1)} & \theta_{4(t-1)} & \theta_{5(t-1)}\\\theta_{1t} & \theta_{2t} & \theta_{3t} & \theta_{4t} & \theta_{5t}\end{bmatrix} \tag{4}$$

其中,$i=1、2、3、4、5$ 分别表示白内障(单眼)、白内障(双眼)、外伤、青光眼和视网膜疾病。

上面矩阵就是在 t 日期时等待着住院的病人情况分布的矩阵,把(3)来作为 $\boldsymbol{A}_t$ 的权,它们具体对应关系是:θ_{ij} 的元素对应于在 j 日期求诊的第 i 类病人都已经等待 φ_{ij} 天,容易看出 $\boldsymbol{A}_t$ 的每一列对应于一类病人,并且每一列从上往下就是同一类病人按照到达的先后顺序进行的排序。

(2)把 $\boldsymbol{A}_t$ 进行类间排序。为了得出不同类型病人之间的优先顺序,我们按照表 5 进行排序,类间的优先顺序因为星期几的不同而不同,所以需要对病人在星期几的基础上进行优先级排序。拿星期一来说,它的优先级是外伤、白内障(单眼)以及青光眼和视网膜疾病、白内障(双眼),这类间的排序对于矩阵 $\boldsymbol{A}_t$ 而言,就是对它进行初等变换中列交换,把外伤那一列即第三列排到第一列,把白内障(单眼)以及青光眼和视网膜疾病的人数加在一起对应的人数排在第二列,再把白内障(双眼)对应的人数排在第三列,得到用优先权对病人进行排序之后的矩阵 $\boldsymbol{B}$。这个过程可以用矩阵的乘法进行表示。则

$$\boldsymbol{A}_{k\times5}\boldsymbol{F}_{5\times n}=\boldsymbol{B}_{k\times n} \tag{5}$$

其中,n 是那一天中优先权等级的分类。

列出星期一各类病人优先权等级矩阵 $\boldsymbol{F}_1$,根据以上的分析,容易得出 $\boldsymbol{F}_1$ 是 5×3 矩阵,是因为在星期一中,优先权等级只分成了三类,由此相类似的分析我们可得 $\boldsymbol{F}_i$,则 $\boldsymbol{F}_i$ 为:

$$\boldsymbol{F}_1 = \begin{bmatrix} 0 & 1 & 0 \\ 0 & 0 & 1 \\ 1 & 0 & 0 \\ 0 & 1 & 0 \\ 0 & 1 & 0 \end{bmatrix}, \boldsymbol{F}_2 = \begin{bmatrix} 0 & 1 & 0 & 0 \\ 0 & 0 & 0 & 1 \\ 1 & 0 & 0 & 0 \\ 0 & 0 & 1 & 0 \\ 0 & 0 & 1 & 0 \end{bmatrix}, \boldsymbol{F}_3 = \boldsymbol{F}_4 = \boldsymbol{F}_5 = \begin{bmatrix} 0 & 0 & 0 & 1 \\ 0 & 0 & 1 & 0 \\ 1 & 0 & 0 & 0 \\ 0 & 1 & 0 & 0 \\ 0 & 1 & 0 & 0 \end{bmatrix},$$

$$\boldsymbol{F}_6 = \begin{bmatrix} 0 & 1 & 0 \\ 0 & 1 & 0 \\ 1 & 0 & 0 \\ 0 & 0 & 1 \\ 0 & 0 & 1 \end{bmatrix}, \boldsymbol{F}_7 = \begin{bmatrix} 0 & 0 & 1 & 0 \\ 0 & 1 & 0 & 0 \\ 1 & 0 & 0 & 0 \\ 0 & 0 & 0 & 1 \\ 0 & 0 & 0 & 1 \end{bmatrix}$$

（3）根据（5）式中的 $\boldsymbol{B}$ 得出病床安排模型。由于 $\boldsymbol{B}$ 第一行数据就是等待天数达到最大值 K 的病人，所以优先考虑让处于第一行的病人入院；而 $\boldsymbol{B}$ 的第一列到第 n 列就是对不同类型病人按照优先权等级进行的排列。

所以处于 $\boldsymbol{B}$ 的第一行的病人具有最高优先权入院，且按照从左到右的顺序入院，然后按照第一列到第 n 列的顺序安排病人入院，且在一列中是按照从上往下的顺序进行安排入院。

根据现在的出院人数，可得出在今天安排哪些病人入院，也就得出了病床的安排方案。

4.2.2 模型的求解

4.2.2.1 病人入院时间

利用前文建立的模型对原始数据进行再安排，这里我们用同类型的服务时间（从住院到出院的间隔时间）的均值代替此类型病人在医院中的服务时间，认为白内障（单眼）、白内障（双眼）、外伤、青光眼和视网膜疾病的服务时间依次为 4、6、7、10、12。且在计算过程中，我们对 k 值进行不断的动态调整，最后根据平均等待时间最短得到 $k = 14$ 时为最优。由此根据最优选择模型，得出在 2008 年 7 月 13 日到 2008 年 8 月 31 日来门诊的病人的入院时间，表 6 是其中部分病人入院时间安排表。

表 6   部分病人入院时间安排表

类型	门诊日期	入院日期	出院日期	等待入院时间（天）
青光眼	2008 - 8 - 15	2008 - 8 - 22	2008 - 9 - 8	7
青光眼	2008 - 8 - 15	2008 - 8 - 22	2008 - 9 - 11	7
视网膜疾病	2008 - 8 - 15	2008 - 8 - 22	2008 - 9 - 10	7
视网膜疾病	2008 - 8 - 15	2008 - 8 - 22	2008 - 9 - 7	7
白内障（单眼）	2008 - 8 - 16	2008 - 8 - 25	2008 - 9 - 4	9
白内障（双眼）	2008 - 8 - 16	2008 - 8 - 30	2008 - 9 - 7	14
白内障（双眼）	2008 - 8 - 16	2008 - 8 - 30	2008 - 9 - 5	14

表6(续)

类型	门诊日期	入院日期	出院日期	等待入院时间(天)
白内障(双眼)	2008 - 8 - 16	2008 - 8 - 30	2008 - 9 - 6	14
视网膜疾病	2008 - 8 - 16	2008 - 8 - 25	2008 - 9 - 9	9
视网膜疾病	2008 - 8 - 16	2008 - 8 - 25	—	9

4.2.2.2 用评价指标体系对模型进行比较

根据对模型一的求解,类似求得评价最优选择模型的各个指标值。

(1)病床周转次数可由该医院出院人数的情况(见表7)算出。

表 7　　　　　　　　　　该医院出院人数的情况

所给数据总天数(天)	总出院人数(人)
50	353

则 $\pi = 4.47$。

(2)平均逗留时间。用 MATLAB 进行加权求和,病人在系统内的逗留时间如表8所示。

表 8　　　　　　　　　　病人在系统内的逗留时间

	白内障(单眼)	白内障(双眼)	外伤	青光眼	视网膜疾病	平均时间
病人逗留时间(天)	15.17	17.47	8	20.52	23.13	18.15
权重	0.188	0.25	0.119	0.119	0.326	1

＊权重是此类型病人的人数占总人数的比例。

由此,病人在系统内的平均逗留时间 $t_i = 18.15$ 天。

(3)平均队长。利用 Excel 的计算,得出平均等待队长为80.3333。最优选择模型的平均队长明显比 FCFS 要短。

4.3 问题三的模型建立与求解

4.3.1 等待时间预测模型的建立

根据我们对附录(二)中的各类型病人的等待住院天数进行的简单统计分析,得出频率分布表或频率直方图,找出频率最高的那段区间,使落入这段区间的累计频率大于一个给定的值,如0.8,在这里就表示此类病人能以 0.8 的概率在这个时间里入院。又根据我们对最大等待天数的限制情况,病人的等待时间不会超过 K,所以,若求得的区间的最大值小于 K,就不变,否则把最大值改为 K。

4.3.2 预测模型的求解

以白内障为例,我们从附录(二)中提取出白内障病人的等待入院时间,对它进行简单描述性统计分析,用 SAS 统计软件对它进行计算,根据所得信息画出的直方图如图 2 所示。

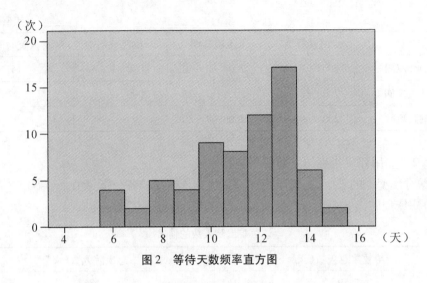

图 2　等待天数频率直方图

我们看到在 13 天的时候频率是最高的,选择适当的相邻天数,使它能够在小区间里以大概率发生,在本题中,取最低累计频率为 0.8。对其他类型的病人也进行相同分析,得到如表 9 所示的结果。

表 9　　　　　　　　　　　　病人等待入院时间估计区间

	白内障（单眼）	白内障（双眼）	青光眼	视网膜疾病
等待入院时间区间值	[9,14]	[9,14]	[8,13]	[9,13]

4.4　问题四的模型建立与求解

4.4.1　模型的建立

此问题是对问题二最优选择模型的调整,整个模型中需要调整的只有各类病人优先权等级矩阵 F_j。考虑到实际情况中白内障(双眼)的人在做完一只眼睛后需休息一天后再做手术。因此本题分为三种情况:

(1)在星期一和星期三做白内障手术;

(2)在星期二和星期四做白内障手术;

(3)在星期三和星期五做白内障手术。

对以上三种情况,用考虑问题二相同的方法我们列出了相应的三种优先级顺序表(见表 10、表 11、表 12):

表 10　　　　　　　　　情况一(在星期一、星期三做白内障手术)

	星期一	星期二	星期三	星期四	星期五	星期六	星期日
白内障(单眼)	3	2	4	4	4	3	2
白内障(双眼)	4	4	4	3	3	2	2
外伤	1	1	1	1	1	1	1

表10（续）

	星期一	星期二	星期三	星期四	星期五	星期六	星期日
青光眼	2	3	2	4	4	3	3
视网膜疾病	2	3	2	4	4	3	3

表11　　　　　　　　情况二（在星期二、星期四做白内障手术）

	星期一	星期二	星期三	星期四	星期五	星期六	星期日
白内障（单眼）	3	2	3	2	4	4	4
白内障（双眼）	2	2	4	4	3	3	3
外伤	1	1	1	1	1	1	1
青光眼	3	3	4	4	3	2	2
视网膜疾病	3	3	4	4	3	2	2

表12　　　　　　　　情况三（在星期三、星期五做白内障手术）

	星期一	星期二	星期三	星期四	星期五	星期六	星期日
白内障（单眼）	3	2	2	2	4	4	4
白内障（双眼）	2	2	4	4	3	3	3
外伤	1	1	1	1	1	1	1
青光眼	3	3	3	3	2	2	2
视网膜疾病	3	3	3	3	2	2	2

另外，考虑到星期六和星期日是不做手术的，所以我们将 K 的取值增大到 $K=16$。

4.4.2　模型的求解

这时对每一种情况利用与问题二相同的算法求出每种病人的平均逗留时间，然后选择等待时间最短的那种情况作为新的手术安排方案。三种情况最终的逗留时间如表13所示。

表13　　　　　　　　不同情况逗留时间结果对比表　　　　　　　　单位：天

不同情况	白内障（单眼）	白内障（双眼）	外伤	青光眼	视网膜疾病
情况一	20.65	23.64	11.65	24.84	28.21
情况二	18.82	21.87	10.1	22.92	26.88
情况三	20.37	24.03	11.46	23.11	27.79

4.5 问题五的模型建立与求解

4.5.1 模型的建立

首先,针对于此问题,需要另外对一些符号进行定义:

(1)λ_i——第 i 类病人的平均到达率;

(2)μ_i——第 i 类病人的单位病床平均服务率;

(3)w_{iq}——第 i 类病人的平均等待时间;

(4)w_{is}——第 i 类病人的平均住院时间;

(5)L_{iq}——第 i 类病人的平均等待住院人数;

(6)L_{is}——第 i 类病人的平均住院人数;

(7)a_i——第 i 类病人在统计区内的人数比例;

(8)c_i——第 i 类病人占用的床位数;

(9)N——医院总床位数。

然后建立模型:

因为本题将病床按固定比例分配给不同类型的病人,则我们可以把每类病人看门诊,住进医院分配手术,然后出院看成一个排队系统(按照 FCFS 原则)。可以统计检验得知就诊人数服从泊松分布。且病床数可看成是多服务员的 $M/M/n$ 排队系统,则由 $M/M/n$ 排队论知识可得:

$$
\begin{cases}
W_{iq} = \dfrac{L_{iq}}{\lambda_i} = \dfrac{(c_i \rho_i)^{c_i} \rho_i}{c_i!(1-\rho_i)^2} P_0, \\[3mm]
P_0 = \left[\sum\limits_{k=1}^{c_i-1} \dfrac{1}{k!}\left(\dfrac{\lambda_i}{\mu_i}\right)^k + \dfrac{1}{c_i!}\dfrac{1}{1-\rho_i}\left(\dfrac{\lambda_i}{\mu_i}\right)^{c_i} \right]^{-1}, i = 1,2,\cdots,k
\end{cases}
\tag{6}
$$

式中 $\rho_i = \lambda_i/(c_i \cdot \mu_i)$。

同时,第 i 类病人的平均住院时间为:

$$
W_{is} = \frac{L_{is}}{\lambda_i} = \frac{L_{iq} + \dfrac{\lambda_i}{\mu_i}}{\lambda_i}, i = 1,2,\cdots,k
\tag{7}
$$

由此,第 i 类病人的平均逗留时间为:

$$
W_i = W_{iq} + W_{is}
\tag{8}
$$

因此本题就转化为如下的非线性整数规划问题:

$$
\min\ w = \sum_{i=1}^{k} w_i a_i
$$

$$
\begin{cases}
\sum\limits_{i=1}^{k} c_i = N, c_i\ \text{为正整数}(i = 1,2,\cdots,k) \\[3mm]
\rho_i \leqslant 1
\end{cases}
\tag{9}
$$

4.5.2 模型的求解

对题中所给原始数据做统计分析得出 λ_i、μ_i 和 a_i。对本题,$k = 5$。结果如表 14 所示。

表 14　　　　　　　　　　　　　λ_i、μ_i 和 a_i 的数值表示

	白内障(单眼)	白内障(双眼)	青光眼	视网膜疾病	外伤
λ_i	1.51	2.122	0.926	2.788	0.98
μ_i	0.191	0.117	0.095	0.08	0.142
a_i	0.188	0.251	0.119	0.321	0.121

为了较快地算出最小值,我们先直接取 $c_i = \lambda_i / \mu_i$,但这样算出来的总和大于 79,因此,我们适当地调整 c_i 的值,但调整时,遵循这样的原则:周转越快的病类,c_i 下调越快。这样不断调试的结果如表 15 所示。

表 15　　　　　　　　　　　病床最优固定分配数　　　　　　　　　　单位:床

白内障(单眼)	白内障(双眼)	青光眼	视网膜疾病	外伤
8	18	10	35	8

5. 模型的优缺点讨论

本文提出了一种多优先级别排队的矩阵算法,通过设计合理优先权等级矩阵,成功地实现了人员的动态优先排列,较合理地重新安排了病人的住院、出院情况,从而同时兼顾了三项指标,有效地提高了服务效率和病人的满意度。值得特别提出的是,对于问题五,我们给出了一般的无优先级别的排队论模型,使问题五得到了较好的解决。

当然,本文所建立的模型也有一些不足之处,首先在于优先权等级矩阵很难把握,而且考虑的细节过多,难以实现计算机编程,从而带来了很大的人工计算量,而且较合理的优先权等级矩阵也是在这个过程中获得的,所以我们并没有给出优先权矩阵一般算法。另外,多个优先权矩阵不便于医院管理。

6. 模型的推广和改进

其一,此模型就医院需要排队等待的相关服务进行优化处理,实现了综合效率优化,可给有排队等待的情况的机构以参考。

其二,本文考虑了时间的差别和不同病人的差别,因此在实际中若只考虑一种差别,那么我们的优先矩阵还是很容易获得的,而且也是稳定的,并便于管理和实施。

其三,由于数据的不详细具体,我们对于问题的讨论并不深刻,要是在实际的完整数据下我们能更精确地规划出最优解。

7. 给医院的一些建议

由建模分析的结果可知:病人等待住院的时间都较长,超出了大部分病人的承受能力,所以医院在考虑合理安排病人住院的同时,也应该考虑对床位数的增加,以减少病人的等待时间。

给医院的建议如下：

(1)建立病人到来的详细档案,对于节假日等特殊日子,有提前准备。

(2)对于不同年龄的病人也应该实施不同的优先级。

(3)在已经合理安排了病床的情况下,还是有病人等待住院的时间较长时,医院就应该考虑增加病床数。

(4)对于安排病人住院的方案要综合考虑。

参考文献及附录(略)

论文3　2010年上海世博会影响力的定量评估

重庆工商大学:刘宇　李泽容　吴婧

（2010年高教社杯全国大学生数学建模竞赛论文）

摘要:

2010年上海世博会是首次在中国举办的世界博览会,它对中国的各个方面都产生了广泛而深远的影响。本文从经济这个侧面出发,定量评估了世博会对上海经济的影响力。

本文从三个不同的角度建立了三个不同的数学模型分别定量评估了世博会对上海经济的影响力。

第一个角度,我们用拉动经济增长的"三驾马车",即投资总额、消费总额、净出口总额建立指标体系。对于这个指标体系我们运用时间序列分析方法建立模型,通过对比上海历年的三个指标数据和预测上海未来的经济发展态势定量分析了世博会对上海市经济的影响力。

第二个角度,我们用科技进步贡献率、资金增长率、劳动增长率建立指标体系。我们选择柯布－道格拉斯生产函数建立模型,从科技进步贡献率的角度定量评估世博会对上海经济的影响力,并得出结果:上海举办世博会和未举办世博会科技贡献率的差值为 $E1-E2=25.8\%$,世博会为上海带来直接的科技进步影响和间接的经济增长的影响可见一斑。

第三个角度,我们用总投资、经济收益、带动GDP的增长幅度、参展人数、增加就业率建立指标体系,利用平移－级差标准化法,对所得的往届典型世博会举办城市的经济数据进行标准化处理,再运用聚类分析法建立模型,比较后得出2010年上海世博会与非常成功的1970年日本大阪世博会和2005年日本爱知世博会两届世博会的影响力趋近,说明世博会对上海经济的影响力很大;并可由历史数据推测出上海世博会的未来影响力。

最后,本文讨论了该模型的优点、缺点,并对模型做了推广和改进。

关键词:定量评估;时间序列分析;科技进步贡献率;聚类分析法

1. 问题重述

2010年上海世博会是首次在中国举办的世界博览会。从1851年伦敦的"万国工业博览会"开始,世博会正日益成为各国人民交流历史文化、展示科技成果、体现合作精神、展望未来发展等的重要舞台。请选择感兴趣的某个侧面,建立数学模型,利用互联网数据,定量评估2010年上海世博会的影响力。

2. 问题的提出和分析

世博会的全称是世界博览会,它是由一个国家的政府主办、多个国家或国际组织参加的国际性大型博览会。与一般展览会相比,世博会举办规格高、持续时间长、展出规模大、参展国家多。

根据《国际展览公约》,世博会按性质、规模、展期的不同分为两大类。一类是认可类世博会,也称为"专业性世博会",展出的主题专业性较强,如:生态、气象、海洋、山脉、陆路运输、城市规划、医药等。该类展览规模较小,展期通常为 3 个月,在两届注册类世博会之间举办一次。另一类是注册类世博会,也叫作"综合性世博会",拥有综合性主题,展出内容包罗万象,展期通常为 6 个月,每 5 年举办一次。中国 2010 年上海世博会就属于这一类。

举办世博会往往是为了庆祝重大的历史事件或某个国家、地区的重要纪念活动,以展示人类在政治、经济、文化和科技等方面取得的成就。举办世博会,不仅给参展国家带来发展的机遇,而且给举办国家创造了巨大的经济效益和社会效益,宣传和扩大了举办国家的知名度和声誉。本文即从经济侧面讨论 2010 年上海世博会的深远影响。

上海世博会的成功申办和举办,有以下几点重要意义:

(1)促进上海市及其他长三角地区乃至全国的经济的发展,助推长三角地区产业结构调整,增加就业岗位;

(2)改善上海市生活环境和投资环境,助推世博会后上海经济的再次腾飞;

(3)极大地提升上海市民的科学文化素养,提升中国和上海的国际形象。

由以上可看出,世博会影响最大的方面无疑是经济的发展。我们将分三步,通过横向、纵向的对比评价方法来阐明世博会对经济侧面的影响力(图1)。

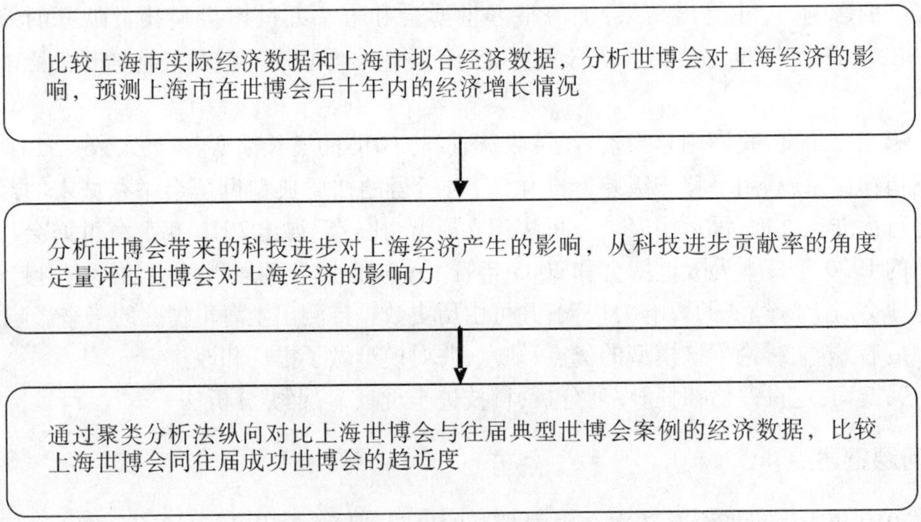

比较上海市实际经济数据和上海市拟合经济数据,分析世博会对上海经济的影响,预测上海市在世博会后十年内的经济增长情况

分析世博会带来的科技进步对上海经济产生的影响,从科技进步贡献率的角度定量评估世博会对上海经济的影响力

通过聚类分析法纵向对比上海世博会与往届典型世博会案例的经济数据,比较上海世博会同往届成功世博会的趋近度

图 1　评价世博会影响力的三个步骤

我们知道,全世界大多数国家采用 GDP 指标来衡量经济发展程度。GDP 即国民生产总值,它被定义为在一个国家一段特定时间(一般为一年)里生产的所有最终商品和服务的市价。因此,通过 GDP 的变化来定量评估世博会对上海市经济发展的影响力是可靠的。(据国务院和国家统计局有关我国 GDP 核算和数据发布制度的规定,上海国内生产

总值自 2004 年起更名为"上海市生产总值",简称"上海市 GDP"。)由于我国普遍采用支出法计算 GDP(GDP = 总消费 + 总投资 + 净出口),因此我们通过收集户籍人口总数、居民人均可支配收入、当年实际利用外资总额、全社会固定资产投资总额等经济数据得出总消费、总投资和净出口的数据,进而测算其 GDP(表 1)。

表 1　　　　　　　　　　　　　　　　GDP 组成

$$
\text{GDP 组成}
\begin{cases}
\text{总消费}
\begin{cases}
\text{居民可支配收入(= 户籍人口总数 * 居民人均可支配收入)} \\
\text{社会消费品零售总额}
\end{cases} \\
\text{总投资}
\begin{cases}
\text{当年实际利用外资总额} \\
\text{全社会固定资产投资总额}
\end{cases} \\
\text{净出口}
\end{cases}
$$

科技因素是经济增长必不可少的因素。为研究上海世博会对科技的影响,我们通过定义科技进步贡献率分析上海世博会对科技直接的影响和对经济间接的影响。

将上海世博会同往届世博会做比较不失为一个评价的好方法。我们用总投资、经济收益、带动 GDP 的增长幅度、参展人数、增加就业率建立指标体系,利用平移 - 级差标准化法,对所得的往届典型世博会举办国的经济数据进行标准化处理,再运用聚类分析法建立模型,比较后得出 2010 年上海世博会与非常成功的 1970 年日本大阪世博会和 2005 年日本爱知世博会两届世博会的影响力趋近,表明上海世博会对上海经济的影响力非常巨大。

通过以上模型,我们从经济层面全面地分析了上海世博会的影响力,结构完整,逻辑清晰。

3. 模型的基本假设

(1)假设在统计期限内,即从 1996 年到 2010 年,经济发展不受到政治环境、灾害、金融危机、通货膨胀等方面的影响。

(2)假设从 1996 年到 2003 年美元对人民币汇率为 8.28;从 2004 年到 2010 年美元对人民币汇率为 7.24。

(3)假设对 2010 年以后的经济发展估测不考虑其他方面的影响。

(4)因所统计的城市在统计年份内的第一产业经济数据几乎无变动,故假设忽略其周边的农村户口居民对经济数据的影响,只考虑对经济有主要影响的城镇户口居民。

(5)假设世博会对上海经济的影响力从 2004 年开始显现,1996—2003 年称为第一阶段,2004—2009 年称为第二阶段。

4. 符号说明

a、a_i、b、b_i:回归因子;

t、t_i:时间;

y_i:时间序列数据;

y、$\hat{y}$:时间序列函数;

σ:不确定度;

x'_{ik}:第 i 个国家第 k 个有量纲指标值;

S:以国家为对象的集合;

s_{ik}:第 i 个国家第 k 个无量纲指标值;

s_i:第 i 个国家的综合平均值;

t_i:第 i 个国家无量纲指标值的标注差;

R:模糊相似矩阵;

r_{ij}:相似程度值(其中 $i=1,2,\cdots,8$,依次分别代表大阪、筑波、新奥尔良、温哥华、大田、汉诺威、爱知、上海;$j=1,2,\cdots,5$,依次分别代表主办城市世博会的总投资、经济收益、世博会拉动当年 GDP 的增长率、世博会的参展人数、因世博会而增加的就业岗位);

δ:科技进步速率;

A_0:常数因子;

Y:产出;

L:劳动投入量;

K:资本投入量;

α:劳动力弹性系数;

β:资本弹性系数;

A:科技水平因子;

E:科技进步贡献率;

$\bar{Y}$:平均值;

ΔY:平均变化量;

$\Delta Y / \bar{Y}$:平均变化速率。

5. 模型的建立与求解

本节共分三大部分。第一部分是通过建立时间函数拟合法和趋势外推法,建立一个时间序列模型来定量评估上海世博会的影响力。运用这个模型,通过分析上海市历年投资、消费和净出口总量,得到世博会对上海市的经济发展产生的积极影响。在第二部分,我们利用柯布－道格拉斯生产函数建立模型,研究由世博会带来的科技进步对上海经济产生的影响,从科技进步贡献率的角度定量评估世博会对上海经济的影响力。在第三部分,我们统计了历年具有代表性的世博会在总投资、经济收益、带动 GDP 的增长幅度、参展人数、增加就业率五方面的指标,运用聚类分析法建立模型三,得到一个模糊相似矩阵,对数据进行分类处理,即可比较上海世博会同历届成功世博会的相似程度。

5.1 模型一的分析、建立与应用

5.1.1 模型一的分析

建立这个模型的目的是定量分析上海世博会对上海经济发展的影响力。模型所需要的评价指标为上海市历年的户籍人口总数、居民人均可支配收入、当年实际利用外资总额、全社会固定资产投资总额等经济数据,得出总消费、总投资和净出口的数据,进而

测算其 GDP。该模型的设置既要能够反映当前的经济变化,也要对未来短期内的经济变化作出预测,即既要结合当前实际又要着眼于未来。

5.1.2　模型一的建立

基于 5.1.1 对模型的分析,我们首先采用时间序列预测分析法和最小二乘法来评估世博会对上海市经济的影响力。

时间序列预测分析是以预测目标的历史数据为基础,将历史数据按时间顺序排列,然后分析它随时间的变化趋势,从而推测出预测目标的未来变化趋势。

世博会对上海经济的影响力轨迹可以用一条与时间 t 有关的多项式曲线来拟合,并据以预测它未来的发展趋势。

时间序列分析法中的多项式曲线分析法是一种常用、有效的分析方法。人们经常采用的是一次曲线模型、二次曲线模型和三次曲线模型。很多事物的发展轨迹可以用时间 t 的多项式曲线来拟合,并据以预测研究对象未来的发展趋势。

时间 t 的 k 次多项式一般表达式为:

$$y = b_0 + b_1 \times t + b_2 \times t^2 + \cdots + b_k \times t^k = \sum_{i=0}^{k} b_i \times t^i$$

式中: $b_i (i = 0, 1, \cdots, k)$ 是回归因子, t 是时间。

其中的多项式分析方法分可采用以下几个步骤:

(1)绘制散点图。进行时间序列分析时,首先应该将研究对象的时间序列数据 y_i 与对应的时间 t_i 绘制成散点图,并观察点的变化趋势,进而选择具体的模型进行拟合。

(2)对年份的处理。当时间点 $t_1, t_2, \cdots, t_n$ 为连续等间隔时,为计算方便,可以先将 x 轴的年份数据做以下处理:数据项为奇数 $(n = 2m + 1)$ 时,取 $t_m = 0$,则该假定年份序列为: $\{-m, -(m-1), \cdots, -1, 0, 1 \cdots, (m-1), m\}$;数据项为偶数 $(n = 2m)$ 时,则该假定年份序列为: $\{-(2m-1), -(2m-3), \cdots, -3, -1, 1, 3, \cdots, (2m-3), (2m-1)\}$。

(3)模型建立。一次曲线模型:当时间序列数据的散点变化趋势可以用直线拟合时,采用直线来描述时间序列数据,并通过直线趋势的延伸来确定预测值。

设直线回归方程为: $\hat{y} = b \times t + a$。

式中: t 为时间, a、b 为回归因子。通过最小二乘法确定拟合系数 a、b 为:

$$\begin{cases} a = \hat{y} - b \times t^0 \\ b = \dfrac{\sum y_i t_i - t^0 \sum y_i}{\sum t_i^2 - t^0 \sum t_i} \end{cases} \tag{1}$$

二次曲线模型:当散点图中反映出时间序列数据的变动趋势大致是二次多项式曲线时,可以用二次曲线去拟合该数列。二次曲线的方程为:

$$\hat{y} = a_0 + a_1 \times t + a_2 \times t^2$$

用最小二乘法求得回归系数 a_0、a_1、a_2 为:

$$\begin{cases} a_0 = \dfrac{\sum y_i \sum t_i^4 - \sum y_i t_i^2 \sum t_i^2}{n \sum t_i^4 - (\sum t_i^2)^2} \\[3mm] a_1 = \dfrac{\sum y_i t_i^2}{\sum t_i^2} \\[3mm] a_2 = \dfrac{n \sum y_i t_i^2 - \sum y_i \sum t_i^2}{n \sum t_i^4 - (\sum t_i^2)^2} \end{cases} \tag{2}$$

三次曲线模型:三次曲线模型用于描述开始由低到高上升、随后再出现下降再上升的数列。三次曲线的方程为:

$$\hat{y} = a_0 + a_1 \times t + a_2 \times t^2 + a_3 \times t^3$$

用最小二乘法求得回归系数 a_0、a_1、a_2、a_3 为:

$$\begin{cases} a_0 = \dfrac{\sum y_i \sum t_i^4 - \sum t_i^2 \sum t_i^2 y_i}{N \sum t_i^4 - (\sum t_i^2)^2} \\[3mm] a_1 = \dfrac{\sum t_i y_i \sum t_i^6 - \sum t_i^4 \sum t_i^3 y_i}{\sum t_i^2 \sum t_i^6 - (\sum t_i^4)^2} \\[3mm] a_2 = \dfrac{N \sum t_i^2 y_i - \sum y_i \sum t_i^2}{N \sum t_i^4 - (t_i^2)^2} \\[3mm] a_3 = \dfrac{\sum t_i^2 \sum t_i^3 y_i - \sum t_i y_i \sum t_i}{\sum t_i^2 \sum t_i^6 - (\sum t_i^4)^2} \end{cases} \tag{3}$$

(4)不确定度检验。为衡量所得回归方程与时间序列数据拟合的好坏,需要对所得回归方程进行检验。为此引入不确定度系数的检验,它代表拟合回归方程与实际值的偏差,不确定的大小反映出所得回归方程与已知数据拟合的好坏,σ 越小说明拟合程度越好。其计算公式为:

$$\sigma = \sqrt{\frac{\sum (y_i - \hat{y}_i)^2}{\sum y_i^2}} \tag{4}$$

(5)将指标代入模型分析。在众多经济指标中选择投资、消费、出口贸易和上海市生产总值来衡量上海市经济的发展。我们从上海市统计年鉴中统计的数据如表 2 所示:

表 2　　　　　　　　**上海市投资、消费、出口贸易数据一览表**(1996—2009)

单位:亿元

年份	投资总额	消费总额	净出口总额
1996	2432.95	2322.28	348.84
1997	2418.09	2537.06	387.84
1998	2449.04	2734.53	47.03

表2(续)

年份	投资总额	消费总额	净出口总额
1999	2296.53	3157.83	−85.62
2000	2398.76	3413.97	−331.37
2001	2608.49	3571.05	−467.16
2002	2603.544	3803.06	−708.27
2003	2936.49	4215.45	−1277.85
2004	3550.38	4710.8	−1075.24
2005	4030.27	5509.17	−347.53
2006	4431.11	6187.96	−24.42
2007	5022.51	7105.07	347.67
2008	5547.43	8247.74	389.45
2009	6023.64	9212.58	434.11

注:数据来源于《上海统计年鉴》(1997—2010)。

　　根据表2中的数据建立相应的分析模型,预测上海市经济的未来发展态势,以此衡量世博会对上海市经济的影响力。

　　绘制第一阶段各经济指标的散点图如图2所示,以此预测第二阶段未举办世博的经济情况。

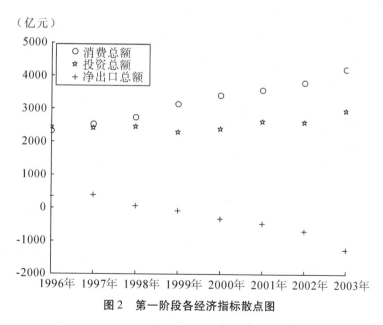

图2　第一阶段各经济指标散点图

　　如图2所示,分析各指标的变化趋势可以判断出二次曲线拟合出口贸易总和、消费总额和投资总额,三者的不确定度分别为 0.0427、0.0250、0.0143,拟合效果好。

根据 5.1.2 中对年份的处理方法,假定年份见表 3:

表 3 　　　　　　　　　　　　实际年份与假定年份对应表

年份	2004	2005	2006	2007	2008	2009
假定年份	9	11	13	15	17	19

把预测的上海市未举办世博会的经济曲线图与网上查的实际值相比较,利用 MAT-LAB 软件作图如图 3、图 4、图 5 所示:

（亿元）

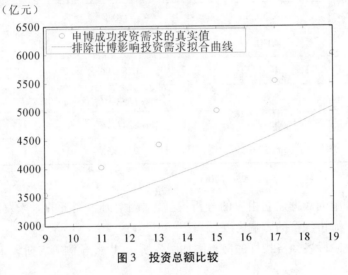

图 3　投资总额比较

（亿元）

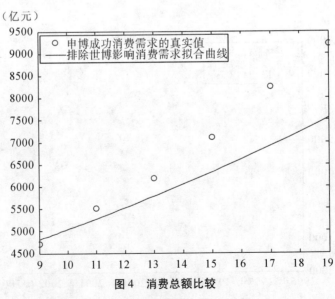

图 4　消费总额比较

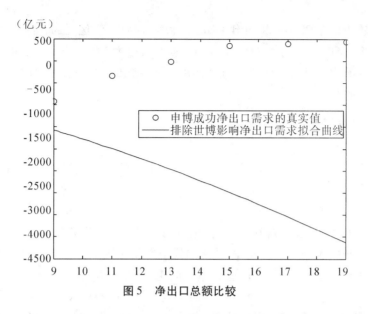

图5 净出口总额比较

从以上三幅图可明显看出,世博会极大地助推了上海市经济的发展。上海市的消费需求和投资需求均有大幅度的上升。虽然净出口水平有所下降,但这并不影响世博会对上海经济增长的刺激,反而可促进上海市经济结构调整。因此,世博会对上海经济有着较强的正面的刺激。

5.1.3 模型一的应用

模型一可用来预测上海市未来十年的经济数据,定量评估世博会对上海市经济的后续影响力。我们收集了2004—2009年的上海市经济数据,预测出的上海市2010—2019年经济数据如表4所示:

表4　　　　　　　　　　　2010—2019年上海市经济数据预测表

单位:亿元

年份	投资总额	消费总额	净出口总额
2010	6596	10 441	259.3
2011	7164	11 729	28.6
2012	7748	13 113	− 371.8
2013	8349	14 593	− 905.9
2014	8967	16 169	− 1573.6
2015	9601	17 841	− 2375.0
2016	10 253	19 609	− 3310.1
2017	10 921	21 473	− 4378.8
2018	11 606	23 433	− 5581.2
2019	12 308	25 489	− 6917.3

由此可得上海市 2010—2019 年 GDP 累计增加 441 293 亿元,而排除世博因素上海市 2010—2019 年 GDP 累计增加 325 268 亿元,累计增量为 116 025 亿元。可见世博会不仅在召开当时对举办地经济有重大的推动作用,在世博会后相当长一段时间内仍对举办地的经济有刺激作用。

5.2 模型二的分析、建立与求解

5.2.1 模型二的分析

虽然促进经济增长是世博会的一个重要影响力,但仅仅通过经济数据是不能反映出一届成功的世博会的深远影响力的。除了经济之外,人文素质的提升和科技的发展也是影响力的重要评价指标。

科技进步对世界经济结构的决定作用,应该从两个方面来看。一方面,由于世界上 90% 以上的科技投入、科技人员和科技活动集中在发达国家,发达国家作为一个整体,制造业就业比重不断下降,服务业就业比重不断上升,呈现出由工业经济向服务经济过渡的趋势;另一方面,占世界人口 70% 以上的发展中国家的科技投入较少,大部分国家还处在由农业经济向工业经济过渡的阶段。我国正处于由农业经济过渡到工业经济时期。

在人类社会发展的历史进程中,科学上的新发现和技术上的新发明不断涌现,而当这一进程发展到一定历史阶段,则会产生科学技术上的质的飞跃和重大突破,从而推动社会生产、经济和生活领域发生深刻的变革。我们把人类社会的这一历史现象称为科技革命。科技进步贡献率是反映技术进步对经济增长作用大小的一项重要的综合指标,是人们在广泛利用技术成绩的基础上实现经济增长和社会结构优化的综合评价标准。对科技进步作用的测算主要是运用系统工程原理和经济数学方法(即柯布-道格拉斯生产函数)。具体做法是在促进经济增长的诸多因素中,把科技进步的作用单独分离出来,并给予其定量的估计,以此来衡量科技进步在经济增长中的作用。上海世博会的举办对我国科技进步产生了强大的推动作用,因此通过科技进步来反映世博会所带来的经济效益影响是科学的,也是必要的。

5.2.2 模型二的建立

柯布-道格拉斯生产函数表达式:

$$Y = A(t)L^{\alpha}K^{\beta}$$

设 $A = A_0 e^{\delta t}$,A_0 是常数因子,δ 是科技进步速率。将上式两边同取对数得:

$$\ln Y = \ln A_0 + \delta t + \alpha \ln L + \beta \ln K。$$

上式两边同时对时间 t 求导可得:

$$\frac{\mathrm{d}Y}{Y} = \sigma + \alpha \frac{\mathrm{d}L}{L} + \beta \frac{\mathrm{d}K}{K}$$

由上式可得影响产值增长率的三方面,其中就有技术进步率:

$$\alpha = \frac{\mathrm{d}Y}{Y} - \alpha \frac{\mathrm{d}L}{L} - \beta \frac{\mathrm{d}K}{K}$$

计算出技术进步率即可测算出技术进步对产值增长速度的贡献率 E_a(技术进步因素所占的比重),计算公式为 $E = \delta \dfrac{Y}{\mathrm{d}Y} \times 100\%$。

根据相关年份《上海统计年鉴》，将生产总值、就业人口、固定资产数据整理如表 5 所示：

表 5　　　　　　上海市 2004—2009 年度生产总值、就业人口、固定资产数据

年份	生产总值（亿元）	就业人口（万人）	固定资产（亿元）
2004	8072. 83	849. 88	3084. 66
2005	9247. 66	869. 29	3542. 55
2006	10 572. 24	885. 51	3925. 09
2007	12 494. 01	1024. 33	4458. 61
2008	14 069. 87	1053. 24	4829. 45
2009	15 046. 45	1064. 42	5273. 33

表 5 处理后可得到表 6：

表 6

符号	生产总值（亿元）	就业人口（万人）	固定资产（亿元）
$\bar{Y}$	11 583. 84	957. 7783	4185. 615
ΔY	1394. 724	42. 908	437. 734
$\Delta Y / \bar{Y}$	0. 120 403	0. 0448	0. 104 581

注：平均变化速率 = 平均变化量/平均值

5. 2. 3　模型二的求解

（1）利用表 4、表 5 的数据，使用 SPSS 软件对模型二进行求解，得到实际生产函数（即举办世博会的生产函数）为：

$$\ln Y = -0. 338 + 0. 132t + 1. 02\ln L + 0. 53\ln K$$

利用概率统计中的 F 检验对模型进行检验，检验结果为：$F = 50. 292$。

显著性水平一般取值为 0. 05，而 $F_{0.05}(3, 3) = 9. 28 < 50. 292$，故所得结果显著性很强。从上式推出：

$$\alpha = 1. 02, \beta = 0. 53, \sigma = 0. 132$$

（2）计算科技进步对经济的贡献率。由贡献率的公式 $E = \delta \dfrac{Y}{\mathrm{d}Y} \times 100\%$ 和前文的估计结果以及表格中的有关数据，可以分别算出两种情况下的科技进步贡献率。

举办世博会的科技进步贡献率：$E1 = \delta \dfrac{Y}{\mathrm{d}Y} \times 100\% = 57\%$

未举办世博会的科技进步贡献率：$E2 = \delta \dfrac{Y}{\mathrm{d}Y} \times 100\% = 31. 2\%$

$E1 - E2 = 25. 8\%$

5. 2. 4　结果解释

以上结论充分说明了世博会的举办促进了科技进步，而且由科技进步所带动的经济

增长也是非常可观的。上述数据充分说明了上海世博会对上海市经济和科技领域都产生了积极的推进作用。

5.3 模型三的分析与处理

5.3.1 模型三分析

在模型一中我们从上海世博会对国内经济的影响出发对上海世博会的影响力进行分析,模型二中我们将几届世博会的数据进行量纲处理,然后用模糊聚类分析对数据进行分组。我们已知历届世博会期中、期后的经济影响,那么上海世博会的影响力可以由同组的其他城市的情况来对照分析。

5.3.2 消除量纲

(1)数据分析。我们对影响力较大的几届世博会进行了数据统计,如表7所示:

表7   历年各主要世博会经济情况比较[①]

年份	主办城市	总投资[②]	经济收益	拉动该国当年 GDP	参展人数（万人次）	增加就业岗位（万）
1970	日本大阪	83	130	2.10%	6422	20
1984	美国新奥尔良	4.65	2.51	0.10%	734	3
1985	日本筑波	28	340.53	0.75%	2033	45.7
1986	加拿大温哥华	32.8	69.52	0.50%	2211	6.3
1993	韩国大田	115.2	132.48	0.72%	1400	20
2000	德国汉诺威	425	708.33	0.26%	1800	10
2005	日本爱知	808.4	6224.74	0.30%	2200	45
2010	中国上海	286	800	2.00%	7000	25

注:①数据来源于上海世博会官方网站。

②货币单位为亿元人民币。

世博会对主办国的经济影响主要表现在有形和无形两个方面。有形影响是指世博会在拉动举办国投资需求、消费需求、经济收益,以及扩大就业等方面的作用。无形影响是指世博会对主办国经济发展环境、国家声誉等方面的作用。所以对投资总额、经济收益、拉动 GDP 的比率、参展人数、增加的就业岗位进行聚类分析是有科学意义的。

(2)量纲处理。因为每个数据指标说明的实际社会经济内容不一样,因此,各指标形式也不一样,所以需要进行无量纲化处理,将指标实际评价值处理为可以进行综合的指标数量,以解决多个指标的可综合性问题。

我们使用平移－极差变换法对数据进行无量纲化,即先找出每个指标的最大值 $\max\{x'_{ik}\}$ max和最小值 $\min\{x'_{ik}\}$ min,称两者之差为极差,然后以每一个指标实际值 x'_{ik} 减去该指标的最小值,再除以极差,就得到正规化评价值 s_{ik},即

$$s_{ik} = \frac{x'_{ik} - \min\{x'_{ik}\}}{\max\{x'_{ik}\} - \min\{x'_{ik}\}}, (i = 1, 2, \cdots, 8; \; k = 1, 2, \cdots, 5) \tag{5}$$

这种无量纲化方法实际上是求各个评价指标实际值在该指标全距中所处位置的比率。此时 s_{ik} 的相对数性质较明显,而且取值均在 0 与 1 之间,既消除了量纲又对数据进行了压缩。

(3)数据无量纲化。消除量纲后的数据如表 8 所示:

表 8　　　　　　　　　　　　　消除量纲后的数据

年份	主办城市	总投资	经济收益	拉动该国 当年 GDP	参展人数 (万人次)	增加就业 岗位(万)
1970	日本大阪	0.097	0.020	1.000	0.908	0.398
1984	美国新奥尔良	0.000	0.000	0.000	0.000	0.000
1985	日本筑波	0.029	0.054	0.325	0.207	1.000
1986	加拿大温哥华	0.035	0.011	0.200	0.236	0.077
1993	韩国大田	0.138	0.021	0.310	0.106	0.398
2000	德国汉诺威	0.523	0.113	0.080	0.170	0.164
2005	日本爱知	1.000	1.000	0.100	0.234	0.984
2010	中国上海	0.350	0.128	0.950	1.000	0.515

注:货币单位为亿元人民币。

得到的无量纲数据是下一步聚类分析所必要的。

5.3.3　聚类分析

(1)定理说明:设 $S = (s_1, s_2, \cdots, s_n)$ 是 n 个对象的集合,每个对象又由 m 个指标表示其性状,即

$$s_i = (s_{i1}, s_{i2}, \cdots, s_{in}), \ (i = 1, 2, \cdots, 8)$$

利用标定的方法,可以得到每 2 个对象 s_i 和 s_j 的模糊相似程度 r_{ij},于是就可以得到模糊相似矩阵 $\boldsymbol{R}$。

(2)建立模糊矩阵。对以上 8 个城市的信息数据进行归类分析,即用模糊聚类分析方法将它们分成若干类,任何城市属于且仅属于其中的一类。具体步骤如下:

①建立原始数据矩阵。根据表 2 得到原始数据矩阵为:

$$(s_{ij})_{5 \times 8} = \begin{bmatrix} 0.097 & 0.000 & 0.029 & 0.035 & 0.138 & 0.523 & 1.000 & 0.350 \\ 0.020 & 0.000 & 0.054 & 0.011 & 0.021 & 0.113 & 1.000 & 0.128 \\ 1.000 & 0.000 & 0.325 & 0.200 & 0.310 & 0.080 & 0.100 & 0.950 \\ 0.908 & 0.000 & 0.207 & 0.236 & 0.106 & 0.170 & 0.234 & 1.000 \\ 0.398 & 0.000 & 1.000 & 0.077 & 0.398 & 0.164 & 0.984 & 0.515 \end{bmatrix}$$

②建立模糊集合。我们利用模糊数学建立隶属函数:

$$\mu_{s_i}(x') = e^{-(\frac{x' - s_i}{t_i})^2}$$

$$s_i = \frac{\sum_{j=1}^{5} s_{ij}}{5}, t_i = \sqrt{\frac{1}{4} \sum_{j=1}^{5} (s_{ij} - s_i)^2}$$

利用 MATLAB 编程计算可以求得 s_i、$t_i(i=1,2,\cdots,8)$ 的值,见表9、表10:

表9 s_i 的值

s_1	s_2	s_3	s_4	s_5	s_6	s_7	s_8
0.4846	0.0000	0.3230	0.1118	0.1946	0.2100	0.6636	0.5886

表10 t_i 的值

t_1	t_2	t_3	t_4	t_5	t_6	t_7	t_8
0.4524	0.0000	0.3970	0.1006	0.1548	0.1789	0.4558	0.3789

(3)建立模糊相似矩阵。

令

$$r_{ij} = e^{-\left(\frac{s_j - s_i}{t_i + t_j}\right)^2}, (i,j=1,2,\cdots,8)$$

求模糊相似矩阵 $\boldsymbol{R} = (r_{ij})_{8\times8}$,得到模糊矩阵如下:

$$\boldsymbol{R} = (r_{ij})_{8\times8} \begin{bmatrix} 1.00 & 0.32 & 0.96 & 0.63 & 0.80 & 0.83 & 0.96 & 0.98 \\ & 1.00 & 0.52 & 0.29 & 0.21 & 0.25 & 0.12 & 0.09 \\ & & 1.00 & 0.84 & 0.95 & 0.96 & 0.85 & 0.89 \\ & & & 1.00 & 0.90 & 0.88 & 0.37 & 0.37 \\ & & & & 1.00 & 1.00 & 0.55 & 0.58 \\ & & & & & 1.00 & 0.60 & 0.96 \\ & & & & & & 1.00 & 0.99 \\ & & & & & & & 1.00 \end{bmatrix}$$

因为考虑数值分布比较松散,我们在只保留两位小数的情况下就能很好地评价相似程度。此表中,r_{ij} 的值越大,说明两个向量越接近,也就说明两个城市的世博会影响力越趋于一致。

(4)求 $\boldsymbol{R}$ 的传递闭包。

定理:设 $\boldsymbol{R}$ 是模糊相似矩阵,则存在一个最小自然数 $k(k\leqslant n)$,使得传递闭包 $t(\boldsymbol{R}) = \boldsymbol{R}^k$,对于一切大于 k 的自然数,恒有 $\boldsymbol{R}^l = \boldsymbol{R}^k$。此时,$t(\boldsymbol{R})$ 为模糊等价矩阵。

根据该定理可构造一个 Fuzzy 等价矩阵,并且运算有限次(即不超过 n 次)。为了提高运算速度,可以用平方法 $\boldsymbol{R} \rightarrow \boldsymbol{R}^2 \rightarrow \boldsymbol{R}^4 \rightarrow \cdots \rightarrow \boldsymbol{R}^{2^k} \rightarrow \cdots$,经过有限次运算后,一定有一个自然数($2^k \leqslant n$),使 $\boldsymbol{R}^{2^k} = \boldsymbol{R}^{2^{k+1}}$,于是 $t(\boldsymbol{R}) = \boldsymbol{R}^{2^k}$。利用截关于对 $\boldsymbol{R}^{2^k}$ 进行等价分类,从而得到对象的聚类结果。

使用 MATLAB 求得 $\boldsymbol{R}^8$ 是传递闭包,也就是所求的等价矩阵。

模糊等价矩阵如下：

$$
\begin{bmatrix}
1.00 & 0.32 & 0.96 & 0.67 & 0.81 & 0.83 & 0.97 & 0.98 \\
 & 1.00 & 0.56 & 0.31 & 0.24 & 0.29 & 0.13 & 0.11 \\
 & & 1.00 & 0.84 & 0.95 & 0.96 & 0.85 & 0.89 \\
 & & & 1.00 & 0.91 & 0.88 & 0.39 & 0.38 \\
 & & & & 1.00 & 0.99 & 0.55 & 0.60 \\
 & & & & & 1.00 & 0.64 & 0.96 \\
 & & & & & & 1.00 & 0.99 \\
 & & & & & & & 1.00
\end{bmatrix}
$$

5.3.4　对 R 进行聚类分析

两城市之间相似度的比较如表11所示。

表11　　　　　　　　　　　　　　两城市之间相似度的比较

	A_1 日本大阪	A_2 美国 新奥尔良	A_3 日本筑波	A_4 加拿大 温哥华	A_5 韩国大田	A_6 德国 汉诺威	A_7 日本爱知	A_8 中国上海
A_1 日本大阪	1.00	0.32	0.96	0.63	0.80	0.83	0.96	0.98
A_2 美国新奥尔良		1.00	0.52	0.29	0.21	0.25	0.12	0.09
A_3 日本筑波			1.00	0.84	0.95	0.96	0.85	0.89
A_4 加拿大温哥华				1.00	0.90	0.88	0.37	0.37
A_5 韩国大田					1.00	0.99	0.55	0.58
A_6 德国汉诺威						1.00	0.60	0.96
A_7 日本爱知							1.00	0.99
A_8 中国上海								1.00

当 $\lambda_1 \in (0.98, 1]$ 时，由 R 得到分类为 (A_1, A_2, A_3)，(A_5, A_6)，其余每一个对象自成一类；

当 $\lambda_2 \in [0.96, 0.98]$ 时，由 R 得到分类为 (A_1, A_3, A_6, A_7)，其余每一个对象自成一类。

5.3.5　数据分析

我们取 $\lambda_1 \in (0.98, 1]$ 时的分类进行说明。把各个举办世博会的城市分成5类，即 $\{A_1, A_7, A_8\} \cup \{A_5, A_6\} \cup \{A_2\} \cup \{A_3\} \cup \{A_4\}$。

上述分类具有明显的意义，A_1、A_7、A_8 相似度最高，说明三个城市举办世博会所产生的影响力趋近。

6. 结论

结论 1：

1970 年日本大阪世博会与上海世博会所处社会背景、经济背景和举办规模最为接近：①举办世博会时期都是两国经济发展最快的时期，人均 GDP 比较接近；②两届世博会都处于所在国经济由高速增长向平缓增长转换的关键时期，且都处于出口面临巨大压力，经济由外向拉动型向内需拉动型转变时期；③两届世博会都处于所在国经济结构由第二产业主导转向第三产业主导的过渡时期；④两届世博会都面临金融危机的挑战，都处于本币升值压力巨大的时期；⑤两届世博会都投入巨大；⑥两届世博会都产生了大量就业岗位。

1970 年日本大阪世博会是世博史上一个重要跨越，她证明了世博会的举办不仅是举办城市及其国家经济实力的表现，而且对主办国家尤其是举办城市的经济增长和就业有着极大的促进作用。根据对上海世博会与大阪世博会的比较，可以想见，世博会在中国的首次亮相也将吸引大量国人一睹盛况，最终的参观人数很可能超过 7000 万的预计。综合历届世博会参展人数，本届上海世博会可能是规模最大的一次世博会。

结论 2：

世博会的集聚和辐射效应，对举办城市及其周边地区的经济和社会发展有着明显的影响。一方面，世博会的成功举办，往往需要举办城市及其周边地区的共同合作；另一方面，世博会带来的大量商业机会，也为举办城市及其周边地区的发展带来了机遇。目前，世界上主要城市群的形成和发展，都与世博会的举办有着重大关系。由此看来，2010 年上海世博会的举办，将是长三角区域经济一体化的助推器，会促进长三角地区加强地区之间的实质性合作，把各个地区经济紧密联系起来，从而加强长三角区域经济一体化的进程。

结论 3：

从历届世博会的期后发展状况来看，上海世博会的影响力会使中国尽快走出金融危机的负面影响，并且带动整个长三角地区在至少 10 年内经济快速发展。

7. 模型的改进和推广

7.1 模型的改进

7.1.1 模型一的改进

传统的多项式拟合时间序列可以解决大部分相关问题，但并不是每次的拟合效果都很好，且模型不具有较强的灵活性。如果我们把时间序列的多项式拟合的函数特征化，将时间序列的数据映射到多项式的系数特征空间，然后根据系数的特征空间采用类似欧氏距离的方法来比较时间序列的相似性，即任意给 x，$y \in X$，x 与 y 之间的距离（欧几里得距离）为：

$$d(x,y) = \sum_{i=0}^{n-1} |x_i - y_i|^2$$

对于任意小的正数 ε，若 $d(x,y) \in \varepsilon^2$，则认为 x 和 y 是匹配的，即 x 和 y 是相似的。用这个方法进行时间序列的预测，会有更高的精度和更好的稳定性，且对给定长度的变化敏感度低。

7.1.2　模型二的改进

在模型二中我们笼统地讨论了资本、生产总值和就业人口三个因素对经济发展的影响，这使得像资源、教育、制度、管理等对地方经济发展影响很大的因素也被归到了科技进步一项里，这具有很大的不合理性。我们可以将指标具体细分，将资源、教育、制度、管理等因素从科技进步里边分离出来，然后一起讨论它们对经济发展的影响，这样我们会得到更加合理的模型和结果。

7.1.3　模型三的改进

优点：

本模型采用了聚类分析法分析上海世博会的影响力。如果将传统标准设定方法界定为"主观型"，那么，聚类分析法可界定为"客观型"。这是因为，聚类分析法主要是基于客观的实际测验数据、运用数理统计手段确定分界分数，它大大减小了对学科内容专家判断的依赖。在本题中，聚类分析法的优点得到了很好的体现，两种分类模式都与历史实际情况良好吻合。

缺点：

①聚类分析法对数据集的大小也有一定的要求，当被试样本数太少时，其聚类结果的稳健性较差。②在本题中模型三仅从经济方面来考虑世博会的影响力，比较片面，应当增加考虑世博对社会、人文等方面的影响。

7.2　模型的推广

一届成功的世博会，其成功之处不仅体现在经济方面，更是人文科技交流的体现。若数据足够，还应该从文化产出、科技产出等方面进行比较分析。

应用聚类分析法虽然客观地建立了此问题的模型，得到了比较满意的数据，但是各个举办地之间的各项指标忽略了实际的社会环境及政治环境的因素。聚类分析作为一种常模参照性方法，当用来设定标准参照测验的分界分数时，必须借助于可靠的外部效标对其结果进行验证，或者依赖于学科内容专家的经验判定。对于此题，我们可以将人文、科技、社会因素量化，作为因子一起进行聚类分析，并加上时间这个限度，使指标在一个比较平稳的环境下进行比较。

参考文献及附录(略)

附录3 数学建模与实验综合练习题

1. 生产安排

某工厂生产三种标准件 A、B、C，它们每件可获利分别为 3、1.5、2 元，若该厂仅生产一种标准件，每天可生产 A、B、C 分别为 800、1200、1000 个，但 A 种标准件还需某种特殊处理，每天最多处理 600 个。B 种标准件每天至少生产 200 个。

（1）该厂应该如何安排生产计划，才能使得每天获利最大？试建立一般数学模型。

（2）针对实例，求出此问题的解。

2. 植树问题

某小组有男生 6 人，女生 5 人，星期日准备去植树。根据以往经验，男生每人每天平均挖坑 20 个，或栽树 30 株，或给已栽树苗浇水 25 株；女生每人平均每天挖坑 10 个，或栽树 20 株，或给树苗浇水 15 棵。

（1）试建立一般数学模型，该模型能合理安排、组织人力，使植树树木最多（注：挖坑、栽树、浇水配套，才称为植好一棵树）。

（2）针对实例，求出此问题的解。

3. 火车弯道缓和曲线问题

火车驶上弯道时，根据力学原理，会产生离心力 F，在轨道的直道与弯道（圆弧）的衔接部，列车受到的离心力由零突变到 F，会损坏线路和车辆，并使乘车人感到不适，甚至发生危险。为此火车轨道在弯道处采取"外轨超高"的办法，即把弯道上的外轨抬高一定高度，使列车倾斜，这样产生的向心力抵消部分离心力，以保证列车安全运行。为使等高的直线轨道与外轨超高的圆弧平缓衔接，同时避免离心力的突然出现，要在弯道与直道间加设一段曲线，以使列车受到的离心力从零均匀地增大到 F，外轨超高也从零逐渐增大到 h。所加曲线称为缓和曲线。

现有一处铁路弯道，原转弯半径 $R = 400\text{m}$，适应列车时速小于等于 120km/h。由于火车提速，要求将此弯道改为适应列车时速 200 km/h，并要求将原长 200m 的缓和曲线一并进行改造。试讨论下列问题：

（1）求缓和曲线方程。

（2）若要求外轨超高不改变，缓和曲线应如何改造？

（3）若外轨超高可以改变，缓和曲线又应如何改造？

4. 服装的加工与销售随机优化问题

某服装加工公司欲做一批冬装出售,每件冬装的成本费用不确切,估计如表 1:

表 1　　　　　　　　　　　　冬装成本概率分布

单件成本	7	8	9	10	11	12
概率	0.05	0.15	0.20	0.30	0.25	0.05

已知该服装的销售量与定价有关,而与单件成本无关。当定价为 19 元、20 元、21 元、22 元时,各种销售量数字的概率如表 2:

表 2　　　　　　　　　　　　定价与销量概率分布

定价 \ 销售量概率	500	600	700	800	900
19	0.05	0.15	0.40	0.25	0.15
20	0.10	0.30	0.30	0.20	0.10
21	0.20	0.25	0.35	0.15	0.05
22	0.12	0.38	0.36	0.09	0.05

当加工件数多于销售件数时,每件处理价为 5 元。
(1)试建立一般数学模型,确定冬装的加工件数与定价,使利润最大。
(2)针对实例,计算该公司冬装的加工件数与定价,使利润最大。

5. 准点乘车,抗震救灾

设某同学希望 13:00 乘坐学校安排的交通车从重庆工商大学前往重庆火车北站,以便乘 13:30 的火车去成都参加支援汶川县抗震救灾的义务服务。学校交通车实际开车时间的分布如表 3:

表 3　　　　　　　　　　　　发车时间频率表

出发时间	13:00	13:05	13:10
相对频率	0.7	0.2	0.1

到达重庆火车北站的运行时间是均值为 30 分钟标准差为 2 分钟的随机变量。由于特殊时期的动态调度安排,火车实际发车时间(停止检票时间)分布如表 4:

表 4　　　　　　　　　　　　火车实际发车时间频率表

时间	13:30	13:33	13:36	13:39
相对频率	0.3	0.4	0.2	0.1

请你在合理假设的前提下设计相应算法模型,给出算法实现的步骤,并说出该同学

能赶上火车的可能性有多大。

6. 职员时序安排

一项工作一周 7 天都需要有人(比如护士工作),每天(周一至周日)所需的最少职员数分别为 20、16、13、16、19、14 和 12,并要求每个职员一周连续工作 5 天。

(1)试给出一般数学模型及求解算法;

(2)针对实例,求每周所需最少职员数及安排方法。

7. 投资基金最佳使用计划

某校基金会有一笔数额为 M 元的基金,仅打算将其存入银行。当前银行存款的利率见表 5。取款政策与银行的现行政策相同,定期存款不提前取,活期存款可任意支取。校基金会计划在 n 年内每年用部分本息奖励优秀师生,要求每年的奖金额大致相同,且在 n 年末仍保留原基金数额。校基金会希望获得最佳的基金使用计划,以提高每年的奖金额。请你帮助校基金会设计基金使用方案,并对 $M = 5000$ 万元,$n = 10$ 年给出具体结果。

(1)在合理的假设下,设定有关的决策变量,建立目标函数及约束条件,构建此问题的数学模型;

(2)选择有关软件求出此问题的解;

(3)以此问题为基础将其做合理化的推广。

表 5　　　　　　　　　当前银行存款及各期国库券的利率

存款期限	银行存款税后年利率(%)
活期	0.792
半年期	1.664
一年期	1.800
两年期	1.944
三年期	2.160
五年期	2.304

8. 生产安排问题

某厂按合同规定需于当年每个季度末分别提供 10、15、25、20 台同一规格的柴油机。已知该厂各季度的生产能力及生产每台柴油机的成本如表 6 所示。又如果生产出来的柴油机当季不交货的,每台每积压一个季度需储存、维护等费用 0.15 万元。要求在完成合同的情况下,做出使该厂全年生产(包括存储、维护)费用最小的决策。

表6　　　　　　　　　　　　　　　　柴油机成本表

季度	生产能力（台）	单位成本（万元）
1	25	10.8
2	35	11.1
3	30	11.0
4	10	11.3

9. 飞行计划问题

这个问题是以第二次世界大战中的一个实际问题为背景,经过简化而提出来的。在甲、乙双方的一场战争中,一部分甲方部队被乙方部队包围长达4个月。由于乙方封锁了所有水陆交通通道,被包围的甲方部队只能依靠空中交通维持供给。运送4个月的供给分别需要2、3、3、4次飞行,每次飞行编队由50架飞机组成(每架飞机需要3名飞行员),可以运送10万吨物资。每架飞机每个月只能飞行一次,每名飞行员每个月也只能飞行一次。在执行完运输任务后的返回途中有20%的飞机会被乙方部队击落,相应的飞行员也因此牺牲或失踪。在第一个月开始时,甲方拥有110架飞机和330名熟练的飞行员。在每个月开始时,甲方可以招聘新飞行员和购买新飞机。新飞机必须经过一个月的检查后才可以投入使用,新飞行员必须在熟练飞行员的指导下经过一个月的训练才能投入飞行。每名熟练飞行员可以作为教练每个月指导20名飞行员(包括他自己在内)进行训练。每名飞行员在完成一个月的飞行任务后,必须有一个月的带薪假期,假期结束后才能再投入飞行。已知各项费用(单位略去)如表7所示,请为甲方安排一个飞行计划。

表7　　　　　　　　　　　　　　　　各项费用表

	第一月	第二月	第三月	第四月
新飞机价格	200.0	195.0	190.0	185.0
闲置的熟练飞行员报酬	7.0	6.9	6.8	6.7
教练和新飞行员报酬(包括培训费用)	10.0	9.9	9.8	9.7
执行任务的熟练飞行员报酬	9.0	8.9	9.8	9.7
休假期间的熟练飞行员报酬	5.0	4.9	4.8	4.7

10. 减肥问题

假定某人每天的饮食可产生 A 焦耳热量,用于基本新陈代谢每天所消耗的热量为 B 焦耳,用于锻炼所消耗的热量与体重成正比(可设为 C 焦耳/千克)。为简单计,假定增加(或减少)体重所需热量全由脂肪提供,脂肪的含热量为 D 焦耳/千克。讨论节制饮食、加强锻炼、调节新陈代谢对体重的影响。

要求：

（1）建立反映人的体重随时间变化规律的数学模型；

（2）求解模型,讨论节制饮食、加强体育锻炼和调节新陈代谢对体重的影响；

（3）进一步讨论限时减肥（例如举重运动员参赛前体重要降到规定的数值）或限时增肥（例如养猪场要在一定时间内使猪的重量达到一定值）问题；

（4）按要求写出课程设计报告。

11. 用矩阵加密信息

一个较为熟悉计算机系统的人可以接收和阅读电子邮件。对于发送电子邮件的人常希望自己发送的信息更为安全。试用矩阵设计一种方法：将信息中的每个字母用某个数字替换,并使相同字母在信息的不同位置出现时用不同的数字替换。

设计要求：

（1）利用矩阵及其乘法运算对你自己设计的一段信息进行加密、解密；

（2）对其中的主要计算方法编程。

12. 银行存款问题

假设设银行存款的年利率为 $r = 0.05$,并且长期不变。某基金会希望通过存款 A 万元,实现第一年提取 19 万元,第二年提取 28 万元,……,第 n 年提取 $(10 + 9n)$ 万元,并能按此规律一直提取下去。

（1）如果银行利息按年离散复利计算,问 A 至少应为多少万元？

（2）如果银行利息按年连续复利计算,问 A 至少应为多少万元？

13. 雪堆融化的时间

一个半球体状的雪堆,其体积融化的速率与半球面面积 S 成正比,比例系数 $K > 0$ 。假设在融化过程中雪堆始终保持着半球体状,已知半径为 r_0 的雪堆在开始融化的 3 小时内,融化了其体积的 $\dfrac{7}{8}$,问雪堆全部融化需要多少小时？

14. 养老金计划

养老金是指人们在年老失去工作能力后可以按期领取的补偿金,这里假定养老金计划从 20 岁开始至 80 岁结束,年利率为 10% 。参加者的责任是,未退休时（60 岁以前）每月初存入一定的金额。其中具体的存款方式为：20 ~ 29 岁每月存入 X_1 元,30 ~ 39 岁每月存入 X_2 元,40 ~ 49 岁每月存入 X_3 元,50 ~ 59 岁每月存入 X_4 元。参加者的权利是,从退休（60 岁）开始,每月初领取退休金 P ,一直领取 20 年。试建立养老金计划的数学模型,并计算下列不同年龄的计划参加者的月退休金。

（1）从 20 岁开始参加养老金计划,假设 $X_1 = X_2 = X_3 = X_4 = 200$ 元；

（2）从 35 岁开始参加养老金计划,假设 $X_2 = 200$ 元, $X_3 = 500$ 元, $X_4 = 1000$ 元；

（3）从 48 岁开始参加养老金计划，假设 $X_3 = 1000$ 元，$X_4 = 2000$ 元。

15. 网页排序问题

我们知道网络中的搜索引擎在按关键字搜索时，要对所搜索到的结果进行排序，你可能注意到我们感兴趣的网页往往排序都靠前。

（1）试设计一种你认为合理的排序规则；

（2）以 10 个网页为例，试用你的规则进行一次排序，说明你的规则的合理性。

16. 畅销品判断

某种产品的生产厂家有 12 家，其中 7 家的产品受消费者欢迎，属畅销品，定义为 1 类；5 家的产品不受欢迎，属滞销品，定义为 2 类。

将 12 家的产品的式样、包装和耐久性进行了评估后得分如表 8：

表 8　　　　　　　　　　　各厂家评估得分表

厂家	1	2	3	4	5	6	7	8	9	10	11	12
式样	9	7	8	8	8	9	7	4	3	6	3	1
包装	8	6	7	5	9	9	5	4	6	3	4	2
耐久性	7	6	8	5	7	3	6	4	6	3	5	2
类别	1	1	1	1	1	1	1	2	2	2	2	2

今有一新厂家，得分为 $(6,4,5)$，该产品是否受欢迎？

17. 校园巴士的运行方案

由于校园巴士存在等客问题，使得校内黑巴载人现象严重，影响校园内的交通。要彻底铲除校内黑巴，只靠保卫处严管远远不够，需从运营效益方面限制黑巴的收入，从而使其自行退出。假设目前有校内巴士 12 台，每台车可容纳 15 人；黑巴小面包车 10 台（可容 3～5 人），大面包车 3 台（可容 6～9 人），分布于大门口、教学区和荟园公寓处。如果在高峰时（7:00—8:00；12:00—12:30；17:00—18:00）校内巴士等待的时间为 3 分钟，其他时间段校内巴士等待的时间为 10～20 分钟。请计算全天各类车的总的运客量，并根据这个运客量安排校内巴士的数量、等车间隔时间，以使每辆黑巴的收入低于 20 元（可假设校园巴士运行一趟约 7 千米，车辆的平均速度为 30 千米／小时）。

18. 阅卷方案的确定

在确定数学建模竞赛的优胜者时，阅卷人常常需要评阅大量的论文。某次竞赛有两个题目，组委会共收到 744 个队完成的竞赛论文，其中 A 题有 343 份论文，由 12 位阅卷人组成的小组来完成评阅任务；B 题有 401 份论文，由 14 位阅卷人组成的小组来完成评阅任务。

最理想的评阅方法是每位阅卷人评阅所有的论文，并且最终给所有论文排序，不过，这种评阅方法工作量太大,花费时间过长。目前评阅论文是采用筛选方式,在一次筛选中,每位阅卷人只评阅一定数量的论文,并给出分数,论文满分为100分;阅卷人的任务是从中选出1/3的优胜者;每份论文最多由3个阅卷人评阅。

在这次数学建模竞赛中,A题和B题采用以下两种不同的评阅方案:

(1)A题评阅方案。

第一轮:阅卷人随机抽取论文进行评阅,当每份论文都由两位不同的阅卷人进行过评阅后,阅卷结束。对每份论文,当两位阅卷人给分相近时,将两个评阅成绩累加作为该答卷的总分;当两位阅卷人给分相差大于10分时,进入第二轮。

第二轮:对进入第二轮的论文,阅卷人随机抽取自己没有评阅过的论文进行评阅;从每份论文的三个评阅成绩中取两个相近的分数之和作为该论文的总分。

另外,因为竞赛规则规定,只需要选出1/3的优胜者,所以为了减少工作量,第一轮评阅得分之和排在后40%的论文不再进入第二轮处理。

两轮评阅结束后,将论文按总分排序,确定优胜者。

(2)B题评阅方案。

每份论文由三位不同阅卷人随机抽取评阅,将三个评阅成绩累加作为该卷的总分,将论文按总分排序,确定优胜者。

附件1中的数据是一次竞赛评阅后的实际统计数据。请利用所给的数据完成下面的工作:

(1)分析比较两种评阅方案,可以从工作量大小、误判的概率大小等方面进行比较。

(2)对A题评阅方案,请再给出2种以上计算总分的方法,并比较其优劣。在第一轮评阅结束后,你认为可以淘汰掉多少论文后,再进行第二轮的评阅?说明理由。

(3)对B题评阅方案,请再给出2种以上计算总分的方法,并比较其优劣。

(4)在现有条件下,25位阅卷人在3天时间内评阅744份答卷,你能否提供一个更公平合理的评阅方案。

19. 地震问题

图1为四川大地震一截图,主要是地震灾区县(市)公路网示意图,两地距离以实际距离为准(自行收集)。

2008年5月12日发生大地震,该地区遭受重创。为考察灾情、组织自救,成都领导决定,带领有关部门负责人到受灾地区各县(市)巡视。巡视路线指从成都所在地出发,走遍各受灾县(市),又回到成都政府所在地的路线。路上合理考虑阻抗。

问题1:假定巡视人员在各县停留时间 $t = 1.5$ 小时,市停留时间 $T = 2.5$ 小时,汽车行驶一般公路(国道)速度 $v = 60$ 千米/小时,行驶高速速度 $V = 89$ 千米/小时。若分一组巡视地图上的方框地区,如何设计巡视线路?最短巡视时间为多少?若要在18小时内完成巡视,至少应分几组?请给出这种分组下你认为最佳的巡视路线。

问题2:在上述关于 t、v、T 和 V 的假定下,若分三组(路)巡视方框地区,试设计总路程最短且各组在巡视时间上尽可能均衡的巡视路线。

问题3:考虑更为具体的受灾地区,如表9所示(与问题1和问题2比较需要巡视的

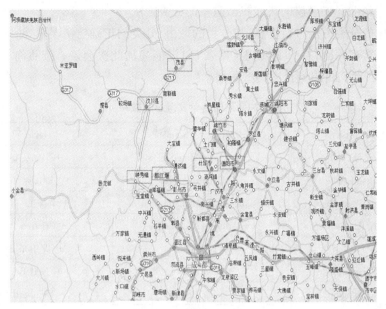

图 1 四川大地震截图

地区数增多),分 2 组考虑最佳巡视路线。

问题 4:进一步考虑通用模型。已知有 M 个受灾地点,给定各点之间的距离和路况,在给定 t、v、T 和 V 的假定下,若分 2 组(路)巡视受灾地点,试设计巡视时间最短的巡视路线。同学有兴趣的话,可以进一步考虑若分 N 组(路)巡视受灾地点,试设计巡视时间最短的巡视路线。

表 9   四川主要受灾地区

汶川	北川	绵竹	都江堰
广元	青川	成都	什邡
安县	平武	彭州	茂县
江油	理县	雅安	眉山
巴中	南充	遂宁	乐山
甘孜	广安	泸州	凉山
自贡	资阳	内江	

说明:两地间的距离可以通过互联网查询。

20. 徽章问题

在 1994 年的"机器学习与计算学习理论"的国际会议上,参加会议的 280 名代表都收到会议组织者发给的一枚徽章,徽章的标记为"＋"或"－"(参加会议的名单及得到的徽章见表 10)。会议的组织者声明:每位代表得到徽章"＋"或"－"的标记只与他们的姓名有关,并希望代表们能够找出徽章"＋"与"－"的分类方法。

（1）请你帮助参加会议的代表找出徽章的分类方法。

（2）对你的分类方法进行分析，如分类的理由、分类的正确与错误率等。

（3）由于客观原因，有14名代表（见表11）没能参加此次会议。按照你的方法，如果他们参加会议，他们将得到什么类型的徽章？

表10　　　　　　　　　　　　参加会议的名单及得到的徽章

+ Naoki Abe	− Myriam Abramson	+ David W. Aha
+ Kamal M. Ali	− Eric Allender	+ Dana Angluin
− Chidanand Apte	+ Minoru Asada	+ Lars Asker
+ Javed Aslam	+ Haralabos Athanassiou	+ Jose L. Balcazar
+ Timothy P. Barber	+ Michael W. Barley	− Cristina Baroglio
+ Peter Bartlett	− Eric Baum	+ Welton Becket
− Shai Ben − David	+ George Berg	+ Neil Berkman
+ Malini Bhandaru	+ Bir Bhanu	+ Reinhard Blasig
− Avrim Blum	− Anselm Blumer	+ Justin Boyan
+ Carla E. Brodley	+ Nader Bshouty	− Wray Buntine
− Andrey Burago	+ Tom Bylander	+ Bill Byrne
− Claire Cardie	+ Richard A. Caruana	+ John Case
+ Jason Catlett	+ Nicolo Cesa − Bianchi	− Philip Chan
+ Mark Changizi	+ Pang − Chieh Chen	− Zhixiang Chen
+ Wan P. Chiang	− Steve A. Chien	+ Jeffery Clouse
+ William Cohen	+ David Cohn	− Clare Bates Congdon
− Antoine Cornuejols	+ Mark W. Craven	+ Robert P. Daley
+ Lindley Darden	− Chris Darken	− Bhaskar Dasgupta
− Brian D. Davidson	+ Michael de la Maza	− Olivier De Vel
− Scott E. Decatur	+ Gerald F. DeJong	+ Kan Deng
− Thomas G. Dietterich	+ Michael J. Donahue	+ George A. Drastal
+ Harris Drucker	− Chris Drummond	+ Hal Duncan
− Thomas Ellman	+ Tapio Elomaa	+ Susan L. Epstein
+ Bob Evans	− Claudio Facchinetti	+ Tom Fawcett
− Usama Fayyad	+ Aaron Feigelson	+ Nicolas Fiechter
+ David Finton	+ John Fischer	+ Paul Fischer
+ Seth Flanders	+ Lance Fortnow	− Ameur Foued
+ Judy A. Franklin	+ Yoav Freund	+ Johannes Furnkranz
+ Leslie Grate	+ William A. Greene	+ Russell Greiner
+ Marko Grobelnik	+ Tal Grossman	+ Margo Guertin

表10(续)

+ Tom Hancock	+ Earl S. Harris Jr.	+ David Haussler
+ Matthias Heger	+ Lisa Hellerstein	+ David Helmbold
+ Daniel Hennessy	+ Haym Hirsh	+ Jonathan Hodgson
+ Robert C. Holte	+ Jiarong Hong	− Chun − Nan Hsu
+ Kazushi Ikeda	+ Masayuki Inaba	− Drago Indjic
+ Nitin Indurkhya	+ Jeff Jackson	+ Sanjay Jain
+ Wolfgang Janko	− Klaus P. Jantke	+ Nathalie Japkowicz
+ George H. John	+ Randolph Jones	+ Michael I. Jordan
+ Leslie Pack Kaelbling	+ Bala Kalyanasundaram	− Thomas E. Kammeyer
− Grigoris Karakoulas	+ Michael Kearns	+ Neela Khan
+ Roni Khardon	+ Dennis F. Kibler	+ Jorg − Uwe Kietz
− Efim Kinber	− Jyrki Kivinen	− Emanuel Knill
− Craig Knoblock	+ Ron Kohavi	+ Pascal Koiran
+ Moshe Koppel	+ Daniel Kortenkamp	+ Matevz Kovacic
− Stefan Kramer	+ Martinch Krikis	+ Martin Kummer
− Eyal Kushilevitz	− Stephen Kwek	+ Wai Lam
+ Ken Lang	− Steffen Lange	+ Pat Langley
+ Mary Soon Lee	+ Wee Sun Lee	+ Moshe Leshno
+ Long − Ji Lin	− Charles X. Ling	+ Michael Littman
+ David Loewenstern	− Phil Long	+ Wolfgang Maass
− Bruce A. MacDonald	+ Rich Maclin	− Sridhar Mahadevan
− J. Jeffrey Mahoney	+ Yishay Mansour	+ Mario Marchand
− Shaul Markovitch	− Oded Maron	+ Maja Mataric
+ David Mathias	+ Toshiyasu Matsushima	− Stan Matwin
− Eddy Mayoraz	− R. Andrew McCallum	− L. Thorne McCarty
− Alexander M. Meystel	+ Michael A. Meystel	− Steven Minton
+ Nina Mishra	+ Tom M. Mitchell	+ Dunja Mladenic
+ David Montgomery	− Andrew W. Moore	+ Johanne Morin
+ Hiroshi Motoda	− Stephen Muggleton	+ Patrick M. Murphy
− Sreerama K. Murthy	+ Filippo Neri	− Craig Nevill − Manning
− Andrew Y. Ng	+ Nikolay Nikolaev	− Steven W. Norton
+ Joseph O'Sullivan	+ Dan Oblinger	+ Jong − Hoon Oh
− Arlindo Oliveira	+ David W. Opitz	+ Sandra Panizza
+ Barak A. Pearlmutter	Ed Pednault	+ Jing Peng

表10（续）

＋ Fernando Pereira	＋ Aurora Perez	＋ Bernhard Pfahringer
＋ David Pierce	－ Krishnan Pillaipakkamnatt	＋ Roberto Piola
＋ Leonard Pitt	＋ Lorien Y. Pratt	－ Armand Prieditis
＋ Foster J. Provost	－ J. R. Quinlan	＋ John Rachlin
＋ Vijay Raghavan	－ R. Bharat Rao	－ Priscilla Rasmussen
＋ Joel Ratsaby	＋ Michael Redmond	＋ Patricia J. Riddle
＋ Lance Riley	＋ Ronald L. Rivest	＋ Huw Roberts
＋ Dana Ron	＋ Robert S. Roos	＋ Justinian Rosca
＋ John R. Rose	＋ Dan Roth	＋ James S. Royer
＋ Ronitt Rubinfeld	－ Stuart Russell	＋ Lorenza Saitta
＋ Yoshifumi Sakai	＋ William Sakas	＋ Marcos Salganicoff
－ Steven Salzberg	－ Claude Sammut	＋ Cullen Schaffer
＋ Robert Schapire	＋ Mark Schwabacher	＋ Michele Sebag
＋ Gary M. Selzer	＋ Sebastian Seung	－ Arun Sharma
＋ Jude Shavlik	＋ Daniel L. Silver	－ Glenn Silverstein
＋ Yoram Singer	＋ Mona Singh	＋ Satinder Pal Singh
＋ Kimmen Sjolander	＋ David B. Skalak	＋ Sean Slattery
＋ Robert Sloan	＋ Donna Slonim	＋ Carl H. Smith
＋ Sonya Snedecor	＋ Von－Wun Soo	－ Thomas G. Spalthoff
＋ Mark Staley	－ Frank Stephan	＋ Mandayam T. Suraj
＋ Richard S. Sutton	＋ Joe Suzuki	－ Prasad Tadepalli
＋ Hiroshi Tanaka	－ Irina Tchoumatchenko	－ Brian Tester
－ Chen K. Tham	＋ Tatsuo Unemi	－ Lyle H. Ungar
＋ Paul Utgoff	＋ Karsten Verbeurgt	＋ Paul Vitanyi
＋ Xuemei Wang	＋ Manfred Warmuth	＋ Gary Weiss
－ Sholom Weiss	－ Thomas Wengerek	－ Bradley L. Whitehall
－ Alma Whitten	＋ Robert Williamson	＋ Janusz Wnek
＋ Kenji Yamanishi	＋ Takefumi Yamazaki	＋ Holly Yanco
＋ John M. Zelle	－ Thomas Zeugmann	＋ Jean－Daniel Zucker
＋ Darko Zupanic		

表 11	没能参加此次会议的名单	
Merrick L. Furst	Jean Gabriel Ganascia	William Gasarch
Ricard Gavalda	Melinda T. Gervasio	Yolanda Gil
David Gillman	Attilio Giordana	Kate Goelz
Paul W. Goldberg	Sally Goldman	Diana Gordon
Geoffrey Gordon	Jonathan Gratch	

21. 武汉房地产价格问题

房地产价格是一个备受关注的问题。现在请你就以下几个方面的问题进行讨论：

（1）给出你的房地产价格指标的定义（考虑房子所处的位置、房子的户型、房子的楼层、房子的朝向、小区的内环境、开发商、物业、房子的质量、小区的大小、噪音大小、空气质量，等等）。

（2）请搜集武汉近两年来的房子日销售情况表（至少搜集 10 天的武汉的房子日销售情况表）；对你的上述房地产价格指标的定义做简化，给出一个简化的武汉房地产价格指标的定义；并且假设，以你搜集到的 10 天的武汉的房子日销售情况表中时间最早的那一天武汉的房地产价格指标为 100，利用你的简化的武汉房地产价格指标的定义，计算其他天的武汉的房地产价格指标。

（3）如果某人准备在武汉买房，请你给他买房的时机的建议。

22. 货物运输

某货物运输公司有 A、B、C、D、E 五种型号的汽车。由于运输条件、当地货源等各种因素，每种型号的汽车运输货物到不同城市所得的利润如表 12 所示。设一种汽车只能到一个城市，每个城市都只能要一种型号的汽车，应如何安排发货？

表 12		汽车运输利润表			
	城市 1	城市 2	城市 3	城市 4	城市 5
A	3	2	1	4	5
B	7	1	6	7	3
C	4	2	5	4	3
D	2	1	5	6	3
E	6	4	3	9	4

23. 最低成本日程

已知网络计划各工序的正常工作、特定工时及相应费用如表 13 所示，网络图如图 2 所示。

表 13   网络计划各工序情况表

| 工序 | 正常工时 | | 特定工时 | | 成本效率 |
	时间	费用(元)	时间	费用(元)	(c_{ij}元/时间)
①→②	24	5000	16	7000	250
①→③	30	9000	18	10 200	100
②→④	22	4000	18	4800	200
③→④	26	10 000	24	10 300	150
④→⑥	18	5400	18	5400	—
⑤→⑥	18	6400	10	6800	50

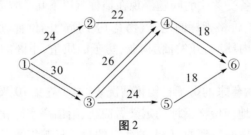

图 2

按正常工作则从图 2 中计算出总工期为 74 天,关键路线为① →③→④→⑥。由表 13 可得正常工作条件下,总费用为 47 800 元。

设正常工作条件下,任务总间接费用为 8000 元,工期每缩短一天则间接费用减少 330 元,求最低成本日程。

24. 传染性非典型肺炎(SARS)传染

传染性非典型肺炎(SARS)是一种传染性极强且难以治愈的流行性传染病。据研究,传染性非典型肺炎(SARS)病毒具有七种形体,因此,它属于非获得性免疫流行病。试以一个人数为 n 的区域为例,建立一个数学模型,并且说明在何种条件下能够有效抑制疾病传播(需要考虑的因素包括疫区内人口流动量、治愈率、传染率等);给出合理的假设及其参数,建立出自己的模型,并以我国的北京、广东两地的疫情为例,验证自己模型的合理性(数据自己收集),并且给出一套有效控制疫情传播的方案。

25. 足球联赛

中国足球甲级队比赛,分成甲 A 和甲 B 两组进行主客场双循环制,1997 年足协决定:12 支甲 B 球队的前四名将升入甲 A,球队排序的原则如下:

(1)胜一场积 3 分,平一场积 1 分,负一场积 0 分;

(2)球队的名次按积分多少排序,积分高的队排名在前;

(3)积分相同的球队,按净胜球的多少排序,净胜球(踢进球数减被踢入球数)多的队排名在前;

(4)若积分相同、净胜球数也相同,则按进球数排序,踢进球总数多的队排名在前。

表 14 是甲 B 联赛(共赛 22 轮)第 19 轮后的形势:

表 14　　　　　　　　　　　　　第 19 轮比赛后得分表

队名	胜	平	负	得失球	积分	队名	胜	平	负	得失球	积分
武汉雅琪	10	6	3	29/18	36	佛山佛斯弟	8	2	9	26/28	26
深圳平安	9	5	5	34/27	32	辽宁双星	7	4	8	20/19	25
深圳金鹏	8	5	6	32/38	29	上海浦东	7	4	8	28/23	25
河南建业	8	5	6	20/18	29	上海豫园	6	5	8	23/29	23
广州松日	7	7	5	27/19	28	天津万科	5	7	7	22/23	22
沈阳海狮	7	7	5	28/23	28	火车头杉杉	2	3	14	14/48	9

还剩三轮,对阵表如表 15 所示:

表 15　　　　　　　　　　　　　最后三轮对阵表

上海浦东—深圳平安	广州松日—河南建业	火车头杉杉—广州松日
深圳平安—辽宁双星	河南建业—上海浦东	广州松日—天津万科
深圳平安—沈阳海狮	上海豫园—河南建业	辽宁双星—天津万科
深圳金鹏—上海豫园	武汉雅琪—佛山佛斯弟	沈阳海狮—火车头杉杉
沈阳海狮—深圳金鹏	天津万科—佛山佛斯弟	上海豫园—武汉雅琪
辽宁双星—深圳金鹏	佛山佛斯弟—火车头杉杉	武汉雅琪—上海浦东

试问:武汉雅琪队是否一定可以提前三轮晋升甲 A? 说明理由。

26. 苹果重量问题

有 12 个苹果,其中有一个与其他的 11 个不同,或者比它们轻,或者比它们重,试用没有砝码的天平称量三次,找出这个苹果,并说明它的轻重情况。

27. 筒仓问题

一个筒仓 A 由平面上的半径为 3 的直圆柱与半径为 5 的球面构成,计算 A 的体积 V。要求:

(1)做出 A 的图形;

(2)写出计算 A 体积的程序;

(3)求出 V 的值。

28. 收款台问题

大型超市有四个收款台,每个顾客的货款计算时间与顾客所购的商品数成正比(每件 1 秒)。20% 的顾客用支票或银行卡支付,每人需要 1.5 分钟;现金支付则仅需 0.5 分钟。有人建议设一个快速服务台专为购买 8 件以下的商品的顾客服务,并指定两个收款台为现金支付柜台。假设顾客到达的平均间隔时间是 0.5 分钟。顾客购买的商品数按表 16 分布:

表 16 顾客购买商品数频率分布表

件数	小于等于 8	9 ~ 19	20 ~ 29	30 ~ 39	40 ~ 49	大于等于 50
频率	0.12	0.10	0.18	0.28	0.20	0.12
③→④	26	10 000	24	10 300	150	
④→⑥	18	5400	18	5400	—	
⑤→⑥	18	6400	10	6800	50	

试建模比较现有的收款方式和建议方式的运行效果。

参考文献

[1]李心灿.高等数学应用205例[M].北京:高等教育出版社,1997.

[2]李尚志.数学建模竞赛教程[M].南京:江苏教育出版社,1996.

[3]任善强,雷鸣.数学建模[M].重庆:重庆大学出版社,1998.

[4]阮晓青,周义仓.数学建模引论[M].北京:高等教育出版社,2005.

[5]龚德恩.经济数学基础[M].4版.成都:四川人民出版社,2005.

[6]姜启源.数学模型[M].北京:高等教育出版社,1987.

[7]刘来福,曾文艺.数学模型与数学建模[M].北京:北京师范大学出版社,1997.

[8]杨启帆,边馥萍.数学模型[M].杭州:浙江大学出版社,1990.

[9]周义仓,赫孝良.数学建模实验[M].西安:西安交通大学出版社,1999.

[10]吴振奎.分形漫话[J].读者,1998(10).

[11]洪毅,贺德化.经济数学模型[M].3版.广州:华南理工大学出版社,2003.

[12]沈继红.数学建模[M].哈尔滨:哈尔滨工程大学出版社,1996.

[13]夏莉,李霄民.经济数学基础解析及实践[M].重庆:重庆大学出版社,2006.

[14]李霄民,夏莉.微积分(上)[M].北京:高等教育出版社,2010.

[15]陈修素,陈义安.微积分(下)[M].北京:高等教育出版社,2010.

[16]袁晖坪,郭伟.线性代数[M].北京:高等教育出版社,2009.

[17]袁德美,安军.概率论与数理统计[M].北京:高等教育出版社,2011.

[18]夏莉.马尔科夫链在人力资源预测中的应用[J].统计与决策,2005(2).

[19]夏莉.马尔科夫链在股票价格预测中的应用[J].商业研究,2003(10).

[20]赵延刚.建模的数学方法与数学模型[M].北京:科学出版社,2011.

[21]姜启源,谢金星.数学模型[M].北京:高等教育出版社,2011.

[22]姜启源.大学数学实验[M].北京:清华大学出版社,2005.

[23]萧树铁.大学数学实验[M].北京:高等教育出版社,2006.

[24]李尚志.数学实验[M].北京:高等教育出版社,2005.

[25]陈汝栋.数学模型与数学建模[M].北京:国防工业出版社,2009.

[26]徐大举,尹金生,李爱芹,等.直接消耗系数矩阵特征值的经济意义研究[J].中国管理科学,2010,1(18):33-38.